U0219038

LUMINAIRE

光启

守望思想　逐光启航

动物与人

[美] 奈杰尔·罗斯菲尔斯 著　　陈珏 译

Nigel Rothfels

ELEPHANT TRAILS

大象的
踪迹

A History of Animals
and Cultures

上海人民出版社　　光启书局
LUMINAIRE BOOKS

纪念冈达、爱丽丝、约瑟芬、内德、明娜、派克、莉莉，以及其他许多有名、无名的大象

"动物与人"总序

陈怀宇

　　"动物与人"丛书是中文学界专门探讨动物与人关系的第一套丛书，尽量体现这一领域多角度、多学科、多方法的特色。尽管以往也有不少中文出版物涉及"动物与人研究"的主题，但"动物与人研究"作为一个新领域在中文学界仍处在缓慢发展之中，尚未作为一个成熟的独立学术领域广泛取得学界共识和公众重视，这和国际学界自21世纪以来出现的"动物转向"（the Animal Turn）学术发展较为不同。在国际学界，以动物作为主要研究对象的相关研究有诸多不同的提法，如动物研究（Animal Studies）、历史动物研究（Historical Animal Studies）、人—动物研究（Human-Animal Studies）、批判动物研究（Critical Animal Studies）、动物史（Animal History）、动物与人研究（Animal and Human Studies）等。由于不同的学者训练背景不同，所关心的问题也不同，可能会出现很多不同的认识，然而关键的一点是大家都很关心动物作为研究对象所具有的主体性和能动性，并由此出发而重视动物在漫长的人类历史上所扮演的重要角色和发挥的重要作用，而不是像动物研究兴起以前一样将动物视为历史中的边缘角色。我们并不认为这套丛书的出版可以详尽地讨论不同学者使用的不同提法及其内涵并解决这些讨论所引发的争论，而是更希望在这套丛书中包容不同的学术思路以及方法，尽可能为读者展现国内外学界的新思考。为了便于中文读者阅读接受，我们称之为"动物与人"，侧重关注人类与动物在历史上的互动互存关系，动物如何改变人类历史进程，动物在历史上如何丰富了人类的政治、经济和文化生活等。这套丛书收入的研究虽然以近些年的新著为主，但不排除译介一些重要的旧著，也会不定期将一些颇有旨趣的研究论文结集出版。

在过去二十多年中，全球性的动物与人研究可谓方兴未艾，推动人文和社会科学朝着多学科合作方向发展，不仅在国际上出现了很多相关学术组织，不少丛书亦应运而生，学界同道也组织出版了相关刊物。比如，英国学者组织了全国性动物研究网络（British Animal Studies Network），每年轮流在各个大学组织年会。澳大利亚学者也成立了动物研究学会（Australian Animal Studies Association），出版刊物。美国的动物与社会研究所（Animals and Society Institute）成立时间较早，也最为知名，其旗舰刊物《社会与动物》（Society and Animals）在学界享有盛誉。除了这些专门的学术组织之外，传统学会以及大学内部也出现了一些以动物研究为主的小组或研究机构，如在美国宗教学会下面成立了动物与宗教组，而伊利诺伊大学、卫斯理安大学、纽约大学等都设立了动物研究或动物与人研究所或研究中心，哈佛法学院下面也有专门的动物法律与政策（Animal Law and Policy）研究项目。欧洲大陆的奥地利因斯布鲁克大学和维也纳大学、德国卡塞尔大学等都出现了专门的动物研究或动物与人研究组织。有一些学校还正式设立了动物研究的学位，如纽约大学即在环境研究系下面设立了专门的动物研究学士和硕士学位。一些出版社一直在出版动物研究或动物与人研究丛书，比较知名的丛书来自博睿、帕尔格雷夫·麦克米兰、约翰·霍普金斯大学出版社、明尼苏达大学出版社、哥伦比亚大学出版社等。专门探讨动物研究或动物与人研究的相关期刊则多达近二十种。与之相比，中文学界似乎还没有专门的研究机构，也没有专门的丛书和期刊，尽管在过去一些年里，不少重要的著作都被纳入一些丛书或以单部著作的形式被介绍到中文学界而广为人知。可喜的是，近两年一些期刊也组织了动物研究或动物史专号，如《成功大学历史学报》2020年第58期推出了"动物史学"专号，《世界历史评论》2021年秋季号推出了"欧亚历史上的动物与人类"专号。有鉴于此，我们希望这套丛书的出版，能推动中文学界对这一领域的重视。而且，系统性地围绕这个新领域出版中文新著新作也可以为愿意开设"动物史""动物研究""全球动物史""亚洲动物史""东亚动物史""动物科技史""动物与文学""动物与环境"等新课程的高校教师们提供一些可供选择的指定读物或参考书。而对动物研究感兴趣的学者学生乃至普通读者而言，他们也可以非常便捷地获得进一步阅读的文献。

正因为动物与人研究主要肇源于欧美学界，这一学术领域的发展也呈现出两个特点：一是偏重于欧美地区的动物与人研究，二是偏重于现当代研究。动物与人研究的兴起，因为受到后殖民主义、后现代主义的影响，带有浓厚的后人类主义趋向，这也使得一些学者开始反思其中的欧美中心主义，并批判启蒙运动兴起以来过度重视人文主义所带来的人类中心主义思想趋势。因此，我们这套丛书也希望体现自己的特色，在介绍一些有关欧美地区动物与人研究的新书之外，也特别鼓励有关欧美以外地区动物与人的研究，以及古代和中古时期的动物研究，以期对国际学界对于欧美和现当代的重视形成一种平衡力量，体现动物与人关系在社会和历史发展中的丰富性和多元性。我们特别欢迎中文学界有关动物与人研究的原创论述，跨越文学、历史、哲学、宗教、人类学、社会学、医疗人文、环境研究等学科的藩篱，希望这些论述能在熟悉国际学界的主要成就基础之上，从动物与人研究的角度提出自己独特的议题，打通文理之间的区隔，尽可能利用不同学科的思想资源，作出跨领域跨学科的贡献，从而对更为广泛的读者有所启发。

　　动物从来就是我们生活中不可或缺的一部分，动物研究的意义从来就不只是局限于学术探讨。作为现代社会的公民，每个人都有责任了解动物在人类历史长河中的地位和意义。人类必须学会和动物一起共存，才能让周围环境变得更为适合生活。特别是今天生活在我们地球上的物种呈现出递减的趋势，了解动物在历史上的价值与发展历程也从未像今天一样迫切。无论读者来自何方，有着怎样的立场、地位和受教育水平，恐怕都不能接受人类离开动物孤独地生活在这个星球之上。这套丛书也希望提供给普通读者一个了解动物及其与人类互动的窗口，从而更为全面地理解不同物种的生存状况，带着一种理解的眼光看待和对待那些和我们不一样却不能轻视的物种。

目 录

中文版序

本书的研究项目开始于很久以前。在 20 世纪 90 年代，我已经在思考有关的问题，当时我正在写一本关于动物园起源的书。但我也知道，我在本书中探讨的许多想法可以追溯到我的童年，追溯到我第一次在动物园里见到大象、第一次阅读自然史著作，以及第一次听到相关儿童故事的经历。不过，这本书的部分论点是，大象这样的动物（无论是真实的还是想象的）自史前时代起就一直与人类同行；它们是世界各地彼此差异巨大的人们几千年来所理解的生活的一部分。事实上，有史以来发现的最古老的具象艺术作品中，有些就是大象类动物的小雕像和绘画。从某种意义上说，这本书的起源可以一直追溯到那些小巧的艺术品。

虽然这个项目可以追溯到久远的过去，但我认为只有在我们这个时代它才会问世。过去几十年中，历史学研究发生了重大变化，而本书正是这一变化的一部分。这些变化的起源相对容易看出，其中包括：在历史学科中，我们愿意看到历史上比贵族精英、政治宗教机构以及国家更广泛、更微妙的力量——这一趋势发生得缓慢但不可避免；我们希望从长时段去理解历史；我们也日益认识到，自然界——气候、环境、动植物生命体——一直以重要方式塑造着人类历史。本书的写作是基于历史学科中这样一种认识，即我们需要关注那些被忽视的历史参与者——农民、工人、妇女和儿童，但也包括非人类的力量，如天气、山岳、森林、海洋和河流。历史学家开始思考历史环境中的动物并且想知道它们的生活如何同样取决于特定的历史环境，这只是个时间问题。比如，显而易见，在工业化捕鲸和捕鱼出现之前，几千年来鲸鱼的生活与今天大不相同；但历史要如何书写，才能让我们理解动物的生活一方面随时间而变迁，一方面又塑造了我们的历史？

从 20 世纪 80 年代起，人们就开始尝试系统性地理解动物在过去岁月中的存在和重要性，尽管这种努力在更早的西方史学中已见端倪。例如，1983 年，基思·托马斯（Keith Thomas）出版了《人与自然世界：1500 至 1800 年间英格兰的态度变化》（*Man and the Natural World: Changing Attitudes in England 1500–1800*）；哈丽雅特·里特沃（Harriet Ritvo）则于 1987 年出版了开风气之先的《动物庄园：维多利亚时代的英国人与其他生物》（*The Animal Estate: The English and Other Creatures in the Victorian Age*）。很快，世界各地的学者开始出版各种动物史研究的著作，题材包括狩猎、宠物饲养、农业动物、科学研究中的模式动物、自然史（与生物史不同）、异域动物贸易、哲学和宗教中的动物、作为艺术题材的动物、动物标本、动物园，甚至还有与动物多少相关的外星生命。人们思考如何书写人与动物互动的历史；像胡司德（Roel Sterckx）、马君兰（Martina Siebert）和薛凤（Dagmar Schäfer）2019 年编辑的论文集《中国史中的动物》（*Animals Through Chinese History*），还有陈怀宇 2023 年出版的《中国宗教和科学中的动物与植物》（*Animals and Plants in Chinese Religions and Science*）和《虎蛇之地：中古中国宗教中人和动物的共存》（*In the Land of Tigers and Snakes: Living with Animals in Medieval Chinese Religions*），都是全球历史研究中这一广泛转变的一部分。

　　本书主要是一部关于大象的现代思想史，但它基于真正在现实世界中存在过的大象的生活。2020年春天，我将本书英文版的定稿提交给出版社；其后的几个月中，全球媒体都开始跟踪报道从西双版纳国家自然保护区出走的两小群大象。那年的春夏之季，数十亿人追踪着这些大象的故事，并且见到了无人机拍摄的令人惊叹的照片，包括象群在昆明紧紧挨在一起、互相依偎入睡的画面。这些流浪大象的故事是一个感人的提醒，它告诉我们，关于人类与大象共存的历史还有许多篇章尚未书写。我们对人类主导地球的时代中动物的生活越来越感到好奇，我希望本书能鼓励读者以新的、不同的方式来思考大象和人类的文化。

致 谢

我感激美国国家人文基金会（US National Endowment for the Humanities）和澳大利亚国立大学堪培拉分校人文研究中心（the Humanities Research Centre at the Australian National University in Canberra）对这个研究项目的支持。我还得到了威斯康星大学密尔沃基分校（University of Wisconsin-Milwaukee）的支持，特别感谢校务卿约翰内斯·布里茨（Johannes Britz）、分管研究工作的副校务卿马克·哈里斯（Mark Harris）、理查德·梅多斯（Richard Meadows）院长和罗德尼·斯温（Rodney Swain）院长多年来的鼓励。许多档案馆、博物馆和动物园的工作人员都提供了非常多的帮助，我要特别感谢总部设在布朗克斯动物园（Bronx Zoo）的国际野生动物保护学会（Wildlife Conservation Society）的玛德琳·汤普森（Madeleine Thompson），芝加哥菲尔德博物馆（Field Museum）的马克·阿尔维（Mark Alvey），威斯康星巴拉布市（Baraboo）马戏园博物馆（Circus World Museum）的彼得·施雷克（Peter Shrake），俄勒冈动物园（Oregon Zoo）的迈克·基尔（Mike Keele）和鲍勃·李（Bob Lee），伦敦自然历史博物馆（Natural History Museum）的理查德·萨宾（Richard Sabin）和劳拉·麦科伊（Laura McCoy），斯特林根（Stellingen）哈根贝克动物园

（Hagenbeck's Tierpark）的克劳斯·吉尔（Klaus Gille），西雅图市档案馆（Seattle Municipal Archives）的朱莉·艾瑞克（Julie Irick），以及华盛顿特区国家自然历史博物馆（National Natural History Museum）的达林·伦德（Darrin Lunde）。本书中表达的任何观点、发现、结论或建议并不一定代表国家人文基金会或其他支持这项工作的组织的观点。

导论：盲人的大象

有一个关于宗教、论争、智慧、真理、宽容和大象的古老故事，见于传播佛陀教义的经典中。[1] 佛陀的弟子告诉他，在当地村庄，各教派的行脚僧正在争论教义。佛陀于是给弟子讲了一个故事：有位国王曾经把村庄里的盲人都召集起来，然后把一头大象带到他们面前。每个盲人都用手摸索大象身上的不同部位——身侧、象牙、腿、鼻子、耳朵、尾巴。国王随后要求每个人描述大象。由于他们都只摸到这只庞然大物的一部分，所以每个人所知的都不全面。很快，盲人们开始争吵，因为他们各自描述的大象是如此不同。佛陀解释说，不同教派的行脚僧就像盲人：每个人都确信自己的部分知识就是全部真理，于是争吵就开始了。

诗人约翰·戈弗雷·萨克斯（John Godfrey Saxe）在他最流行的作品《盲人与大象》中用了这个典故，副标题是"印度寓言"。诗歌开头道：

> 那是六个来自印度斯坦的人，
>
> 非常好学，
>
> 他们去见大象
>
> （虽然他们都是盲人），

> 但每个人都仔细感知，
>
> 而后心满意足。[2]

第一个人摸了大象的一侧，宣称这个动物像一面墙；第二个人摸了一支象牙，坚持说大象就像一支矛；第三个人把手放在大象的鼻子上，确信大象就像一条蛇；第四个人摸了大象的一条腿，声称它像一棵树；第五个人在大象的一只耳朵上摸着，辩称大象就像一把扇子；第六个人摸了大象的尾巴，说大象像一根绳子。萨克斯总结道：

> 于是，印度斯坦的这些人
>
> 大声争论不休，
>
> 每个人都有自己的想法，
>
> 坚定而鲜明，
>
> 虽然每个人在一定程度上都是正确的，
>
> 但他们都是错的！

> 因此，在神学之争中
>
> 争论者，我想，
>
> 相互攻讦，
>
> 却对彼此的意思完全无知。
>
> 他们大谈特谈的是一头
>
> 他们没有一个人见过的大象！[3]

大象的踪迹

这个盲人摸象的故事实际上讲的是人类知识的局限，即我们能够了解什么。大象代表着超越人类正常理解范围的东西，在过去两千年里，这个寓言的立意通常被解读为是关于谦卑和宗教宽容的。[4]虽然这个故事本质上不是关于了解大象本身，但我想它可能在某种程度上还是涉及对大象的了解，或者更广泛地说，涉及对其他物种的了解。1922年，海伦·凯勒（Helen Keller）带着她的三个小侄女去纽约的布朗克斯动物园参观。这位女士虽然聋盲，但因其演讲和著作而闻名世界。在动物园，似乎是由埃尔温·桑伯恩（Elwin Sanborn，动物园的官方摄影师）安排，她在某一时刻伸出手去摸了大象的鼻子（图0.1）。她后来在《纽约动物学会简报》（*Bulletin of the New York Zoological Society*）上发表文章回忆说，当她和她的侄女们"爬上了最和蔼的大象爱丽丝（Alice）的巨大背部"时，"幸福的高潮"来临了。[5]那天在动物园，凯勒摸了响尾蛇，被红毛猩猩拥抱，喂食长颈鹿——她称它们为"太阳底下最悲伤的动物"——甚至还抚摸了美国首次展出的活体鸭嘴兽"湿漉漉的皮毛"。然而，接触到大象爱丽丝的那一刻对凯勒、桑伯恩以及凯勒文章的读者来说尤其重要。她的读者中只有一小部分人熟悉佛陀讲的盲人摸象的故事，或萨克斯关于盲人和大象的诗。

凯勒的动物园之行无疑充斥着非凡的经历，但亲近大象时的某种东西，让她与爱丽丝在一起的那一刻成为她此行的亮点。她看不到爱丽丝，看不到它居住的象舍，看不到站在它身边的饲养员，也看不到注视着她的观众；她听不到爱丽丝粗糙的皮肤摩擦她和侄女们坐的象舆的声音，听不到饲养员的指示，听不到它的

图 0.1 抚摸大象。埃尔温·桑伯恩摄，国际野生动物保护学会版权所有。国际野生动物保护学会档案部复制提供。

大象的踪迹

低吼嘶鸣，听不到观众的惊叹，甚至连动物园旧象馆院子里它沉闷的脚步声都听不到。站在地上时，凯勒伸出手，朝上抬起，把左手放在大象的鼻子根部附近。这不是轻轻的触碰，凯勒充满信心地用整只手抚摸，爱丽丝低头看着她，饲养员则在一旁右手拿着象鞭，左手给爱丽丝喂食。这是爱丽丝做过很多次的事情，但通常游客并不会站在它面前——他们爬上它背上的双座象舆时，它可以感觉到他们——在照片的右上角可以看到象舆。凯勒会闻到被圈养的大象周遭明显而柔和的干草香味，也许还混杂着象圈里粪便和尿液的气味。她会感受到爱丽丝粗糙皮肤的温暖，它鼻子的力量。在爬上象舆前，她从一个高台上伸出手去触摸爱丽丝的前额，此时她还会感受到爱丽丝的头部是如此宽大。

是什么使凯勒接触爱丽丝的经历比被红毛猩猩拥抱或触摸忙碌的鸭嘴兽显得更重要呢？凯勒又是如何感受到大象的"和蔼"的呢？实际上，我认为凯勒那天在和爱丽丝简短的接触中确实感受到了爱丽丝的个性，感受到它静静站立、被一个从未见过的女人触摸时所保持着的耐心，感受到它驮着凯勒和她的侄女们行动时的毫不迟疑，甚至可能感受到它低鸣震颤时来自其身心深处的某种东西。我不知道爱丽丝是否是最和蔼的大象。或许与其说它本性和蔼，更多是因为它先后在科尼岛（Coney Island）的月亮公园（Luna Park）和布朗克斯动物园被很好地训练过。但是凯勒道出的事实，就像寓言中盲人说出的事实一样，的确告诉了我们关于大象的一部分故事，也部分揭示了我们对它们的看法。

凯勒与大象的际遇体现出人类对大象的一种古老的迷恋。从欧洲史前洞穴壁画中的猛犸象和非洲、印度的古代艺术，到为抗议非法象牙贸易而举火销毁的成堆象牙，我们一直在通过大象来理解世界，理解我们在世间的位置。法国小说家罗曼·加里（Romain Gary）1956 年创作的小说《天堂之根》（*Les racines du ciel*）写的是"二战"、殖民主义、大屠杀后世界的希望，以及大象。小说中的莫雷尔（Morel）是法国士兵，后成为德国的战俘，最后为拯救非洲最后一只大象而战。通过这个角色，加里提出了一个简单的观点。由于战争，以及由于战后的承诺都未能兑现，人们长久以来对进步和国族的信念似乎都崩塌了。莫雷尔认为人们需要一些"能真正经受考验的东西"。他坚持认为"狗还不足以"帮助人们挺过深深的孤独。"我们需要的是大象。"[6]当加里的小说出版时，人们显然好奇大象代表着什么。在这部作品第二版的前言中，加里对这个问题做出了解释，他希望这些动物成为"一种罗夏克墨渍测试（Rorschach test）*"——每个读者都会需要它们。他总结道："你能让大象代表的东西几乎是无限的。"[7]大象巨大、晦暗的灰色身影迥异于我们通常熟悉的狗、猫、马等动物，似乎正静静地等待着我们去阐释，等待着凯勒去触摸，等待着在我们的想象中变成怪兽，成为传奇。

在本书中，我追溯一系列关于大象的观念——它们聪明而富有情感，对死亡有特殊的理解，从不健忘，在圈养中特别受苦，甚至害怕老鼠——以探究"我们的大象"从何而来。我所指的"我们的大象"是指那些真正生活在当今世界中的大象，也指那

---

* 罗夏克墨迹测试是一种人格测验，测验由 10 张有墨渍的卡片组成，受试者被要求回答他们最初认为卡片看起来像什么，以及后来觉得像什么。（* 号脚注为译者注，全书同。）

5

些只存在于我们思想中的大象。对这些大象的描述见诸自然纪录片、儿童读物、网络迷因*、《纽约客》(New Yorker)的漫画、野生动物观摩之旅、中国劝阻人们购买象牙制品的官方宣传活动、关于东南亚国家以大象为家畜的政策的讨论、抗议者为改善大象圈养条件提出的意见，以及有关非洲地区猎象合法化的辩论。虽然那些深深植根于非洲和亚洲的有关大象的观念对这些描述有所贡献，但我认为，如今通行全球的大部分有关大象的观念可以通过数千年来的欧洲历史来追溯。即使象牙贸易现在可能是由亚洲市场驱动的，但几个世纪以来，大象的生活更多地取决于西方人而不是东方人的行动和思想。

如今，人们辩论在资源日益有限的世界中保护自然的重要性，辩论我们对圈养动物和野生动物的责任，辩论生命和灭绝。大象处于这一系列辩论的中心。本书深入探索当代关于大象的观念的根源，同时坚持认为我们对动物的观感总是历史的。我所说的历史，不仅仅是指过去的事情，也包括嵌入我们的过去、现在、未来和文化的东西。我们对任何事物的看法，包括对大象的看法，都受到我们所处历史环境的影响，而今天大多数关于大象的观念是作为全球变化的一部分发展起来的，这些变化始于18世纪末的欧洲，一直持续到20世纪初。这一时期标志着所谓 6
"现代"的开始，其特点是快速的城市化、工业化、军事化，以及帝国的扩张；家庭结构、教育、娱乐和工作模式的变化；科学理论和宗教信仰的重新定位；预期寿命、饮食习惯、性别关系、

---

* 指某个理念或信息迅速在互联网用户间传播的现象。

阶级关系和代际关系的基本变化。当然，关于大象的观念在现代之前的数千年里并非一成不变，我们每天也都在继续了解这些了不起的动物。然而，从18世纪末到20世纪的头几个十年，人们对包括大象在内的许多事物的观念都发生了巨大的变化。这些变化造就了今天人们所居住的这个星球，也使世界各地大象的生存安全受到长久的冲击。

在我们了解到科学告诉我们的关于大象的知识之前，我们似乎就"知道"大象这样的存在。这种知识源于一系列的观念，这些观念通过时间和文化传递给我们——通过我们小时候听到的故事，通过实际上非常古老的描述，通过见到被圈养或栖息在世界某些地方、在其原生地的大象，通过关注有关动物的想象作品，或通过一种常识，即认为这样的生物必然会以某种方式思考、感受、行动或存在。正是因为我们对大象的思考总是被我们个人和集体的历史所形塑，所以本书所论既包括那些在世界上生活或曾经生活过的真实的大象，也包括关于大象我们所相信的东西。本书探索了当代关于动物的核心思想的起源，这些动物自然和非自然地栖止于森林、草原、马戏团、动物园、虚构的作品、猎人的回忆录以及人类思想的各个角落。

如果我们想批判性地看待我们所以为的对大象的了解，那么很重要的一点就是得承认我们对大象的想法跟其实际生活状态之间可能存在重大的差异。例如，在写这本书的过程中，我经常在闲谈中听说，大象会哀悼死去的同类，这是多么令人惊叹。虽然关于大象丧仪的故事流传了几千年，但大多数人似乎还是视之为近几十年来的新发现。况且，这种观念非但并不新奇，而且在实证方面也没有足够的支持——关于大象丧葬仪式的科学依据薄弱得出奇。我希望通过这本书，让人们更深刻地理解这些观念是如何与历史紧密相关的，并且以有力的论据表明，我们今天面临的一个重要任务是将我们对大象生活的观念和愿望与它们真正面临的环境和挑战区分开来。在接下来的章节中，我将探讨过去和晚近关于大象的主要观点。尽管有时我会回顾更久远的历史，但这本书还是立足于欧洲人在非洲和亚洲殖民扩张的关键时期，特别是在 1914 年第一次世界大战开始之前的两百年间。前两章追溯了古代至 19 世纪下半叶有关大象的观念——它们深刻理解死亡，生活在世外桃源般的社会中，家族关系紧密，公正善良，既孔武有力又慈悲仁义，它们也受苦——所有这些为接下来的章节提供了背景。在第三章至第六章中，我深入研究了关于大象的更晚近观念的起源。首先，我探讨了经典的大型动物狩猎回忆录对大象的描述。然后，我呈现出两头大象的长篇传记，这两头大象在 20 世纪早期的动物园和马戏团中度过了大部分生命。最后，关于我们现在称之为第六次物种大灭绝的讨论，我考察了这一讨论早期涉及大象的部分。

托托

本书的研究项目开始于很多年前我还是研究生的时候。当时我发现了一本 1910 年的回忆录，书名是《非洲腹地的野生动物和野人》（*Wild und Wilde im Herzen Afrikas*）。其作者是一个名叫汉斯·朔姆布尔克（Hans Schomburgk）的德国猎人，后来他成了一名重要的电影制片人和环保主义者。在书中，朔姆布尔克提到，在他为获取象牙而猎象的时候，柏林动物园当时的园长路德维希·黑克（Ludwig Heck）提出的一个想法吸引了他，即有人应该尝试在德属殖民地捕捉一头大象，运送到德国首都来展览。经过多次失败的尝试后，1908 年，朔姆布尔克终于在当时的德属东非殖民地（现在的坦桑尼亚）捕捉到一只幼象。他花了三天的时间追踪这只幼象和它的母亲。在高高的草丛中偶遇这对母子后，朔姆布尔克迅速开枪击中母象的头部，又补了一枪杀死了它。根据朔姆布尔克的说法，幼象"站在母象旁边，用鼻子击打它，好像想要唤醒它一起逃离"。[8]朔姆布尔克附上了一张图片，其说明文字为"遵循着自然法则，动物幼崽站在母亲旁边"。

捉到那只小象几个月后，朔姆布尔克开始带着它往海边走去。他们在秋天到达达累斯萨拉姆（Dar es Salaam）。尽管之前是黑克提出搞一头象带到德国，但当猎人写信给黑克告知他可以提供小象的时候，黑克并没有回应。小象于是被卖给了汉堡的动物商人卡尔·哈根贝克（Carl Hagenbeck）。1910 年 4 月，朔姆布尔克去了汉堡，并在哈根贝克颇具革新意义的新动物园中再次见到了这头象。那里几乎没有笼子和栅栏，动物们连同它们生活的自然环境被一起呈现给观众。[9]在那一年的 11 月，哈根贝克将这头仍然年轻的大象连同两头母象格蕾蒂（Greti）和明妮（Minnie）卖给了罗马动物园，在几个月后该动物园正式开放时展出。在罗马，它被取名为托托（Toto）。一张托托抵达不久后的照片（图 0.2）显示，它在一个室外场地里，状况挺好，有一个饲养员骑在它的

图 0.2 托托、格蕾蒂与饲养员安杰洛·波齐（Angelo Pozzi）在一起，1910—
1911 年。斯帕尔塔科·吉波利蒂提供。

背上，旁边是格蕾蒂。[10]

　　托托在罗马的头几年似乎波澜不惊。斯帕尔塔科·吉波利蒂（Spartaco Gippoliti）是一位生物分类学家和历史学家，据他说，托托在动物园里散步，与公众和其他大象互动，甚至在歌剧《阿依达》（Aida）表演中参与了著名的凯旋游行。[11]然而，它的生活很快开始发生变化。1921年，它杀死了一位兽医，这位兽医当时正在治疗它肩膀上的一处脓肿。此后动物园决定不再让托托走出象房到院子里散步。不同的饲养员努力去管理它，但最终似乎只有一位名叫伊沃·卡拉瓦莱（Ivo Calavalle）的饲养员能够让它有所反应。与此同时，格蕾蒂在第一次世界大战期间去世，明妮据说也在1924年因为托托的攻击而死亡。取代它们的是两头雄性亚洲象：普鲁托（Pluto）和罗密欧（Romeo），但它们在1927年7月也去世了。随后，一头母象被从英国送来陪伴托托，但在运输途中死亡。另外一头雌性亚洲象朱丽叶塔（Giulietta）于1927年秋天到达。当罗马动物园迎来其十七周年纪念时，他们已经引进过七头大象，只有两头存活。十二年之后的1939年7月12日，托托去世，终年大约34岁。[12]

　　这些年来我已经有很多次想起托托在它死去的母亲身边的那张照片。毫无疑问，这张照片非同寻常。在发现它之前，我已经进行了数年关于"一战"前几十年外来动物贸易的研究和写作。我已经见过很多动物被带回捕捉者的营地或抵达欧洲后的照片，但这张照片号称展现了一只年轻动物在它母亲被杀死那一刻的样子，而它自己那时还没有被捕获。[13]这是一个极具创伤性的形象，多年来我一直在思考在我的工作中使用这样一张图片的道德

9

　　　　　　　　　　　　　　大象的踪迹

问题。在写这本书的时候，我也对此感到忧虑。书中的一些图片和故事对我来说是具有挑战性的，因为我致力于探索人类文化和动物文化在历史中的相遇，但我也希望避免让历史上已有的冤屈变本加厉。通过我在这里叙述的历史，我希望能够推动人们去思考非人类生命在过去、现在和将来的重要性和意义，而不是因为要满足某种功利效果或要支持某种个人的、政治的或伦理的立场而消费那些生命。

当很多年前我发现托托这最早的一张照片时，我就在想是否可能写一本关于它的传记。当我开始构思这本书时，我意识到我想要讲述的这头小象的故事并非始于 1908 年猎人朝它母亲开枪的那一刻，而几十年后托托自己去世时，故事也并未终结。当人们在博物馆拼装的长毛象骨架前拍照时，在马戏团看大象表演时，在预订泰国的周末大象探险或非洲的野生大象之旅时，或者在动物园看大象时，他们都在部分讲述着朔姆布尔克的小象、罗马的托托和凯勒的爱丽丝的故事，而所有这些都是盲人之象——这些动物只有一部分被理解，它们被描述的方式所告诉我们的，似乎无可避免地更多是关于观察者的，而不是观察对象的。但是，如果每个盲人的视角都是有限的，那么我希望将他们的诸多观点和经验汇集在一起，从而为这些动物呈现出一个更加丰满的群像——它们在我们的生活中是如此重要。

10

注释

[1] 此故事见于巴利文大藏经的《自说经》。
[2] John Godfrey Saxe, "The Blind Men and the Elephant," *The Poems* (Boston: Osgood, 1872), 259.

导论：盲人的大象

[3] Saxe, "The Blind Men and the Elephant," 261.

[4] 这个故事当然也有其他解释。有人认为，虽然这个故事可能使我们怀疑我们所了解的超越性真理或神明，但也可以理解为：即使人们要经过艰辛努力才能获得关于生命和宇宙的深层智慧，但那种深刻的真理始终是存在的（即大象"存在"）。还有人坚信，人们可以在接受这个故事的同时仍然主张某种宗教是真实的，他们只是要相信完整的真理已经由先知或神明的话语揭示，而不是基于有限和易错的人类认知，这样的信念来自整头"大象"的完整揭示。

[5] Helen Keller, "My Animal Friends," *Zoological Society Bulletin* 26, no. 5 (1923): 114. 我要感谢国际野生动物保护学会的玛德琳·汤普森对本研究项目的支持，她将此文介绍给我。

[6] Romain Gary, *The Roots of Heaven*, trans. Jonathan Griffin (1958; rpt., New York: Time and Simon and Schuster, 1964), 6. 我要感谢诺埃勒·皮若尔（Noëlle Pujol）和维奥莱特·普亚尔（Violette Pouillard）鼓励我阅读此书。

[7] Gary, *The Roots of Heaven*, xv.

[8] Hans Hermann Schomburgk, *Wild und Wilde im Herzen Afrikas; Zwölf Jahre Jagd- und Forschungsreisen* (Berlin: Fleischel, 1910), 278, 译文由笔者提供。关于朔姆布尔克，参见 Bernhard Gissibl, *The Nature of German Imperialism: Conservation and the Politics of Wildlife in Colonial East Africa* (New York: Berghahn, 2016)。

[9] 关于哈根贝克动物园，参见 Nigel Rothfels, *Savages and Beasts: The Birth of the Modern Zoo* (Baltimore, MD: Johns Hopkins University Press, 2002)。

[10] 朔姆布尔克称这头被捕获的大象为"姜波"（Jumbo）。这是另一头更为有名的大象的名字，19 世纪 60 年代至 80 年代生活在巴黎和伦敦的动物园，后被卖给 P. T. 巴纳姆（P. T. Barnum），由其运往美国。朔姆布尔克的大象在罗马被取名为托托。

[11] 参见 Spartaco Gippoliti, "One Elephant, a Museum Specimen and Two Colonialisms: The History of M'Toto from German Tanganyika to Rome," *Museologia scientifica* 8 (2014): 67–70. 另见 Noëlle Pujol, *Jumbo/Toto, histoires d'un éléphant*, 67 minutes, DCP (Pickpocket Production and Noëlle Pujol, 2016)。我要感谢斯帕尔塔科和诺埃勒合作进行的对姜波／托托之历史的研究。

[12] 很难确定托托被捕获时的年龄。在朔姆布尔克的照片中，它看起来三四岁，因此我将它的出生年份定为 1905 年。

[13] 我对这张照片的真实性产生了怀疑，想知道它是否是两张图像的合成（一张是年轻的大象，另一张是死去的大象）。我联系了朔姆布尔克的后人，她拥有这张照片的原始玻璃底片，她确认这张照片看上去是在野外拍摄的真实图像。

大象的踪迹

第一章

首屈一指的怪兽

在伦敦南部一个仓库的后方角落，六个板条箱靠墙排成一列。每个箱子都被放在托板上，这样就不会接触水泥地面，也方便搬动。这些箱子大小各异，年份不一，由漆成黑色的金属和深色的木材制成，衬着干净的白墙，显得格外醒目。最后一个板条箱由木材制成，宽度大于高度。一个手写的标签钉在其朝前面板的中央位置。标签中央写着"巨象"（ELEPHAS MAXIMUS），左下角用整洁的小字体写着两个简单的词："没有历史"。右上角是一个编号，右下角写着"头骨和骨骼"。字迹仍然像最初写上去时一样清晰。箱子上还依稀可见更多已经褪色的白粉笔字——已经不太看得清，有的部分被标签遮住了。这些字跟标签相互呼应（图 1.1）。"巨象"是卡尔·林奈（Carl Linnaeus）1758 年给一种大象取的科学名称，我们现在通常称之为亚洲象。那么，显然，这个箱子装着一头大象的头骨和骨骼。但是，这个"没有历史"又是什么意思呢？

贮藏

这座名不见经传的仓库属于伦敦自然历史博物馆，这是一

图 1.1　装有大象遗骸的板条箱，伦敦自然历史博物馆。海伦·J. 布拉德（Helen J. Bullard）摄。伦敦自然历史博物馆授权使用。

家拥有全球最大的植物学、矿物学、古生物学和动物学收藏的机构。毫不奇怪，这所博物馆收藏的逾2 800万个动物标本中，大多数属于昆虫和其他无脊椎动物，但也有大量的大型动物标本。其中有相当数量的标本被悉心保存于位于伦敦旺兹沃思市（Wandsworth）干燥的贮藏设施中。在温度、湿度和光线都受到控制的大型房间里，有成千上万个头部标本、老旧的填充标本、骨头和全副骨架被"保存……至于后世"[1]。这座建筑不对公众开放，但它的研究收藏数量一直在增长，博物馆及外来的科学家会定期造访。一个大房间里放置着鲸鱼收藏品。另一个区域有熊的填充标本，这些标本曾经在酒馆中很常见。它们的胸部伸出铁支架。这些支架曾经用于支撑放玻璃杯之类物品的托盘——托盘早就不知所踪了。在另一个区域，你可以找到19世纪家养狗的填充标本，呈现了各主要品种理想的样子。另有一处满是长颈鹿的头和颈部标本，状如环绕着海底热泉的巨型管虫。此外还有海豹、斑马和其他马科动物、各种猿类、不同种类的穿山甲、来自全世界的牛亚科动物，以及一眼望不到头的架子上全是曾被当作战利品的鹿角。海伦（Helen）和我在那儿访问，查看并拍摄大象骨骼的收藏品。这些房间里既没有象牙收藏品，也没有大象的"灵魂收藏品"——保存在甲醛、酒精和其他液体中的软组织。然而，在数百英尺长的架子上，在橱柜、盒子和板条箱中，有大象的骨骼：一排排巨大的头骨，鱼贯排列的下颚，一些完整而巨大的全副骨架，一头幼象的填充标本，以及各种各样的箱子和板条箱，里面杂乱无章地放着骨骼和骨骼部件。

即使你认为你能预见这个地方的景象，它依然会让你惊叹不已。在某种程度上，它又是完全平淡无奇的。伦敦的主要博物馆都有着宏伟的罗马式建筑，而与它们不同，这个仓库名不见经传，毫不起眼。在郊区，这样的仓库有很多。我们从一扇安全门匆匆进入，门卫在预约名单上查看了我们的名字。一位博物馆的同仁来带我们去藏品处。我们跟随向导来到一扇打开的大门前，门内有一个巨大的房间，放置着已经干燥处理的动物遗骸。这个地方安静而肃穆。即使有的收藏物被特别设计成有趣的样子，这个地方也并没有任何轻松或浮夸的氛围。我们沿着长长的搁架行走，试图在专注于大象前先全面了解这个地方。这里气氛凝重。我们后来尝试讨论这种沉重感，可是很难。但是，此刻，我们专注于眼前这个不寻常的机会，一边架设我们的设备，一边和那位年轻体贴的科学家闲谈。他被派来帮助我们，并确保我们遵守规则。我们知道我们跟一般的来访者有点不一样，但是我们能接触这些藏品，这正说明了这些收藏存在的基本目的——让人们获得更多的知识。对于我们这种情况，知识并不来自对毛发、骨骼或皮肤样本的分析。那么我们到这儿想获知的是什么，又将如何找到答案呢？我们有一搭没一搭地聊着这些问题，一边开始给大象遗骸拍照。

那天晚上，在伦敦市中心的一家印度餐厅里，海伦和我谈论了我们在仓库的经历，还有找到那个"没有历史"的板条箱并给它拍照的事。多年来，我们都参观过许多自然历史博物馆，也都参观过著名的猎物收藏，并且都写过关于动物标本的文章。我们对这种地方有共同的兴趣，希望合作，所以一起来看这些藏品。我们意识到这个地方与众不同，它静谧无声，明亮清洁，规模宏大，各个房间里收藏的大象身体部件数量庞大得惊人。回想起来，我觉得我们的反应是出于一种混杂的情绪，既有见到大量动物被杀死的不安，也有对致力于保存这些遗骸的人和机构的真心尊重。事实上，这些收藏中有一些动物身体部件似乎没有什么科学价值。这些东西由这个或那个收藏家捐赠。它们出现在这里，而不是腐烂在垃圾填埋场，是因为博物馆的馆员们相信它们可能有潜在的重要性，而且同样重要的是，他们恪守其管理使命。

毫不奇怪，这座建筑让我们联想到其他处所，包括墓地和骨殖堆。它也让我们思考自然历史博物馆里成千上万人类遗骸的命运。我们对那些遗骸的观感和对这些大象骨头的想法既彼此呼应又有所不同。有一个 19 世纪的小盒子，里面装着的骨头源于一个大象胚胎的颅骨。当我们轻轻打开它时，我们努力尝试去思考这个不可思议的物体中交错的生命。单单这个小盒子就是一部独特的思想史、文化史和物质史。最明显的是，它揭示了分类命名学的变化：盒子外的旧标签上写着"非洲象"（Elephas africanus），这是一种过时的描述；但是盒子内部的标签已更新为当前的名称："非洲草原象"（Loxodonta africana）。但是值得探究的远不止于此，比如盒子本身——制造它的木材以及制造的方式，比如盒子外面有一位柯克医生（Dr. Kirk）的名字；此外这还关乎一段历史：象骨被当作礼物赠送给博物馆，被纳入藏品之中，一个世纪以来作为标本供研究员使用。还有，这个小盒子对于海伦和我来说如此重要，这反映了我们自己在历史中有怎样的地位？简而言之，是什么使得这个小盒子与这个仓库中或其他地方的盒子有所不同？

14

最后，使我们着迷的是这些藏品的历史感。有些大象曾在19世纪的伦敦动物园展出过，它们的一些身体部件现在在这里。这里有许多头骨，是猎人作为冒险纪念品带回来当装饰的。当装饰观念改变时，它们显得过时了，于是就给了博物馆。还有一些标本因其体积或特点而与众不同。每个标本背后都有一部或多部历史，附着其上的标签就是证明，这些标签让人想起殓房里挂在尸体脚趾上的标牌。这些不仅仅是一般的大象，它们是各个独具特点的动物的遗骸，这些动物以不同方式存在于人们的持久记忆中。但如果是这样的话，"没有历史"又是什么意思？当我们在那排箱子的尽头打开那只箱子时，我们发现一堆骨头，有一部分仍由脱水后紧缩的结缔组织连接在一起（图1.2）。这些不是在其他搁架上经过精心清洁的骨头。这箱子散发出缓慢腐烂的气味。在这里，"没有历史"一词意思明显，没有双重含义，仅仅表示博物馆不知道这些骨头的原始标本大概是在何时何地获取的。

15 "历史"在这里的用法类似于"病历"一词——它指的是我们对这个标本起源的了解。就标签所示，箱子里装着的就是这些东西看起来的样子：一头小型亚洲象杂乱无章的骨骼。当然，人们可以从中得到更多的信息：可以检查牙齿并估计大象死亡时的年龄；可以研究关键骨骼以确定大象的性别；可以追踪接收编号，并了解标本抵达博物馆的时间和方式；可以了解大象自进馆以来如何被使用；可以探索为什么大象的骨骼一开始会被装箱，并考虑为什么得将这个木箱保留在旺兹沃思的仓库中。在所有这些之外，在使得这头大象的骨头被纳入这个收藏的情形之外，这头大象接触人类之前的生活就像某种史前史。

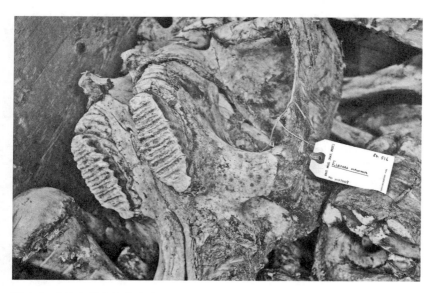

图 1.2 "没有历史"的大象骨头，伦敦自然历史博物馆。海伦·J. 布拉德摄。
伦敦自然历史博物馆授权使用。

这个箱子清楚地表明，为了理解我们（*our*）世界中的大象——而不仅仅是这个（*the*）世界上的大象，我们必须努力去看到历史，即使历史似乎并不存在，即使我们看到的似乎只是一只非常庞大的动物或其混乱的遗骸。我们必须试着理解大象在我们思想中的意义，并且尝试理解这些思想是存在于历史语境之中的。不注意这些背景，就会把我们对大象的想象误认为是大象的实际情况。当涉及现代世界和大象时，"没有历史"是不可能的。这是一种误解，会对世上真实生活着的大象产生重大影响。它不仅意味着，人类纪元使世界上的任何事物都无法存在于人类历史之外；它还意味着，在很大程度上，是我们塑造了大象的世界，哪怕没有塑造大象本身。

大象赴死之地

　　　　这个奇迹我也听说过，强悍的大象胸腔内有一个能预言的灵魂，并且它们能够在心中感到它们不可避免的厄运在临近。

——阿帕梅亚的奥皮安：《狩猎诗》

　　水手辛巴达的故事据说发生在 8 世纪晚期的哈伦·拉希德（Harun al-Rashid）哈里发王朝，其确切起源无从知晓。但可以明确的是，这些故事几个世纪以来一直是阿拉伯文学书面和口头传统的一部分。还可以确知的是，这些故事最早在西方广为人知是在 18 世纪初，当时一位名叫安托万·加朗（Antoine Galland）的法国东方学家翻译了一份辛巴达故事的手稿，并将其包括在他十二卷本的《一千零一夜》（ *Les mille et une nuits*, 1704—1717，英语译作《一千零一夜》[*One Thousand and One Nights*] 或《阿拉伯之夜》[*Arabian Nights*]）中。在整个 18 世纪，加朗的作品被翻译成了所有主要的欧洲语言。

现今，很多人对辛巴达的故事至少有所听闻，也知道他一次又一次成功地扭转不幸，赢得财富和名声。在他第七次出航时，他以苏丹使者的身份旅行，遭到了流寇的袭击。他被卖给一个富商为奴，后来被派往森林深处，躲在树上，用弓箭狩猎大象。辛巴达非常成功，连续两个月每天杀死一头大象。然而有一天，大象们不再像往常一样从他的树下经过，而是围在树下，发出巨大的吼叫声，盯着惊恐的猎人。在安德鲁·朗（Andrew Lang）编订的 1898 年版《阿拉伯之夜》中，辛巴达说："我当时有足够的理由感到恐惧——片刻之后，一头最大的象用鼻子卷住树干，只一下便将其连根拔起，我被树枝缠着，摔在地上。"然而，吓得魂不附体的辛巴达没有被大象杀死，其中一头大象将他捡起，象群带着他进入了森林。之后，辛巴达说道：

> 在大象把我重新放在地上之前，我觉得过了很长的时间。我像做梦般站着，眼睁睁地看着整个象群转身朝另一个方向轰然而去，不久就消失在茂密的树林中。然后，我定一定神，环顾四周，发现自己站在一座巨大的山坡上，目力所及，两边都铺满了大象的骨头和象牙。"这一定是大象的墓

17

地，"我自言自语道，"它们带我到这里，一定是希望我不再伤害它们，因为我只要它们的象牙，而这里的象牙我一辈子都拿不完。"[2]

朗在书里用了一张亨利·贾斯蒂斯·福特（Henry Justice Ford）画的插图，描绘了辛巴达被大象放到"象牙山"上的情景。五头大象俯视着他，背景中还能看到更多的大象，直到天际。辛巴达一边仰望着其中一头大象，一边靠在一堆象牙上休息，旁边是一个巨大的大象头骨，而大象们则凝视着辛巴达，显得平静、好奇、友善（图1.3）。

加朗在18世纪初翻译的辛巴达故事似乎将大象墓地的传说介绍到了西方，这个传说具有非凡的力量，经久不衰。二百多年后的1934年，动物学家埃德蒙·赫勒（Edmund Heller）为《国家地理杂志》（*National Geographic*）描述了关于大象墓地的传说："传统认为，当大象感到死亡来临时，它们会离开象群前往大象墓地，墓地在荒野中一个偏远的地方，该地区所有的大象都会去那里赴死。据说那里的地面上密布着巨大的象骨，其中许多大象已经死去一百年甚至更久。"赫勒明确表示这只是一种传统上的说法，坚称没有任何记录证明这种墓地的存在，尽管贪求象牙的猎人们一直努力寻找这种墓地。[3]然而，前一年发表在《纽约时报杂志》（*New York Times Magazine*）上的一篇名为《寻找"象牙谷"》（Seeking the "Ivory Valley"）的文章却并不那么斩钉截铁地认为这种墓地只是些传说。该文章指出，总有大型商队从大陆腹地运出"旧象牙"，而人们从未发现过死去的大象。根据这些

SEVENTH AND LAST VOYAGE　183

my terror when, an instant later, the largest of the animals
wound his trunk round the stem of my tree, and with

SINDBAD LEFT BY THE ELEPHANTS IN THEIR BURIAL-PLACE

one mighty effort tore it up by the roots, bringing me to
the ground entangled in its branches.　I thought now

图 1.3　亨利·贾斯蒂斯·福特的插图《辛巴达被大象留在其埋
　　　　骨之地》。出自安德鲁·朗编《阿拉伯之夜》（1898）。
　　　　威斯康星大学密尔沃基分校图书馆特别馆藏。

"事实"，该文自信地声称大象"知道死亡将降临。它们发出尖锐的死亡之音，消失在那个隐秘的山谷中。谷中是它们前辈的巨大骨架，在太阳下皑皑发白"。[4]

事实证明，赫勒所谓没有人曾经发现过——或者至少声称发现过——这样的墓地的说法，并不完全正确。从19世纪到20世纪初，猎人和冒险家的记述经常强化大象墓地的传说。通常，猎人们并没有亲眼见过这些所谓的坟场，而是回忆他们曾听过的故事。例如，特雷德·霍恩（Trader Horn）在其1927年的冒险回忆录中就提到了"大象坟场"。他回忆说，有人告诉他，离群的老象总是在"树林中它们喜欢的洞窟或者清凉的泉水旁边"游荡，受伤的大象"总是在溪流交会处或泉眼边"死去，这些地方是"沐浴和纳凉的洞天福地"，而且"总是能在这些地方挖到老象牙、绿色象牙和彩色象牙……还都是成年象完全长成了的象牙"。[5]虽然大多数猎人报告的都是他们听到的故事，但有些人声称他们自己真的找到了这些墓地。珀西·霍勒斯·戈登·鲍威尔－科顿（Percy Horace Gordon Powell-Cotton）在其1904年的回忆录《于陌生的非洲：在未知之境和新部落之间二十个月的征程》（*In Unknown Africa: A Narrative of Twenty Months Travel and Sport in Unknown Lands and among New Tribes*）中，描述了他发现一片布满象骨的平原。在英属东非，有一座石山被鲍威尔－科顿的向导称为奥斯雷洛克（Ousereroc）。站在山顶，鲍威尔－科顿眺望着山脚下的原野。他写道："在我穿越大象领地的所有旅行中，我想，我每一次遇到这些庞然大物的骸骨，我的向导都能告诉我它是怎么死的。而我也从未见过两头大象死在一起的。在这里，我惊讶地发现整个原野上散布着遗骸，时隐时现的阳光透过云层，照亮了周遭各处熠熠生光的象骨。"这位猎人补充说，他的向导称这里为"大象赴死之地"。鲍威尔-科顿最初以为这是"某种恶疾导致一大群大象死亡"的情况，但他的向导向他保证说并非如此。相反，向导坚称"当大象感到不舒服时，它们会特地长途跋涉来到这个地方，埋骨于此"。[6]鲍威尔-科顿宣称在他亲眼见到这一铁证之前，他一直认为大象墓地的故事就是传说而已。但从那天起，他相信这是真的了。

关于大象墓地，辛巴达的传说和猎人、探险家的夸张说词都有提及，但还不止于此。大象墓地故事的核心是一系列更广泛的观念，关于大象，也关于一个持续数千年的精神领域。甚至，在荷马的《奥德赛》（Odyssey）中，象牙之门和兽角之门的古老意象已经提示了这些观念的存在。在第十九卷中，奥德修斯（Odysseus）乔装回到妻子佩奴洛普（Penelope）身边，发现她周围满是追求者，而她已经成功地将他们拒之门外。当只有他俩单独在一起时，佩奴洛普告诉这"陌生人"，她曾梦见一只鹰从山上下来，要杀死她家的 20 只鹅；那只鹰其实是她失散已久的丈夫，前来杀她的追求者。奥德修斯回答说，梦的含义似乎很明显。然而，佩奴洛普反驳说，梦的意义可能做不得数。"梦，"她说，"是令人困惑且渺茫难明的，并且它们无论如何都不会在所有事情上应验。幽幽梦境有两扇门，一扇由打磨好了的兽角制成，一扇由被锯断的象牙制成。那些出自象牙之门的梦欺骗人们，预兆的事不会应验。但是当凡夫俗子见到出自兽角之门的梦的时候，这些梦就真的会实现。"[7]那就是说，梦境呈现和预言的未来，可以是真实的也可以是虚假的，它们来源不同，分别出自兽角之门和象牙之门。

荷马以降的近三千年间，象牙之门和兽角之门的形象出现在许多作家的笔端。其中最著名的可能是在维吉尔（Vergil）的史诗《埃涅阿斯纪》（*Aeneid*，公元前 19 年）的上半部结尾，英雄埃涅阿斯（Aeneas）站在这两扇门前。在其已故的父亲安基西斯（Anchises）和女先知库蜜莱（Cumaean Sibyl）的陪同下，埃涅阿斯一直在地狱中游历，现在他准备离开这幽冥世界了：

> 有两扇睡眠之门：一扇据说是
> 兽角制成的，透过它，真实的幽灵
> 可以轻松离开；另一扇则是
> 抛光的象牙制成的，完美，熠熠生光，
> 但透过这扇门，幽灵们将虚假的梦
> 送去人间。在这里，安基西斯
> 说完了话，陪伴着女先知和他的儿子
> 并将他们送出象牙之门。[8]

为什么维吉尔让埃涅阿斯和女先知通过象牙之门——假梦之门——离开冥界，这个问题已经争论了数个世纪。[9]但是关于为什么荷马（以及后来的维吉尔）把那两扇门写成是由兽角和象牙制成的问题，人们却关注得较少。主流观点似乎认为，兽角之门的观念源自古埃及和美索不达米亚。在那里，人们认为神鬼之境是有门的，而公牛则跟关于生命和死亡的神话渊源颇深。例如，在研究兽角之门和象牙之门的考古学背景时，欧内斯特·海伯格（Ernest Highbarger）得出结论，荷马运用了"通过'兽角之门'接近死亡之地"的理念，"这种理念在东方很早就甚为明显"，并且"在克里特岛和希腊同样重要"。[10] 海伯格认为，象牙之门起源于更早的"太阳之门"的概念，那是神灵降临世界的通道；象牙被选来装饰这扇门，不仅因为它稀有而珍贵，还因为它的白色光泽暗示了神界的"云彩"。

在古希腊语中，词语"eléphas"（ἐλέφας）既可以翻译为"象牙"，也可以翻译为"大象"。似乎人们知道象牙比广泛了解 21大象还要早。象牙并非仅仅是大象的一部分；在某种程度上它就是大象本身。[11] 基于这一点，把梦境或冥界的门说成是象牙做的是有道理的，因为一旦这种稀有材料联系到大象，它也联系到那些发展着的思想，关乎大象与精神实践之间的关系。这里的关键是老普林尼（Pliny the Elder，公元 1 世纪），他关注这些动物的行为。在他的《自然史》（Natural History）中，普林尼写道，大象"在被折磨得精疲力尽时（即使是这些巨大的身躯也会受疾病侵袭），会仰躺着向天空扔草，仿佛请大地支持它们的祷告"。[12] 他认为，大象也"对星星有宗教崇拜，对太阳和月亮有崇敬之心"。[13] 他还写道："在新月初现时，成群的大象会从毛里塔尼亚的森林中下来，来到一条叫阿米洛的河边，然后它们把水洒到身上，以这种庄严的方式清洁自己。在如此这般向月亮致意后，它们回到林中。成年大象会用鼻子卷起疲惫的幼崽带它们归去。人们认为，它们对宗教差异也有一些概念。"[14] 普林尼还声称，大象知道猎人追捕它们是为了象牙。他指出："这些动物非常清楚，我们唯一想从它们那里抢去的东西就是它们用来防御的武器。"并声称："当它们的象牙掉落时，无论是因为意外还是因为年迈，它们都会将象牙埋入土中。"[15]

一个世纪之后，埃利安（Aelian）也同样观察到，当一头大象"看到另一头大象死去了，它路过时一定会用鼻子卷起一些土盖到死象的尸身上，仿佛在进行一些神圣又神秘的仪式，因为它们是同类，不这么做将遭到诅咒。甚至只需要把一根树枝放在死象的身体上就够了。在以适当的方式对这万物共有的结局表示了敬意后，大象就继续前行"。然后，他扩展了普林尼的描述，进一步说："当大象在战斗或捕猎中伤重将死时，它们会捡起身边找得到的草或者脚边的灰尘，仰望苍天，将其扔上天去，用它们自己的语言嘶鸣怒吼，仿佛在呼唤众神来见证它们遭受的不公和冤屈。"[16]

所以说，虽然大象墓地的传说直到 18 世纪通过《一千零一夜》的普及才在西方思想中站稳脚跟，但其中的许多元素早就存在于更古老的西方记载中了。普林尼和埃利安都提到，人们早已相信大象对死亡有独特的理解，面对疾病或伤害时会意识到自己的处境，会进行仪式性或宗教性的活动，明白人类杀害它们是贪图它们的牙，能够理解其他大象的尸体是曾经活着的同类的遗骸，会对死去的象表达特别的敬意且试图用土掩埋它们，甚至在人类自己对死亡和来世的认识中也起到了一定的作用。需要指出的是，这些观点并非来自这些古代作者的实证观察，而是根植于他们的文化中。当埃利安提到大象向众神祈祷、向死去的象表示敬意时，当普林尼讲述大象如何沐浴和敬拜日月星辰、以之为一

22

种仪式时，我们可以窥见古罗马人是如何努力去理解大象的生活和思想的，这种努力一直是人类对自己生活和思想之理解的一部分。这并不是说这些文本中对大象的描述是虚构的，或者说它们最终并非基于对真实大象的观察，毫无疑问，这些描述基于与大象相关的真实生活经验。但这些故事也提供了重要信息，让我们了解作者所认为的大象生活是怎样的，就像它们也告诉我们有关罗马文化的信息一样——这些都是关于大象的记载，但它们远远不止于此。

大象的尸体

如果说 18 世纪的辛巴达和 19 世纪的猎人们讲述了大象墓地的故事，那么到科学昌明、神秘传奇的潮流正在消退的 20 世纪后半叶，大象赴死的隐秘山谷的说法——如 19 世纪 30 年代泰山系列电影中描绘的那样——就变得越来越不可信了。话虽如此，但关于大象如何体验和理解死亡，人们的兴趣并未减弱。比如，伊恩·道格拉斯-汉密尔顿（Iain Douglas-Hamilton）和奥丽亚·道格拉斯-汉密尔顿（Oria Douglas-Hamilton）夫妇的《与象为邻》（Among the Elephants）在 1975 年出版了。在这本经典且影响深远的回忆录中，伊恩解释了他是如何开始思考大象的死亡的。有一段时间，他每天都要检查和记录一具大象尸体的腐烂情况。十天以后，他写道，尸体"只剩下皮囊之下散发着恶臭的黑洞，由骨架支棱着"。[17] 也是那天早晨，在他正观察那具尸体的时候，一群大象沿路走来，领头的是母象克吕泰姆内斯特拉（Clytemnestra）。当它察觉到尸体的气味时，它迅速转身。伊恩写道："它的鼻子伸展开来，像一杆长矛，它的耳朵就像两面巨大的盾牌，它朝着气味走去，目的明确，就像一辆有嗅觉的巨型中世纪投石车。"另有三头母象跟着它。伊恩·道格拉斯-汉密尔顿继续写道：

23

> 它们开始用象鼻小心地嗅探，然后越来越自信，对这个萎缩的身体上上下下地进行探索，触摸和感受每一片暴露在外的骨头。象牙引起了它们特别的兴趣。它们捡起尸体的碎片，转动它们，然后将其甩开……在这之前，我听说过大象的墓地，那个据说大象赴死的地方。在发现整个原野上都散布着大象的尸体后，我知道这个经久不衰的神话是不真实的。当然，我也听说过大象对自己同类的尸体特别感兴趣，这听起来像是个童话故事，而我已经在心里将其排斥。然而，那天亲眼看见了这一幕之后，我去收集了与之相关的所有可靠描述。[18]

在读了包括 20 世纪 50 年代的大卫·谢尔德里克（David Sheldrick）在内的其他人的报告后，伊恩决定进行一系列他称之为"粗糙"的实验，将大象骨殖放在大象经过的路上，观察别的大象的反应。其中一个实验是他为拍摄一部电视纪录片而进行的。他以特有的感染力描述了一群大象与同类骨殖的相遇，值得长篇引录——领头象有一个不俗的名字，叫博阿迪西亚（Boadicea）：

起初，它们似乎将径直走过这具尸体。然后，一阵微风将尸体的气味直接吹入它们的鼻子。它们一起转过身来，小心翼翼地走向尸体。前排的大象肩并肩走近，十根象鼻像愤怒的黑蛇一样上下摇摆，耳朵保持着那种有所关切时的半低姿势。每头象似乎都不愿首先去触碰那些骨头。然后所有的象都开始仔细地嗅来嗅去，用前脚轻轻地把一些骨头来回转动，把另一些拨弄到一起，发出木头般的轰隆声。象牙立刻引起了它们的兴趣，它们将其捡起，放到嘴里，并依次传递给别的大象。一头年幼的公象用鼻子举起那沉重的骨盆走了50码才放下。另一头将两根肋骨塞进嘴里，缓缓转动，仿佛在用舌头咂摸味道。大象们还轮番滚动着死象的头骨。一开始，象群密集得只有最大的大象能靠近骨架。博阿迪西亚来晚了，它挤到中间，卷起一根象牙，玩弄了一两分钟，然后衔着其较钝的一端将它叼走。其他大象现在都跟随着它，许多还带着骨头块，但走了大约100码就都扔下了。这些象带着骨头离开，就像在举行某种巫术仪式。此情此景，诡异离奇。[19]

这个故事有几个关键点：大象通过气味发现尸体；它们小心翼翼地靠近；它们用嗅觉、触觉和味觉检点遗骸；它们用鼻子、嘴巴和脚摆弄骨骼；它们对象牙特别迷恋；它们还带走骨殖和象牙。近几十年来，观察者们一次又一次地记录了这些要点。不过，尽管伊恩的叙述令人惊讶，他仍谨慎地保持了对我们或可称之为"尸体问题"的科学距离，并报告了另一个实验：有八群大象经过了同类的尸骸，其中只有六群有类似的行为。对于伊恩来说，这六群大象的行为固然重要，而他对那两群对死象骨殖没有反应的大象也感到好奇，它们"就这么走过去了，好像那些骨头不存在一样"。[20]

同样，虽然充斥着让伊恩感到震惊的报告，说大象遇到尸体时会试图用尘土、泥巴和植物将其掩埋，哪怕是人类的尸体，但他仍明确地表示，尽管观察多年，他从未见过这种行为，并且他不愿意对此进行解释。他在其描述中的结论似乎受制于两个因素：首先是他致力于运用一种科学的方法，这种方法必须有说服力，且可以通过实验复现；其次是他对进化理论的理解，该理论要求物种的行为适应其生存需要。他承认尽管证据有限，但"很明显，大象对它们同类腐烂的尸体经常表现出兴趣，并非心血来潮，即使尸体已经腐烂得所剩无几，只余气味"。至于带走骨殖和象牙，他承认自己"不知道"大象有时为什么会这样做，尽管他认为"象牙的特殊意义"或可解释为它们"在大象死后仍保持了跟大象生前大致相同的弯曲模样，可能仍然传递着某种信号"。[21]无论如何，他坚持认为"仅仅满足于说大象'能感知死亡'是不够的"。[22]

如果对 20 世纪 70 年代中期的伊恩来说，大象特殊的"死亡感知"还缺乏科学依据的话，那么此后的研究者则往往更容易接受这一观点。在这个问题上，跟在其他许多领域一样，辛西娅·莫斯（Cynthia Moss）40 多年的优秀田野研究发挥了核心作用。她曾是伊恩的助手，1972 年在肯尼亚安博塞利国家公园（Amboseli National Park）与人共同创办了安博塞利大象研究项目

25

（Amboseli Elephant Research Project）。在她1988年撰写的《大象记忆》（*Elephant Memories*）一书中，莫斯再次提到了这个古老的传说："大象可能没有坟地，但它们似乎对死亡有一些概念。这可能是它们最奇怪的地方。与其他动物不同，大象能够认出同类的尸体或骨骼。虽然它们对其他物种的遗骸毫不关心，但它们总是对一头死去的大象的尸体有所反应。我曾多次目睹这样的情景。"[23]她写道，当象群"遇到大象的尸体时，它们停下来，变得安静但紧张，与我所见过的其他情况完全不同。首先，它们用鼻子去闻尸体，然后缓慢而谨慎地接近，并开始触摸死象的骨头，有时用脚和鼻子举起骨头转动。它们似乎对头、牙和下颚特别感兴趣，会触摸死象头骨上的所有裂缝和空洞。我猜它们在试图辨认出这头大象是谁"。[24]莫斯还描述了大象怎样用泥土和棕榈叶埋葬它们死去的同类。特别是有一次，她确信一头七岁的大象认出了它亡母的下颚骨。[25]

在许多方面，莫斯回应了伊恩的观察，但在结论上更进一步。她相信大象对其他大象的遗骸不仅仅是"感兴趣"。她认为它们能够区分大象遗骸和其他动物的遗骸，只对大象的遗骸感兴趣，始终会对死去大象的尸体做出反应，并且似乎能够根据遗骸辨认死去的大象是谁。莫斯后来对这些主张进行了适度的调整。在21世纪之初，她、卡伦·麦库姆（Karen McComb）和露西·贝克（Lucy Baker）在安博塞利进行了升级版的道格拉斯-汉密尔顿实验，实验对象是自由活动的大象。他们向大象展示了"动物头骨、象牙和自然界的其他物件"，以调查它们是否会"对大象头骨和象牙比其他自然物件更感兴趣"，是否会"对大象头骨比其他大型陆生哺乳动物的头骨更感兴趣"，以及是否会特别挑选出"亲属的头骨进行检视"。[26] 结果显示，当面对象牙、大象头骨和一块木头时，大象对象牙最感兴趣，对木头最不感兴趣；当面对大象、犀牛和水牛的头骨时，大象对大象头骨最感兴趣；最后，当展示了它们自己血缘群体内的一头已故领头母象的头骨和非血缘群体的两头领头母象的头骨时，大象没有表现出对其中任何一个头骨的特别兴趣——换句话说，它们在"辨识"自己家族成员的头骨方面表现不明显。然而，关于这些结果有一些值得思考的地方，因为该研究既没有考虑所展示物件在当地环境中的新奇程度如何，也没有考虑到大象遗骸体积庞大的天然特性，这种特性可能更加有趣。我想知道，如果科学家将鲸鱼的头骨和大象的头骨并列在大象经过的路上会发生什么。我猜测，好奇的大象会觉得鲸鱼的头骨很有趣，可能值得它们用鼻子、嘴巴和脚探索一下，甚至可能值得试试带着鲸鱼头骨到处转转。但我们可以从中得出什么结论呢？最近，乔伊斯·普尔（Joyce Poole）和彼得·格兰利（Peter Granli）对于大象认出已故前辈、对死亡有独特理解的这种观念更加有所保留了，但他们仍然引用了伊恩·道格拉斯-汉密尔顿、麦库姆、贝克和莫斯的研究成果，据此认为，大象"通常也会用鼻子嗅探死去大象的遗骸，用脚和鼻子摸索、举起、携带以及玩弄那些骨头，或对着它们静思默想"。[27]

像伊恩·道格拉斯-汉密尔顿、莫斯和普尔这样的人的结论和理性直觉，以及本书所讨论的其他野外研究人员的观点，无疑是有意义的。显然，我们经常会错误地解读我们周围各种动物（包括我们的人类同伴）的意图和行为。但同样的，我们的一些猜测或者结论，我们的一些跳跃式的共情和想象，也是正确的。在我为写作本书而从事研究的整个期间，我总能听到人们以"嗯，如果我是一头大象……"作为开场白。即便我们意识到其他动物的感知世界和经验世界可能与我们极为不同，我们仍努力想象自己融入其他动物的世界。这并不是将动物拟人化的那种最糟糕的情形，因为这仅仅表明我们希望通过共情来理解它们。然而，我们也必须承认，我们所提出的许多关于大象的问题都源于我们对自身的兴趣，而不是对大象本身的兴趣。最终，我们问的问题是大象是否对死亡有独特的理解，因为死亡问题对我们来说特别重要，所以当我们以为我们所见的动物对死亡表现出兴趣时，我们就会特别关注。我经常想象，在野外观察大象搬动并咀嚼一根大树枝几个小时的研究人员可能只会简单地记录说大象一直在觅食，但当大象转过头看向路上的白骨时，她开始记录下大象的每一个动作。

　　莫斯认为，大象墓地的神话可能渊源有自。她指出，猎人有时将大象赶到一起屠杀，留下的骨殖就会集中在某个特定区域。此外，她注意到"在任何一个有大象活动的区域内，生病或受伤的大象常常会去一些特定的地方。这些地方通常有水源、遮阴和柔软的植被供大象觅食"。她解释说，当安博塞利的大象因病重而无法移动时，它们经常待在她营地附近沼泽边的无花果树荫下。"像这样的地方，"她总结道，"比起大象活动的其他地方可能会有更多的尸体，因此人们可能会认为有一个大象赴死的特殊区域存在。"[28] 在某种层面上，莫斯在这里以一种合乎情理的方式回应了 18 世纪和 19 世纪如加朗和特雷德·霍恩等人的描述，这种回应是人们预期会在 20 世纪和 21 世纪见到的。她观察到体弱的大象往往会寻找并停留在靠近水源、易于获取食物和有遮阴的地方，由此得出一个合理的结论，解决了一个长期存在的谜团。然而，从另一个角度来看，莫斯对大象的思考仍是一种对大象和死亡进行探究的执念，这种执念非常古老，可以追溯到西方还未有关于大象的书面记录之前。我并不是说莫斯或伊恩认为大象对同类尸体有特别的兴趣是错的，我是说人们对这个问题的兴趣远远超出了纯粹的科学范畴。

怪中至尊

在 13 世纪，巴托洛梅乌斯·安戈里克斯（Bartholomaeus Anglicus）重新讲述了普林尼关于大象在月下举行宗教仪式般聚会的故事："在野兽中，大象是最有德行的，在人类中也很少见。新月之夜，它们成群地聚集在一起，在河中洗浴，并相互礼敬，然后各归各地，归途中仍让幼象走在前面，忙着照料它们，并教它们做同样的事情：如果它们生病了，它们会采集好的草药，在用药之前，它们会抬起头，仰望天空，向某种宗教中的神祈求帮助。"[29] 巴托洛梅乌斯声称，大象比其他动物更具美德，甚至在人类中也找不到这样一种美德的衡量标准。他写出了一些奇绝的动物，这些动物在月光下聚集在它们的圣地，使用草药，教它们的后代祈祷。尽管他将他的著作称为"自然史"（natural history），但这并不等同于伊恩或莫斯的作品——他的叙述完全是出于不同

28

的目的，并基于对世界非常不同的一种观察。但是，如果巴托洛梅乌斯的作品不完全是我们今天理解的科学——即客观知识和方法的一个体系——那么我们目下关于大象和死亡的观念也远远超出了科学的范畴。巴托洛梅乌斯关于大象和道德的论述，埃利安关于大象用尘土和树枝覆盖死者的描述，关于大象坟墓的传说，甚至像伦敦自然历史博物馆这种大象"坟墓"中成箱成架的象骨都参与营造了一个观念：大象不仅仅在分类学、身体、智力或情感上与世界上的其他动物有所不同，它们就是独一无二的，令人着迷。

我曾经与生物学家 J. 鲁迪·斯特里克勒（J. Rudi Strickler）进行过一次对话。在他漫长的职业生涯中，他花了很多工夫研究桡足纲动物——这些小型甲壳类动物生活在淡水和海洋里，占地球上动物生物质的很大一部分。[30] 当我们开始谈论大象时，斯特里克勒笑了笑。据他所见，大象的重要性往往被夸大了，就像它们的体积一样。他的意思是，对于其他生命来说，大象不如桡足纲动物那样的微小有机体来得重要，正是因为有这些有机体，地球上其他的生命才可能存在。桡足纲动物有两万多种，大象仅有三种，也许将二者进行比较有失公允，但人们仍不得不承认，如果这三种目前存活的象科动物遭遇了超过 175 种已灭绝的桡足纲动物一样的命运，地球或许不会发生什么根本性的变化。斯特里克勒显然是对的，我们倾向于夸大大象的重要性，他说我们这样做至少有一部分是因为它们"夸张"的体型，这也可能是对的。它们是当今世上最大的陆生动物，因此在我们的想象中具有异常的魅力。[31]

有一首关于大象的古罗马警句，将这些动物形容得危险无比，但也指出，用象牙制成的玩具也能给人带来乐趣。诗的结尾点明了人世权力的短暂：

首屈一指的怪兽是大象，象鼻威猛暴烈，
庞大的黑色身躯茸毛耸立，象牙闪亮雪白。
这猛兽发起怒来脾气难测，摧枯拉朽，
人们避之唯恐不及。但即使如此，
当这野兽被俘获宰杀后，也自有其价值。
我们所见的象牙力大如山，
却正合人类的使用。
它变成了执政官的权杖，桌上的饰品，
骰子玩家的武器，五色斑斓的棋子。
这就是人世间的状况，永远是无常：
曾经的恐慌之源，一旦死去就成了娱人的消遣。[32]

29

17 世纪的英国自然历史学家爱德华·托普塞尔（Edward Topsell）在他的《四足兽、蛇和昆虫的历史》（*History of Four-footed Beasts, Serpents, and Insects*）中指出，警句有如蝎子，就像"蝎子的毒针在其尾部，警句的力量和魅力在结论中"。[33]确实，警句曲终奏雅——那最后两句告诉我们一个古老的道理，即人间的富贵全是无常，那些今天名声显赫、有权有势的人明天就会成为别人的笑柄。

诗中的短语"arma tablistis"（"骰子玩家的武器"）让人想起普林尼用"arma"一词来形容大象的武器——象牙。那么，"首屈一指的怪兽"的武器，即象牙，变成了掷骰者的武器，也就是他们的象牙骰子。骰子至今在俚语中仍被称为"象牙"（ivories）——一旦变成骰子，这种怪兽的威力就成了一种消遣，一种嘲弄的对象。这个观念在 1929 年《纽约时报》（*New York Times*）的一篇名为《死象何所之？》（Where Do Dead Elephants Go?）的文章中也有所体现。作者欧内斯特·肖（Ernest Shaw）在这篇文章中谈及传说中的大象坟墓，提到他住在非洲西海岸时，曾向当地居民打听大象去世的地方。他说，他总是得到同样的答案："大象不会自然死亡，是我们杀死了它们。"随着时间的推移，肖得出结论："大象很少因为衰老而死亡，而是在它们变得年迈无法自我保护时，成为唯一的敌人——人类的猎物。"至于为什么人们从未发现大象的尸骨痕迹，他认为："就像屠夫沾沾自喜于能够利用猪的一切——除了猪的尖叫声，这些土著人也是如此。他们吃掉肉和皮，卖掉象牙或将其制成装饰品，用大象不多的毛发制作手镯和戒指，让孩子用小骨头做玩具。其他骨头对于村里的狗来说也是不错的嚼食，而狗咬不动的骨头则被饥饿的豺狼和鬣狗吃掉。"[34]

　　"我们杀死了它们"，它们的遗骸最终出现在我们的家中和博物馆里，供科学研究和展示，供我们思考，供我们娱乐。在造访伦敦自然历史博物馆的几年之后，我访问了另一家自然历史博物馆——史密森尼学会（Smithsonian Institution）的国家自然历史博物——的仓库，在那里我发现一根非洲象的骨头，它被放在白色的泡沫塑料上。一个熟悉的标签让我想起我先前的经历："没有历史"（图 1.4）。跟之前一样，标签中包含的信息比这个更多。标签顶部印有标本的目录编号和表示其为雌性的符

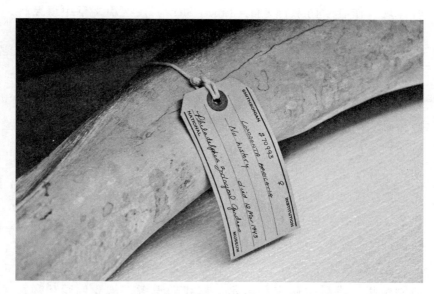

30

图 1.4 "没有历史"的象骨，史密森尼学会国家自然历史博物馆。笔者拍摄。

号，下边是其科学名称（非洲草原象），最下面写着"费城动物园"（Philadelphia Zoological Gardens）和"1943年3月12日去世"。这头大象的很多骨头被收藏在这里，这根骨头是其中之一。很快我发现了其他的腿骨、椎骨、肋骨、下颌骨，然后是其白色的头骨。最后，在一个锁着的橱柜的后部，我找到了长长的、细细的、弯曲的象牙（图1.5）。

因为有日期，还提到了费城动物园，所以更多地去了解这头大象的生活并不难。这些遗骸来自一头名叫约瑟芬（Josephine）的大象，1925年它还是一头幼象，从西非来到动物园，并在儿童动物园中展出。在它去世后，美联社的一篇文章发表在全国各地的报纸上，以纪念"长大了的玩具象"。根据这篇文章，约瑟芬在全国被公开报道为"侏儒象"，是"宠物幼崽动物园的当红明星"。据官方估计，它在费城度过的18年时间里，给大约17.5万名儿童提供了骑乘服务。它是"新世界唯一的森林象"（"一种在西非的森林稀疏地区发现的瘦小种类"），并且是1940年费城共和党全国代表大会的官方吉祥物。该文章报道，当年人们为它建造了一座"超现代的笼子"，它显然"不喜欢，开始了持续三周的静坐抗议。然后，在一个深夜，它出逃了，推倒了栅栏，吃了些树叶"，最后"乖乖地回到了笼子里"。文章结尾写道："昨天，20岁的它因长期患有心脏病而去世。"[35]

今天可能仍有人记得曾在动物园看到过约瑟芬，记得曾骑过它，尽管他们可能不知道它有自己的名字，曾是全国性政治会议的吉祥物，有一天曾经出逃，引起了一些骚动。他们也不会知道，今天它的遗骸存放在马里兰州史密森尼学会的博物馆后勤中

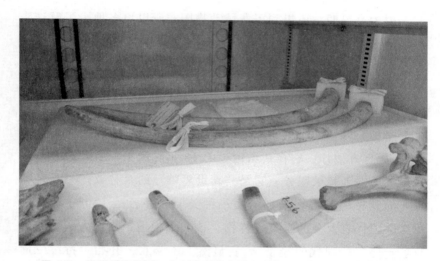

图 1.5 约瑟芬的象牙，史密森尼学会国家自然历史博物馆。笔者拍摄。

心 "2号仓"，而且这些遗骸应该被标记为非洲森林象而不是非洲草原象。这些污迹斑斑的白骨来自约瑟芬的身体，它们不是约瑟芬的全部，但又比它本身的含义更为丰富。不是它的全部，这很明显，因为它所拥有的许多特质已经丧失，甚至丧失了它作为费城孩子们迷恋的那头特定大象的身份。比约瑟芬本身的含义更为丰富，是因为这些遗骸已经成为一部关于大象和死亡的非常古老、非常深刻的思想史的一部分。当然，我们认识到标签是一种文本，是人类文化的产物和组成部分，是一种人工制品，是我们要阐释的东西，但从很多方面来看，那些骨头也是如此。约瑟芬的骨头储存在一种特殊的骨殖箱中，是人类文化的一部分，与一部思想史同在。最终，我在易贝（eBay）上买了一张约瑟芬的明信片（图 1.6）。照片是竖向的，从正面拍摄，它的圆形耳朵露在外面。它站在修剪整齐的草地上，显得相对有点儿小，在它身后是树木和低矮的护栏。它长长的象牙，就是我在博物馆里看到的那对，交叉在一起，它鼻子的末端卷了起来。这样一个动作，还有它耳朵的位置，表明它感到不安。[36] 它被要求这样在摄影师面前静静地独自站着，这可能是不寻常的——通常会有一位饲养员站在它旁边，跟它说话，安抚它，指导它，在这种令它困惑的时刻让它感觉清醒。明信片背面印着如下文字："非洲中部的森林象。尽管体型庞大、形象威严，约瑟芬是一只非常温顺的动物。每天，如果天气不错，它都会被放上鞍座，带到骑场，儿童和成人可以骑在它身上。"明信片上的邮戳日期是 1945 年 7 月 10日，约瑟芬去世两年多后，并附有一条简单的留言，写给宾夕法尼亚州雷丁市（Reading）的莉莉·斯陶德（Lillie Stoudt）夫人，

第一章 首屈一指的怪兽

"Josephine"　　　　　Philadelphia Zoological Garden

图 1.6　约瑟芬，费城动物园明信片，1943 年。笔者收藏。

　　　　　　　　　　　　　　　　　　大象的踪迹

字迹看起来像是孩子写的："我们在动物园玩得很开心。南希、朱迪和琳达。"

这是否只是一种情感投射，使我在看到像约瑟芬这样的形象时感到悲伤？我无法真正知道那天它面对照相机的感受。如果它的象鼻和耳朵的位置暗示着不安，那是恐惧吗？是担忧吗？是关切吗？是不祥的感觉吗？是犹疑吗？约瑟芬在照相机前感到不自在——这是我们许多人都有过的感受——这是否意味着它的整个生活都充满了惊恐和焦虑？显然不是。生活是多样的，约瑟芬的生活里无疑有好日子也有糟糕的日子。但是当我又看到卡片背面的字——"我们在动物园玩得很开心"时，我还是情不自禁地浮想联翩。在思想史的那些并不轻松的领域中，大象穿行而过，它们是狩猎的对象，是力量的象征，是恐惧的来源，是崇拜的对象，参与人们的工作，自有它们的价值，还给人们带来娱乐。在死去多时之后，它们的身体——骨头、肌肉、皮、脚、尾巴、牙，甚至相关的故事——也安息于这些领域中，这不足为奇。

注释

[1] 我使用的是 1753 年《英国博物馆法案》的原文，尽管当 1963 年伦敦自然历史博物馆正式从大英博物馆分离出去时，该法案被废除了。这是因为我在这里关注的标本都是 1963 年之前的，而且为后代保留收藏现在仍是该机构存在的一个标志性目的。

[2]《阿拉伯之夜》和辛巴达的故事有很多版本和翻译。朗的版本和理查德·伯顿（Richard Burton）1885 年的经典版本《一千零一夜》有不同的目标，但其长处是采用了一种更愉悦的文学风格。有关大象墓地的叙述部分，朗和加朗相对接近。18 世纪有无名氏将加朗的书较忠实于字面意义地译成了英文，可资比较参阅，其相关信息为 *Arabian Nights Entertainments: Consisting of One Thousand and One Stories ... Translated from the Arabian Manuscript into French* by M. Galland, 3

vols. (London: C. Cooke, 1706)。

[3] Edmund Heller, "Nature's Most Amazing Mammal: Elephants, Unique Among Animals, Have Many Human Qualities When Wild That Make Them Foremost Citizens of Zoo and Circus," *National Geographic Magazine* 65 (June 1934): 752.

[4] Lawrence G. Green, "Seeking the 'Ivory Valley': African Expedition Formed to Hunt for the Legendary Place Where Elephants Die," *New York Times*, January 8, 1933. 赫勒和格林（Green）的文章是在取得巨大成功的电影《人猿泰山》（1932）和《泰山和他的伴侣》（1934）上映后发表的。这两部电影都在其核心部分演绎了大象墓地的概念。

[5] Trader Horn, *Trader Horn; Being the Life and Works of Aloysius Horn, an "Old Visitor"* (New York: Literary Guild of America, 1927), 115-16.

[6] Percy Horace Gordon Powell-Cotton, *In Unknown Africa: A Narrative of Twenty Months Travel and Sport in Unknown Lands and among New Tribes* (London: Hurst and Blackett, 1904), 379.

[7] Homer, *The Odyssey*, trans. A. T. Murray (Cambridge, MA: Harvard University Press, 1919), 269.

[8] Vergil, *The Aeneid*, trans. Allen Mandelbaum (Berkeley: University of California Press, 1971), 162.

[9] 或许维吉尔意图让读者怀疑埃涅阿斯叙述的真实性，又或许我们应该质疑，关于他自己的未来和罗马的未来，埃涅阿斯了解到了什么。有一种观点认为，这些门只是为亡灵而设的，由于埃涅阿斯和女先知是真实存在的而非亡灵——因为他们当时是"虚假的亡灵"——他们必须穿过象牙之门。见 Nicholas Reed, "The Gates of Sleep in Aeneid 6," *Classical Quarterly*, n.s., 23, no. 2 (1973): 311-15. 另一种理解方式指出维吉尔是柏拉图主义的忠实信徒，坚称出自象牙之门的东西对大多数世人只是看似虚假，但我们有可能辨别出所见之物背后的真相。正如 T. J. 哈霍夫（T. J. Haarhoff）所论："从（兽角之门）出来的是阴影，它们形成了普通人的现实，在此意义上是真实的。与其相对的是无眠的所见，它们形成实际但被隐藏的真相。但除了能洞察事物表象的先知，它们对所有人来说都是奇幻的。"（"The Gates of Sleep," *Greece & Rome* 17, no. 50 [1948]: 90.）

[10] Ernest Leslie Highbarger, *The Gates of Dreams: An Archaeological Examination of Vergil, "Aeneid" VI, 893-99* (Baltimore, MD: Johns Hopkins University Press, 1940), 28. 另参 Haarhoff, "The Gates of Sleep," 及 W. F. J. Knight, "A Prehistoric Ritual Pattern in the Sixth Aeneid," *Transactions and Proceedings of the American Philological Association* 66 (1935): 256-73. 在其所译《奥德赛》的注释中，阿瑟·默里（Arthur Murray）认为，之所以选择这些材料，是因为在古希腊文

中，"兽角"（κέρας）和"履行"（κραίνω）还有"象牙"（ἐλέφας）和"欺骗"（ἐλεφαίρομαι）分别是形近词（第 269 页）。也许荷马只是在用双关语，但这关于门的比喻似乎在荷马之前就已存在了。

[11] 见 Howard Hayes Scullard, *The Elephant in the Greek and Roman World* (London: Thames and Hudson, 1974), 32-37。

[12] Pliny, *The Natural History of Pliny*, vol. 2, trans. John Bostock and H. T. Riley (London: Henry Bohn, 1855), 245.

[13] Pliny, *The Natural History of Pliny*, 244.

[14] Pliny, *The Natural History of Pliny*, 244.

[15] Pliny, *The Natural History of Pliny*, 247.

[16] Aelian, *On the Characteristics of Animals*, vol. 1, trans. A. F. Scholfield (Cambridge, MA: Harvard University Press, 1958), 347-49. 普林尼、埃利安和其他古典作家对大象的思考受到动物志、自然史和其他著作的响应，直至 19 世纪。例如，卡西奥多鲁斯（Cassiodorus，约 485—585）在一封信中为罗马圣道上那些大象雕塑的风化表示遗憾，特别是考虑到"这些动物的肉身能活一千多年"；他呼吁对这些雕塑进行加固。他认为大象在智慧上超过其他所有动物，这表现在"它理解那位神是万物的全能统治者，对其顶礼膜拜"。（*The Letters of Cassiodorus: Being a Condensed Translation of the "Variae Epistolae" of Magnus Aurelius Cassiodorus Senator*, trans. Thomas Hodgkin [London: Henry Frowde, 1886], 442.）

[17] Iain Douglas-Hamilton and Oria Douglas-Hamilton, *Among the Elephants* (New York: Viking, 1975), 293.

[18] Douglas-Hamilton and Douglas-Hamilton, *Among the Elephants*, 293-94.

[19] Douglas-Hamilton and Douglas-Hamilton, *Among the Elephants*, 296.

[20] Douglas-Hamilton and Douglas-Hamilton, *Among the Elephants*, 295.

[21] Douglas-Hamilton and Douglas-Hamilton, *Among the Elephants*, 300.

[22] Douglas-Hamilton and Douglas-Hamilton, *Among the Elephants*, 300.

[23] Cynthia Moss, *Elephant Memories: Thirteen Years in the Life of an Elephant Family* (1988; rpt., Chicago: University of Chicago Press, 2000), 270.

[24] Moss, *Elephant Memories*, 270.

[25] Moss, *Elephant Memories*, 270-71.

[26] 见 Karen McComb, Lucy Baker, and Cynthia Moss, "African Elephants Show High Levels of Interest in the Skulls and Ivory of Their Own Species," *Biology Letters* 2, no. 1 (2006): 26-28。

[27] Joyce H. Poole and Peter Granli, "Signals, Gestures, and Behavior of African Elephants," in *The Amboseli Elephants: A Long-Term Perspective on a Long-Lived*

Mammal, ed. Cynthia J. Moss, Harvey Croze, and Phyllis C. Lee (Chicago: University of Chicago Press, 2011), 109−24.

[28] Moss, *Elephant Memories*, 269−70.

[29] Robert Steele, *Medieval Lore from Bartholomew Anglicus* (London: Alexander Moring, 1905), 153.

[30] 杰夫·博克斯霍尔（Geoff Boxshall）指出，如果每立方升海水中只有一只桡足纲动物，那么地球上的桡足纲动物数量将超过 1 347 000 000 000 000 000 000（即 1.35×10^{21}）只。（"Preface to the Themed Discussion on 'Mating Biology of Copepod Crustaceans,'" *Philosophical Transactions of the Royal Society of London, series B: Biological Sciences* 353 no. 1369 [1998]: 669.）

[31] 我感谢鲁迪十多年来的同道友谊，其睿智和慷慨嘉惠本书甚多。

[32] 感谢我姐姐珍妮特·罗斯菲尔斯（Janet Rothfels）帮忙翻译此诗，对本研究项目的很多部分而言，她都是一位出色的伙伴。诗的拉丁文原文请参见 D. R. Shackleton Bailey, ed., *Anthologia latina* (Stuttgart: Teubner, 1982), 128−29。

[33] Edward Topsell, *The History of Four-Footed Beasts, Serpents, and Insects* (London: Cotes, 1658), 756.

[34] Ernest W. Shaw, "Where Do Dead Elephants Go?" *New York Times*, October 20, 1929.

[35] 如 "Josephine, Elephant Pygmy, Dies," *Indiana (PA) Evening Gazette*, March 13, 1943。

[36] 我的这个阐释基于田野研究者乔伊斯·普尔及其同事开发的非洲象姿势数据库。该数据库将野生非洲草原象的各种姿势进行归档，但用于一头刚生下来即在刚果被捕获的大象则未必是理想的资源。

第二章

害怕老鼠

　　约瑟芬的象牙被保存在一个锁着的大柜子里，有三个像抽屉一样可以拉出来的架子。这些架子上摆放着大象身体的不同部位，其中一些是出于科学或历史的原因而保留下来的，另一些被保留下来则可能仅仅是因为扔掉它们似乎不妥。顶层架子上放着六只挖空了的脚和一根干瘪的鼻子，底层架子上堆满了象皮的碎片，中间的架子上有一些大象的臼齿和较小的象牙，包括约瑟芬的象牙。这个房间里的柜子通常不存放清洁过的骨骼，它们储存的是缓慢腐坏的象皮和其他身体部件，通常是在一个多世纪以前就用某些致命的化学混合物处理过的，旨在减缓腐败并防止虫蠹。当你打开这些用现代工业装备的柜子时，气味可能让人难以忍受，化学物质的气味——既有旧的配方又有较新的驱虫剂和杀虫剂——与腐败的气味混杂在一起，让人恶心。

　　像这样存放大象身体部件的柜子有六个。大部分的架子上都放着象皮。有时候只是一些小块皮——比如，有一块方方的象皮是那头巨大的"芬尼科维象"（Fénykövi elephant）的。这头象的填充标本矗立在史密森尼国家自然历史博物馆的中心，令人惊叹。其他地方的架子上放着的似乎是整张的象皮，包括西奥多·罗斯福（Theodore Roosevelt）卸任总统后于 1909 年到 1910 年间在东非猎杀的大象。国家自然历史博物馆的大部分大象收藏品都是非洲象的。当我们将这些象皮当做一个群体看待时，就很容易明白为什么 19 世纪的许多人曾谈论大象的种族。这些皮的颜色差别甚大，有的锈红，有的苍白，有的深灰，有些皮有更多的毛发。每张皮都非常独特。这些柜子中除了皮之外还有大象的其他身体部件。有一条象尾的标本，又直又硬，如同一根手杖；有一些大象的脚掌，单只的耳朵，摊平了的象鼻的外皮；有一只腐烂、干瘪的象脚，上面的标签写着"1954 年得自民族学部。不得捐弃、交换或赠予"。这些藏品中有这么多动物的骨头和其他部件，我发现有时很难记住每件藏品都曾是一个生命，是某个特定个体的存在和经历——也就是其历史——的一部分。但是，接下来这种跟生命个体的联系会再次触动我。例如，有一个柜子，里边的七层架子都放着象皮，其中有一张是一头公象的，它于 1928 年 3 月 5 日在苏丹博尔市（Bor）以北 20 英里处被 W. L. 布朗（W. L. Brown）射杀。令人惊讶的是这块皮在抽屉中被折叠和摆放的方式：最上边是这只动物的脸，闭着眼睛，仿佛睡着了（图 2.1）。这不仅仅是一张象皮。

　　一张被制成填充标本的皮可以被当成一个角色或一种构想，以纪念某一次事件或讲述一个特定的故事：它可以是动物被猎杀前最后那一刻的定格，它曾是慈爱的父母，是战利品，曾毫不起眼地栖息在水洼边；在分类学上或同或不同的动物会被排成一排，摆成相同的姿势，以便比较。[1] 它可以是"攻击我的大猩猩""我射杀的大猩猩"或者"跟家人在一起的大猩猩"。在制作标本时，动物的皮被摆成某个形态，讲述着一个故事。我们几乎不可能想象出赤裸、无姿态的面孔。同样的，在动物园中，甚至

图 2.1　一头大象的脸，史密森尼学会国家自然历史博物馆。笔者拍摄。

在野外，到处呈现着动物们的故事，这些故事令人信服，是我们理解动物的方式：它们在我们眼里或濒临灭绝，或自由自在地生活着，或昏昏欲睡，或可爱，或可怖。这样的理解方式使我们难以把握动物脆弱、赤裸的生命，难以面对它们质朴的语言。

这张皮则没有被填充，它被放在一个抽屉里，一张标签告诉了我们一部分它过往的经历：它是何人于何时何地收集的。这不仅仅是一张抽象的皮，还是一张没有遮挡的脸。[2]实际的眼睛已经不在了，但在那闭着的眼皮底下，至少对我来说，有着关于一只眼睛和一个生命的回忆，不容否认。让我惊呆的是大象闭着的眼睛周围的皮肤。关于眼睛的古老信条和关于大象甚至自然界的较新的观念都有助于解释为什么我会如此地被大象的眼睛吸引。首先，眼睛是灵魂之窗的概念相当古老。在约两千年前写的《自然史》中，老普林尼描述眼睛的方式我们在今天似乎也很熟悉。他观察到："对所有动物来说，没有哪个部位比眼睛更能表达情感……因为正是通过眼睛，我们能感受到慈悲、节制、怜悯、仇恨、爱、悲伤和喜悦。"他补充说："毫无疑问，心灵寄宿于眼睛中，有时眼神炽热，有时稳固坚定，还有的时候眼睛湿润，有时又半眯着。正是从这里，怜悯的泪水流出来，当我们亲吻它们时，我们似乎触及了灵魂。"[3]然而，在流行媒体中所有关于大象和鲸鱼眼睛的照片似乎都非常现代，而我在博物馆里的反应也同样现代——就好像这些动物的眼睛必定会以某种方式开启一个思想、灵魂和梦境的更深邃的世界。多年前，我在一个纪念网站上读到一封关于一头大象的信，这头大象在田纳西一个叫大象保护区（Elephant Sanctuary）的地方去世了。写信的是一位志愿者，那天他正在油漆栅栏，一头大象从他身边经过朝象棚走去。"我将永远记得当它走过时，我凝视着它的眼睛所感受到的敬畏……就好像存在着某种神圣的智慧和恩典……我相信就是这样。我无法用语言来描述当这些美妙的生物存在时我所感受到的宁静。这仍然是我 40 年来最美好的回忆之一。"[4] 在我思考大象的这些年，很多人告诉过我类似的想法，令我产生了一个关于历史的问题：当我们凝视大象的眼睛时，看到如那位志愿者所描述的某种"存在"，已经有多久了？

如此伟大的陌生者

　　关于大象的观念是新旧交织的。例如，迪士尼 1941 年的电影《小飞象》(Dumbo)，演绎了一个大象怕老鼠的故事，这个故事至少可以追溯到罗马帝国时期；同时电影也描绘了母象在看到老鼠蒂莫西 (Timothy Mouse) 时的尖叫，这是一种更为晚近的对女性的刻板印象。如果你在象棚内待过，你会很快意识到，这些建筑可以为许多鸟和小型哺乳动物以及无脊椎动物提供栖息之所，它们窜来窜去或在角落里结网，而且你会发现，大象似乎不会在意它们。然而，试图否定关于大象的古老故事就像玩那个"打地鼠"的古老游戏——一旦你以为某个传说已经消停了，另一个又会冒出来，过不了多久第一个传说又会出现。关于大象的古老故事一直存在，比如它们害怕老鼠或哀悼死者，但这并不意味着当我们今天看到大象时，我们对它们的体验和思考还跟过去

第二章　害怕老鼠

一样。我们对大象的想法在过去的几个世纪已经发生了变化。例如，即便只是对中世纪欧洲和现代早期关于大象的观念匆匆一瞥，我们也可以清楚地知道，那位志愿者所写的那种与大象的相遇是五百年前的欧洲人无法想象的。

当我们思考很久以前的那些大象时，我们首先要认识到，尽管个别的大象在中世纪和近代欧洲定期出现——每个世纪可能出现两三头——但这些动物的寿命很短，见过它们的人也很少。即使运输大象通常意味着要带着它们从一个城镇走到另一个城镇，直到它们最终到达皇室或其他私人的收藏地，那也只有极少数的人能指望在他们的生活中对大象投下哪怕是匆匆一瞥。有一份 1675 年的英国小册子，题为《来自东印度的奇妙大象：一份真实完美的描述》（*A True and Perfect Description of the Strange and Wonderful Elephant Sent from the East-Indies*），在其前言中，那位不知名的作者将大象描述为"对此邦中人来说是如此陌生，以前在英国只有一头，所以除了在蹩脚的招贴画上，现在活着的人中见过它们的极少，比如那些曾去东方旅行的人"。[5] 作者说之前大象在英国很罕见，这是正确的。在他描述的那头大象之前，上一次有大象来到英国还是四百年前——1255 年，当时是一头大象被作为礼物送给了亨利三世。但是，作者又说很多人知道大象的存在，这也是正确的，即使他们对这种动物的理解来自"蹩脚的"插图。

大象不像牛、马、猪、鸡、蟋蟀、山羊、蜘蛛、鸽子、鳟鱼、老鼠，甚至野猪、鹿或狼；几乎对每个人来说，大象都是神奇的动物之一，比如狮子、老虎、龙、独角兽、犀牛、半人马、

38

鬣狗、猿猴等，人们很少见到它们，但偶尔会听说或在插图中看到。大象在学术著作中有所记载。[6] 这些记述流传下来，几个世纪以来被复制、精简和扩充，但只有为数很少的能见到稀见手抄本的人能读到这些记述。然而，这些记载成了所谓"动物志"（bestiaries）的来源，它们通常有不少插图，流传更广，滥觞于 10世纪。这些动物志结合了自然历史与道德说教，解释动物的生活如何反映了上帝的存在，呼应《圣经》中的故事，或者只是反映日常生活中老生常谈的教训。但即使动物志也不是那么常见。正如艺术史学家威伦·B. 克拉克（Willene B. Clark）所指出的，已知存世的用拉丁语和欧洲方言所写的动物志手抄本不足 150 部。[7]尽管如此，这些作品中呈现的大部分内容很明显是以口头形式传播到欧洲各地的，包括演出、布道和讲故事。例如，据动物志中的记载，夜莺的歌声帮助我们度过黑夜，夜莺歌唱还提醒了一位母亲用自己的歌声来缓解孩子们的悲伤和穷困；这种故事通常会由牧师或村里的智者分享，并且世代流传。

这些文本最终反映的是当时更广泛的思想，尽管大多数人并没有直接接触过这些文稿。这些书呈现了关于大象、鹈鹕、凤凰和曼陀罗花的知识，同时指导人们如何理解世界，理解上帝的创造，理解其他的许多东西。虽然人们看到大象与它们的主人穿行于乡间的描述时会感到十分吃惊，但他们可能也会想起曾经听说过的关于这种动物的林林总总，或者记得它们的形象曾出现在教堂天花板的图画里，出现在教堂座椅的雕刻上，或者出现在招贴画中。这些记述和图像往往与我们直接的观察所得相差甚远，但在没有与动物面对面互动的情况下，奇幻的描绘可能会持续几

39 个世纪。当 17 世纪初约翰·多恩（John Donne）观察到大象"天性未赋予其屈膝之能"，莎士比亚让尤利西斯惊叹道"大象有关节，却与礼节无涉"，他们提到的都是一个关于大象没有膝关节的说法，其在中世纪的欧洲广为人知。詹姆斯·汤姆森（James Thomson）的《季节》（The Seasons）是一首 18 世纪初关于自然的诗，又一次用了同样的典故，而没有膝关节的结果是大象会倚着树木睡觉。他在《夏天》（1730 年）中写道：

> 远古的树木静穆安宁，
> 广阔的阴影覆盖着尼日尔的黄色河流，
> 以及恒河圣波滚滚而过的地方，
> 或者高高升起的黑暗森林深处
> 庄严环绕的戏台。
> 树下倚靠着巨象——最聪明的动物！
> 哦，真正的聪明！它有温和的力量，
> 虽然强大，但从不破坏。[8]

　　尽管亚里士多德和埃利安等古代作者已经注意到大象躺下和起身时很困难，但大象腿不能弯曲的观点直到古代晚期才开始流传开来，它最早出现在公元 6 世纪卡西奥多鲁斯（Cassiodorus）的信件中，比莎士比亚和多恩早一千多年。这个说法之所以能够存世流传，是因为它在当时是说得通的。这只是关于大象的许多说法之一，这些说法被保留下来，是因为它们很难被反驳，并且有助于解释世上方方面面的重要现象。

动物志中关于大象的记载长约千言，是较长的一篇，这多少成了一种标准形式。它汇编了一些经过 1 500 年累积和筛选的观点，可以追溯到亚里士多德，并包括更晚些的作者的描述，如普林尼、埃利安、圣安波罗修（St. Ambrose）和塞维利亚的伊西多尔（Isidore of Seville）。它简要描述了大象的身体，讨论了其在战争中的用途——大象可以驮起一个象舆甚至塔楼，背上搭载着弓箭手或长枪手（图 2.2）；还指出大象害怕老鼠，并且寿命为三百年。它说大象天性贞洁，只有在东方一座特别的森林里秘密食用一种稀有的水果后才会交配，一生只能交配一次，并在水中分娩，以保护幼仔免受蛇或龙的伤害。它声称大象没有膝关节，因此倒下后就无法站起来，但又补充说，如果大象摔倒了，它会呼喊，其他大象会迅速前来相助；一头大个儿的象率先赶到，然后又来了 12 头，最后还有一头小象，因为它太小了，所以可以钻到倒下的大象身子底下，将其托起。这些记载认为，虽然大象强大并且可能致命，但它们天性温和，富有思想，聪明又公正。这些观察连缀起《圣经》中的一系列故事，包括亚当、夏娃和智慧果，摩西（前来拯救摔倒大象的那头巨象），旧约中的先知（随后赶到的 12 头大象），还有基督（谦卑的小象，它最终能够托起倒下的大象）。与《圣经》的这些联系表明，大象的"自然历史"反映了基督教的教义。[9] 即使人们不熟悉动物志中关于大象的完整记载，但片段信息无疑流传广远。大象背上有塔楼或城堡的形象成为教堂内外流行的装饰品样式。人们认为大象是巨大的，尽管有些形象显示它们大约和一头大猪一样大小，而大多数则暗示它们与一匹马的块头差不多。人们还知道大象有象牙（其被描绘

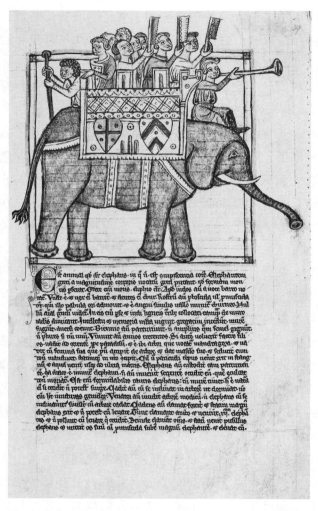

图 2.2　13 世纪动物志中关于大象的条目。大英图书馆董
　　　　事会，哈雷文书 3244 f039r（Harley MS 3244
　　　　f039r）。

　　　　　　　　　　　　　　　　　　　　大象的踪迹

的形象各异，要么从上颚向下弯曲，要么从下颚向上弯曲，或者同时从两颚长出），腿像柱子，耳朵大小不一，最具特色的则是它们的鼻子。

从 15 世纪到 17 世纪，对大象的观念确实开始慢慢改变，一部分原因是更多的大象开始出现在欧洲，另一部分原因是这时人们可以读到更多描述这些动物的古希腊和拉丁文本。然而，动物志中呈现的许多观点仍然又持续了几个世纪。[10] 例如，在 16 世纪 50 年代出版的巨著《动物史》（Historia animalium）中，作者康拉德·格斯纳（Conrad Gessner）虽然也尽量诉诸自己或与他通信的人的观察所得，但他关于大象的详细介绍更多展示了他作为文献学者的能力，而非动物学家的专业知识。格斯纳的作品也很快成为权威，在其后几个世纪中被传抄、翻译、节选、缩编，并被以其他方式修改，尽管越来越多大象的出现可以验证他书中那些常常是很古老的说法。

有一个影响深远的例子，可以说明古老的观念是如何通过格斯纳的作品继续传播的，那就是爱德华·托普塞尔 1607 年出版的《四足兽的历史》（Historie of Foure-Footed Beasts）。他是英国人，与莎士比亚和多恩生活在同一时代。他的书主要是对《动物史》的翻译，托普塞尔又加入了一些内容，以强调上帝和基督教教义的重要性。格斯纳、托普塞尔和其他人确实挑战了一些关于大象的顽固观念。托普塞尔写道："关于大象'腿部没有关节或骨节'的说法是错误的，因为只要它们愿意，就可以使用、弯曲和移动它们的关节。但是当它们变老后，它们常常就不躺倒或者拉伸它们的腿部了，而是靠在树木上休息，这是因为它们的体重太大

42

了。"[11]但是如果认识到大象腿部是有关节的，那其他的观念也会被强化。例如，格斯纳和托普塞尔重复了关于大象交配行为的大部分论断。[12]毫不奇怪的是，古代一些有关大象的说法在中世纪的记述中消失了，却又重新出现在格斯纳和他之后的人的记述中。例如，格斯纳和托普塞尔修改了普林尼的说法，他们认为大象用皮肤的皱褶来困住和杀死困扰它们的苍蝇，并且它们崇拜太阳和月亮。[13]他们还指出，就其在头部的比例而言，大象的眼睛和耳朵显得很小。托普塞尔写道："它们的头非常大，一个人很容易就能把头伸进它们的口中，就像很容易把手指放进狗嘴里一样；但是它们的耳朵和眼睛与身体的其他部分不成比例，因为很小。"这里，托普塞尔还援引了一段描述，据格斯纳说，其作者是公元前1世纪的瓦罗（Varro）："它们的眼睛像猪的眼睛，但非常红。"[14]在长达15个世纪的时间里，西方关于大象的文献几乎没有讨论过大象的眼睛，直到16世纪和17世纪开始出现了猪一样的眼睛的描述。当然，人们不太可能在那么多年里从未注意或思考过大象的眼睛。实际情况是，与大象的牙、鼻子、无关节的腿、庞大的身躯和一系列令人惊讶的能力、行为相较，大象的眼睛被认为是平凡无奇的。

首屈一指的陆生动物

继古代和中世纪关于大象的记载之后出版的是史上最特别的自然历史文本之一：布丰的《自然通史》（*Histoire naturelle, générale et particulière*）。在西方思考自然界问题的历史上，布丰伯爵乔治·路易斯·勒克莱尔（Georges Louis Leclerc, Comte de Buffon）跟亚里士多德、普林尼和达尔文等少数翘楚一样，是最有影响力的人之一。自 1749 年他关于四足动物、鸟类和矿物的自然史头三卷出版，其权威性就开始显现，到 1789 年其百科全书的最后增订本出版，乃至很多年后，布丰的《自然通史》都是世界上动物研究的权威。当托马斯·杰斐逊（Thomas Jefferson）在《维吉尼亚笔记》（*Notes on Virginia*）中称布丰"在动物史这门科学方面比其他任何人都博学"的时候，他是在重申一种共识。[15] 43

布丰的作品有多种版本和缩略本，开本各异，定价不同，有的有科学插图，有的没有，几个世纪以来被翻译、传抄、转述和引用。人们为掌握知识，获得指导，享受乐趣，接受道德教化而读他的书，还因为其宏大的写作计划暗示着最终他的著作会涵盖万事万物。在读完《自然通史》中的一个条目后，读者可以自信地认为他们了解了关于该动物的一切必要知识。然而，布丰并非对动物进行现代的科学描述，并未略去过去几个世纪以来关于动物的轶事和寓言。对布丰和他的读者来说，《自然通史》带给人们的一部分乐趣就在于其故事将动物与人类经验联系在了一起。[16]

在其关于大象的条目中，布丰首先扩展了林奈关于跟人类最具亲缘关系的动物是猿猴的说法。对布丰而言，有四种动物值得特别注意。猿猴显然在身体结构上最像人类，但布丰认为狗能够基于情感形成依恋，应该得到赞赏。除了这两种动物，还应当认识到河狸会建造工程，显示出一种协同工作和构建"社会"的能力。然而，布丰坚持认为被其称为"首屈一指的陆生动物"的大象比其他三种动物都更高明，因为"它集合了它们所有最受称赏的品质"。布丰总结道，大象身兼众长，鼻子灵巧如猿猴的手，有狗的情感和河狸的智慧，还"孔武有力，身躯庞大，寿命绵长"。[17]布丰认为，大象的力强体硕，使其能与狮子战斗，能将树木连根拔起，能推倒墙垣、背负塔楼，还能举起六匹马都移动不了的重物。布丰写道，"大地在其脚下震颤"，但是大象也表现出"勇敢、谨慎、冷静和绝对服从"的品质。尽管大象在交配时可能激情澎湃，在遭到攻击时可能暴烈凶猛，但它们行动起来不知怎么总是显得温和而明智。布丰总结道，大象"受到普遍喜爱，因为所有动物都尊重它们，没有理由害怕它们"。[18]布丰描述了大象是如何体现智慧、力量、节制和谨慎的，所有这些都融合在这种巨大的素食动物身上。然而，他并没有完全摒弃所有那些代代相传的有争议的观点。他接受大象可以活两百多年，幼象用鼻子吸乳，大象面对面地交配，猪的气味会吓到它们，它们天性谦和，不会当着第三者的面繁衍后代。但是，他之所以接受这些观点，可能正是在于它们非常好地契合了他对大象的总体理解，即大象是所有动物中最卓越的。

当布丰描述大象时，他似乎也在提出关于如何改进人类社会的观点。比如他指出，大象生活在公正和富有同情心的社会中，并且很少独自出现，因此他坚称这些动物天性温和，只有在保护自己和同伴时才会使用它们的力量和长牙。在穿越森林时，最强壮的大象走在前面，次强壮的走在最后，而"年幼体弱的大象则被安排在中间，母象用鼻子紧紧地抱着幼象"。[19]当到了交配的时候，大象比人类更懂得"如何隐秘地享受乐趣"，并且寻找

"森林最深处的荒野，以便毫无干扰或保留地释放所有的本能冲动"。[20]此外，在布丰的时代，动物的驯化和人类的奴役都是争论的话题。布丰似乎完全能够理解，大象非常憎恶被囚困，以至于它们哪怕交配欲望再强烈都会加以抑制，以避免对它们这一物种的奴役得到延续。布丰写道："它们不属于那些我们纯粹为自己的目的而养殖、消灭或繁育的天然奴隶。"大象可以接受自身的奴役，但为了不增加主人的财富，它们不会在囚禁中繁殖。布丰认为："这一事实表明大象具有高于普通动物的情感。"[21]布丰声称，尽管失去自由，大象还是会接受这一点，因为它们足够明智温和。他坚称大象是"所有驯化动物中最温顺和最服从的。它如此喜欢它的饲养员，以至于会轻抚他，还会预知他的命令，提前做好所有会让他高兴的事"。大象"从不搞错主人的声音"，并且"谨慎而热忱地完成指令"。布丰指出，大象的性格"似乎体现了它庞大身躯的严肃特质"。[22]

像他之前的大多数作家一样，布丰描述大象时并非依据他个人的观察。相反，他查阅了历代相传的记载，包括亚里士多德、普林尼、格斯纳和乔治·克里斯托弗·彼得里·冯·哈滕费尔斯（Georg Christoph Petri von Hartenfels）等人的著述。哈滕费尔斯著有《奇异的大象学》（*Elephantographia curiosa*），此书1715年出版于德国，不是很有名，但全面总结了关于大象的知识。布丰还参考了在大象分布之国见过（或声称在那里见过）大象的旅行者给他的报告。他最主要的工作是将可信的、得到验证的信息跟离奇的、不合理的信息加以区分[23]。根据他了解到的信息，他得出了一些逻辑上的结论。比如，因为从来没人见过大象交配，所以他接受了大象行止端庄的说法，并将其纳入一个更全面的描述中，即人们从未见过的大象的行为。[24] 总的来看，布丰关于大象所说的大部分内容都非常陈旧。虽然他没有提到大象怕老鼠，没有腿关节，或者在水中分娩以保护新生儿免受龙的伤害，但他所述的大部分内容——包括大象很聪明，恩怨分明，异常强大但也很温顺，拔起一棵树跟捡起一枚硬币一样轻松，由象群中最强壮的大象所领导，能够活上几个世纪——都是为人熟知的。

虽然布丰写有关大象的条目时的信息来源相当古老，但他描述的整体语气，他对于理性、激情、谨慎和正义的热情，仍彰显了 17 世纪晚期和 18 世纪的特点。有时，布丰确实也提及一些关于大象的相对较新的信息。例如，他注意到，大象喜欢酿制酒和蒸馏酒，包括印度的亚拉克酒（arrack），同时还喜欢烟草的烟雾——而中世纪的欧洲并不知道亚拉克酒和烟草的存在。[25] 然而，布丰的论述之所以成为一个里程碑，在于他对大象眼睛的描述。他注意到格斯纳和其他 16 世纪的作家著作中的一个观点，即大象的眼睛与它们的头部不成比例。布丰对大象眼睛的描述让 21 世纪的我们也感到惊人地熟悉。他写道，尽管大象的眼睛很小，但它们传达出"楚楚可怜的情感表达，以及对其一切行为几乎臻于理性的管理"。他将它们与狗的眼睛进行比较，认为后者的表达能力也很强，但是转动太快，以至于我们无法辨别狗的思想的"连续变化"；而大象"天生持重平和，我们从其动作缓慢的眼睛中可以读出其内在情感的顺序和演变"。[26] 所谓"楚楚可怜的情感表达"，指的是大象眼睛能表达其情绪状态，传达其感受。它们还显示出大象的思维整体上是平静的、严肃的，甚至是理性的。布丰指出，尤其是当大象专注于主人的指示时，它的目光友好而从容。[27]

如果布满士兵的塔楼和与龙的搏斗是中世纪的人们提到大象时最津津乐道的，那么布丰所描述的富有表情的眼睛则标志着大象开始成为一种非常不同的存在了。对于布丰和他的读者来说，46大象不再是令人恐惧的神奇野兽。到18世纪，大象已经不再只存在于传说中，而是成为最令人钦佩的动物。它为人所知的是其情感深邃，颇具理性，孔武有力又性情温顺，中正平和，对家族承担责任，还富有正义感。这种改变的一部分无疑要归功于大量真实的大象出现在欧洲，其中17世纪有六头以上的大象来到欧洲，18世纪又有六头来到。然而，尽管人们有更多与真实大象接触的经历，但布丰所描述的大象，以及人们在见到任何实体之前所了解的大象，仍然主要是观念史的产物。[28]

围栏

总的来说，18世纪末到19世纪后半叶的那些伟大自然学家们对动物生活的兴趣不如布丰。相反，占据他们头脑的是涉及所有生命的更宏大的历史，是物种间的联系，是物种进化为新形态的可能性。他们还尝试在工作中以化石作为依据，表明显然有物种在遥远的过去就已经灭绝。例如，法国杰出的解剖学家乔治·居维叶（Georges Cuvier）在1796年首度发现猛犸象是一种已经灭绝的物种，使猛犸象成为首个为人所知的史前动物。但他

1817 年出版的影响甚巨的《动物王国》(*Le règne animal*) 一书除了坚称大象的智力不比狗高外,几乎没有增加人们关于大象生活的认识。[29] 尽管 19 世纪大多数对动物感兴趣的科学家都专注于比较解剖学,但仍然有人对动物的生活方式保持着兴趣,并将自己的工作面向越来越多的普通受众。[30] 这方面最为人熟知的可能是德国自然学家阿尔弗雷德·艾德蒙·布雷姆 (Alfred Edmund Brehm)。

布雷姆出生于 1829 年,他的父亲是一位乡村牧师,以其关于欧洲鸟类的著作为人所知。布雷姆在十几岁时对动物产生了兴趣,并参加了一次北非的自然历史探险,随后在耶拿大学学习自然科学。在完成学业并去更多的地方游历后,布雷姆给德国面向中产阶级的流行杂志写作有关动物的文章,以此获得一些收入,并逐渐成名。1860 年,31 岁的他与一家出版商签订协议,为一本图文并茂的动物百科全书撰写文字内容。这本百科全书不再连篇累牍地讨论比较解剖学和分类学的问题,而是专注于展示动物在野外的生活。第一版于 1864 年至 1869 年间以六卷本形式出版,题为《插图动物生活》(*Illustrirtes Thierleben*),出版后大获成功。不久后,布雷姆开始准备第二版的扩展版,于 1876 年至 1879 年间以十卷本形式出版。该书后来再版多次,但第二版的标题一直沿用至今,即《布雷姆的动物生活》(*Brehms Thierleben*;英译书名 *Brehm's Life of Animals*)。[31]

此书第一版中关于大象的部分共有 34 页,包括由罗伯特·克雷奇默 (Robert Kretschmer) 绘制的两幅非洲象和亚洲象的全页插图。尽管这些插图并非实地绘制,但仍试图展示大象与自然环境的互动。例如，在非洲象的插图（图 2.3）中，一小群大象正在丰茂的山谷中觅食，山谷之上是尖峭的悬崖。树状仙人掌在图中很醒目，尽管它们更可能出现在干燥的大草原上而非森林之中。大象本身则混合了亚洲象和非洲象的特征，其脸部不像人们可能见到的非洲象那样宽阔庞大，其身体又呈现了亚洲象凸起的背部。耳朵的绘制方式反映出画家知道非洲象的耳朵可以非常大，但它们对称地长在头上以及在颈部合拢的样子并不真实。不管插图中的景象多么不真实，不管艺术家未有机会研究活的非洲草原象的事实是多么明显，这幅插图的目的还是很明确的，即展示人们在野外可能看到的大象的样子，或者至少是人们想象的它们在野外的样子。

在正文中，布雷姆像前人一样，依赖于先前出版的作品。他先概述了不同品种的大象分布的地理区域和它们的栖息环境，然后开始描述它们的生活。布雷姆可以利用的资料有科学期刊中的报告，日益增加的出自猎人之手的文献，以及描述殖民地国家的长篇专著，因此他的信息来源比布丰手头的资料更精到、更翔实。布雷姆并未重新讲述关于大象的漫长观念史，也未大费笔墨来写大象背负塔楼、害怕老鼠、与龙搏斗、先天具有正义感、在水中分娩或者交配前吃奇特的水果。但他确实探讨了几个当时尚无人解答的问题，包括大象在被监禁时是否会繁殖后代，交配时是否得找隐秘的场所，是否能活长达两三百岁，以及其个子能长到多大。

为了解决这些遗留的问题，布雷姆首先回顾了约翰·科斯（John Corse）1799 年在《自然科学会报》（*Philosophical Transactions*

图 2.3 罗伯特·克雷奇默绘制的非洲象，出自布雷姆《插图动物生活》。

of the Royal Society of London）发表的一篇论文，题为《有关大象举止、习性和自然历史的观察》（Observations on the Manners, Habits, and Natural History, of the Elephant）。[32] 科斯在孟加拉的特里普拉（Tripura）度过了十年的时间，在 1792 年到 1797 年，他负责政府的猎象行动。科斯解释说，在那些岁月里，他意识到欧洲很多关于大象的观点都是错误的。他尤其试图驳斥大象谦和得体 的古老传说，还否定布丰声称的大象在监禁中拒绝繁殖以限制对其奴役的说法。[33] 比如，科斯详细报告说，据他观察，很多人见过监禁中的大象交配。他以此觉得自己证明了大象在家养状态下繁殖的倾向，且没有任何行止得体的迹象。[34] 科斯也相信大象的身高和智力被夸大了，并且他给出了自己测量的许多大象数据，表明根据他的经验，大多数母象的肩高在 7 至 8 英尺之间，而大多数公象的肩高则在 8 至 10 英尺之间。科斯在文章结尾提出了一个非常现代的观点：人们应该增加新的知识，而不仅仅是重复前人已经说过的东西，这很重要。"在进行叙述时，"他说，"我一般只讲述我自己所了解的关于大象的具体事实，并且这些事实要么是前人未知的，要么是未经出版面世的。"[35]

对布雷姆来说，科斯在很多意义上都是一个理想的观察家。他不只是一个在印度旅行时碰巧见过大象的人，而是一个科学思想家——他能够意识到现有文献中存在错误，并且有机会、有意愿、有技能去纠正这些错误。此外，他的研究结果发表在一份有声望的期刊上，有国际受众。但是科斯的描述有其局限性，其可读性并不特别强，所涉范围也不广。为了回答关于大象生活的其他问题，布雷姆转向了另一种截然不同的信息来源——一位锡兰

（斯里兰卡）的前殖民地秘书，詹姆斯·埃默森·坦南特（James Emerson Tennent）。[36] 坦南特 1804 年出生于贝尔法斯特，在接受完教育并在希腊待了一段时间以后，他于 1845 到 1850 年间在锡兰度过了颇具争议的五年。在锡兰岛上，坦南特进行了广泛的探索，并成了自然历史标本和考古文物的收集者。他还用欧洲和当地的资料学习了该岛的文化史。然而，由于跟其他殖民官员的冲突，他前往锡兰的政治抱负似乎在很大程度上受到挫败。但回到英国后，他出版了一系列书，最早的是 1859 年的两卷本著作《锡兰岛记：物象、历史和地形》（*Ceylon: An Account of the Island Physical, Historical, and Topographical*）。此书使他迅速成为关于该岛及其人民、历史和自然史的权威。[37]

坦南特不是科学家，本质上是一位旅行作家。为一个居住了五年的相对较小的国家，他进行了 1 300 页的撰述。然而，《锡兰岛记》是一本异常成功的书，在问世的第一年内就出了六个版本，并迅速成为其他殖民地官员试图效仿的范本。这本书写得面面俱到，富有洞察力，偶尔带有诗意，并常常对外国风景怀有深深的同情。看起来，坦南特在锡兰的殖民者中并不受欢迎，但他对这块印度洋中的帝国属地的描述似乎迷住了国内的读者。[38] 布雷姆从坦南特的研究中了解到，在锡兰有至少一头圈养大象记录在案的年龄达到了 140 岁。布雷姆还引述了坦南特在 20 年间统计的 138 头大象的死亡率，这些象是为政府捕捉的，其中只有一头在那 20 年里一直活着。他注意到，坦南特观察的象群规模不一，有的多达 100 头。据坦南特说，象群中的成员有亲缘关系，常有某些共同的身体特征，比如眼睛的颜色。他声称象群由最强壮的大象领导，不论雌雄。坦南特还指出，偶尔会有大象被象群驱逐，或者离群落单，然后会变得暴力而危险，成为所谓的"离群象"。[39]他宣称大象偏爱森林和林荫，但它们可以出现在各种地貌中，并且它们走的路总是翻山越岭的最佳路径。野生大象在锡兰不怎么需要有好的智力，因为它们有取之不尽的食物，而且除了人类外没有别的敌人。尽管如此，坦南特认为，被驯养和训练过的大象还是可以展现出非凡的理性思维能力。

从我们今天掌握的情况来看，坦南特号称亲眼所见的很多事情更有可能是别人汇报给他的二手信息，但是布雷姆似乎认为他的叙述在本质上是完全可信的。[40]明显给他留下最深刻印象的是坦南特对大象深层性格的认识。坦南特被大象在野外平静且表面上完全不具攻击性的举止所震撼。他称这些动物基本上是"无害的"，并且只想和其他动物和平共处。他得出结论说："除了人之外，大象最大的敌人是苍蝇！"[41]根据布雷姆和坦南特的观点，大象在森林中基本上是一种胆怯、退缩、有思想且富有同情心的动物。他们都认为大象似乎只有在人类这儿才会遭罪：来自欧洲的猎人们明显毫无正当理由地杀害这些动物；另外有些人做的事在他们二人看来则最为引人注目，但也深具悲剧色彩——围捕野生大象，并驯化它们来进行劳作。布雷姆觉得坦南特关于围栏或"大象围场"的描述是如此的"引人入胜且详尽无遗"，他将《锡兰岛记》中长达 43 页的一整章内容都整合到自己的书中。[42]

坦南特的描述开头即注意到，在欧洲人来到锡兰之前，岛上只有少数几头大象被用于游行和庆典，而且这些大象通常是由专门的猎人逐个捕捉到的。但是，殖民势力相继到来，先是 16 世

51

纪的葡萄牙人，接着是荷兰人和英国人。他们开始大规模捕捉大象，因为他们意识到，在清理森林和修建道路及其他殖民地基础设施时，大象的作用非常重要。[43]据坦南特说，在锡兰，人们改进了一种已存在于印度的方法来捕捉象群，即在森林里使用一座大型的隐蔽围栏。这种围栏用牢固的直立木桩和连接它们的横木做成，并由外部梁支撑。他详细描述了他1847年在科内加勒（Kornegalle）附近见到的一个围栏。在描写那个场景时，坦南特强调了那座古老森林的美丽和宁静：通向那里的道路"穿过一片像公园一样的绿地和美景，最后进入一座古木庇荫的大森林，树上缠绕着攀缘植物，直至树冠，还装点着旋花和兰花的天然花环"。他写道："这里一片静谧，打破沉寂的只有闪着亮光的昆虫的低吟，紫头鹦鹉尖声的叫唤，以及金色黄鹂如笛声般的嘶鸣。"[44]

据坦南特讲，该地点是经过精心选择的，因为附近有象群，且自然环境也合适；那里还有一条河，大象被捕获后可以在那儿喝水。隐藏在森林中的围栏长约500英尺，宽约250英尺，由"数量庞大"的当地人建成，历时好几周。[45]围栏一端开着口，栏门可移动关闭。从那里起，两条长长的藩篱延伸到围栏之外的森林里，呈漏斗状。当一切准备就绪时，两三千名驱象人朝森林进发，将纵横数英里的地区圈起来。当所有人就位后，他们就开始缓慢而悄无声息地将大象赶到围栏那儿，历经数日。坦南特说，驱象人利用了大象天生"胆怯和喜欢独处"的特性——他声称，只要有一点点搅扰就能驱使大象缓慢朝着预期的方向移动到围栏。[46]最后，经过两个月的准备，行动的时刻到了。有人发出信号，对大象最终的驱赶在夜晚进行。驱象人点起火把，发出响声，把大象赶入围栏。坦南特描述了扣人心弦的最后时刻,大象们"疾奔而来,踏平灌木,碾碎干枝"。领头象在栏门口停了一下,然后冲了进去,象群紧随其后。那一刻,森林里亮起了"千点火光",每个猎人都"拿着从最近的篝火中点燃的火炬冲向围栏"。[47]

　　这些大象就这样被捕获了。第二天人们又捕获了更多的大象。接下来的任务是将每一头大象绑缚停当。在这个阶段,两头训练有素的大象由其象伕驾驭,驮着人带着绳索进入围栏。据坦南特讲,捕象人使用的其中一头大象曾"相继为荷兰政府和英国政府服务了超过一百年",另一头大象名叫西里贝迪(Siribeddi),约50岁,以其温和顺从闻名。[48]坦南特说西里贝迪担任驯服象的角色时特别熟练。它悄无声息地缓慢行走,"带着狡黠的冷静,貌似漫不经心"地接近象群,不时停下来吃草。当象群注意到它时,领头象走近它,"用鼻子轻轻摩挲它的头",又回到象群中。西里贝迪紧随其后,与此同时一个人带着绳子从它背上滑下来,把做了活扣的绳圈套在其中一头领头象的两只后脚上。[49]绳子的另一端绕过一棵粗壮的树,由那两头驯服象拉紧,直到野象被缚在树上。坦南特称,驯服象似乎对正在发生的事情"格外享受",而它们的"谨慎跟其精明一样可圈可点"。[50]

　　而被捕获大象的境况充满悲情,这让坦南特感到震撼。书中有一幅艺术家约瑟夫·沃尔夫(Joseph Wolf)画的插图(图2.4),表现了一头长着象牙的公象的挣扎,它一边拉拽绑缚它的绳子,一边用象鼻卷住一根树杈。坦南特在相应的文字中解释道,每头大象对其境况反应各异。有的几乎不怎么抵抗,但有的"重重地滚倒在地,力道猛烈到足以毁灭任何较弱小的动物"。有的默默

图 2.4　约瑟夫·沃尔夫笔下的捕象围栏，出自詹姆斯·埃默森·坦南特《锡兰岛记：物象、历史和地形》，威斯康星大学密尔沃基分校图书馆美国地理学会文库（American Geographical Society Library）收藏。

大象的踪迹

挣扎，而有的"愤怒地吼叫嘶鸣，然后发出抽搐般的短促尖叫，最后它们精疲力尽、绝望无助，只能以令人怜悯的低声呜咽宣泄其痛苦"。有的大象只是一动不动地躺在地上，除了"盈满双眼然后不住流淌"的眼泪，没有其他迹象显示它们在经受苦难。[51]在这次行动中，有一头落单的大象被捕获，它不属于任何象群。坦南特提道："当被制服和捆缚时，其哀戚最令人动容。狂暴挣扎后它完全精疲力尽了，躺在地上，呜咽哭泣，泪水从脸颊上流下来。"[52]这些大象在地上痛苦地挣扎，成了上当的受害者。这是坦南特以前不曾了解的。

在坦南特和布雷姆著书立说时，布丰讲述的大象、中世纪的动物志和老普林尼记述的大象、那些害怕老鼠的大象都早已是明日黄花。而坦南特笔下的大象则以眼角流泪、充满野性和活力的形象被生动地描述出来。然而也很清楚的是，他是透过19世纪殖民主义的滤镜在看那些大象，这些滤镜有时彼此冲突。坦南特捕捉到了那个世纪对殖民地的着迷，那里的生活似乎既危险又壮丽。同时，他也暗示，越来越多的人意识到欧洲人在殖民地的存在意味着那里的纯真岁月即将结束。布雷姆和坦南特的描述常常透出一些悔恨意味，他们感觉到，伴随着所有那些进步，伴随着殖民地的扩张和知识的增加，有些东西不可避免地失落了。捕象的围栏被从远方粉饰，侵入了森林中原来的美好世界——对其描述同时揭示了欧洲扩张的成就和原始天然的失落。热心参与捕象的西里贝迪既可以被看作一头大象，也可以被当作锡兰风物和文化的代表，因为当它帮英国人修建道路和扩张种植园时，它真正背叛了它的同类和锡兰岛。

无尽的忧伤

在布雷姆的百科全书出第二版前，他对其中的大象条目略做了修订。在条目结尾处，他讲了一个非洲象的故事，故事出自德国植物学家和探险家乔治·施魏因富特（Georg Schweinfurth）最近出版的回忆录。从 1868 年到 1871 年，施魏因富特穿越了中非。不同于通常的从东海岸或西海岸进入，他是从北部进入的。1869 年初，他从喀土穆（Khartoum）出发，沿着白尼罗河向南，然后折向西，进入现在的南苏丹，并沿着加扎勒河（Bahr el Ghazal River）前进，最终抵达现在的刚果民主共和国。在这段旅程的大部分时间里，施魏因富特都跟一群猎象者和象牙商同行，尽管他的回忆录更多关注的是该地区的居民、植物和地理，而不是象牙贸易本身。尽管与其旅伴相处得不错，施魏因富特对象牙贸易还是持高度批判的态度。他在 1874 年出版的两卷本《非洲之心》（*Im Herzen von Afrika*）中称这种贸易为"灭绝之战"，并指出是什么东西在驱动这种贸易："我们的手杖柄、台球、钢琴键、梳子和扇子，以及数以百计的这类毫无价值的东西。"他相信，大象很快就会"加入那些已灭绝物种的行列，如原牛、大海牛和渡渡鸟"。[53]

在旅程即将结束时，象牙商送给施魏因富特一头小象作为礼物，小象的母亲最近刚被他们杀死。为了保全这只年幼动物的性命，施魏因富特开始用他一路带着的奶牛给小象喂奶，这样小象每天都能喝到鲜奶。然而几天后，这只年幼的动物就死了。施

　　　　　　　　　　　　　　大象的踪迹

魏因富特得出结论认为，其死亡的原因是食物不足和在捕捉和旅行过程中经受的压力。施魏因富特回忆道："对我来说，看着 这只已经长得相当大了却如此无助的动物在艰难的呼吸中死去，让人感到无尽的忧伤。""任何曾经注视过大象眼睛的人，"他写道，"都会发现，尽管大象的眼睛天生细小还近视，但比任何其他四足动物的眼睛都更富有灵魂。"[54] 布丰所谓大象眼睛的"情感表达"标志着人们开始用一种现代的方式来思考大象。一个世纪以后，施魏因富特讲述的故事出现在一本德国的动物百科全书中，清楚地表明到了 19 世纪中叶，田纳西大象保护区的志愿者所观察到的大象已经完全成为西方对这种动物之理解的有机组成部分。

在其书第二版大象条目的结尾处，布雷姆写道："依然有许多大象成群结队，壮观地穿越非洲的森林，然而它们越来越多地受到人类的追捕。不论在非洲北部或南部，还是在东西海岸地区，甚至在内陆，未来是明确的：它们将从生灵名单上被划去。在尼罗河上游国家，象牙贸易活跃了数十年，那里的大象已经完全灭绝了。施魏因富特说：'不难想象，在整个加扎勒河地区，以一个接一个的五年为周期，这些面对大规模迫害的动物在有的地方已经从原来的栖息地撤退，在有的地方则完全消失了。'"[55] 布雷姆认为，为了象牙而杀害大象在根本上是一种可憎的行为。他并不反对为了科学甚至是运动而狩猎，事实上，他自己终其一生都是一个猎人。但是捕杀大象让他感到困扰。他似乎相信，唯一会射杀这种令人惊叹的动物的人只是想增加他们狩猎日志中的记录，或者将更多的象牙装上他们的货车。

注释

[1] 关于动物标本剥制术的洞见，参见 Rachel Poliquin, *The Breathless Zoo: Taxidermy and the Cultures of Longing* (State College: Penn State University Press, 2012)。

[2] 伊曼纽尔·列维纳斯（Emmanuel Levinas）认为："脸部皮肤最为赤裸，最为穷蹙。它是最赤裸的，尽管保持着得体。它也是最穷蹙的，脸上有一种根本的贫乏。其证明是，人们试图通过摆姿势、做表情来掩盖这种贫乏。脸暴露于外，受到威胁，仿佛在邀请我们施暴。与此同时，脸又禁止我们杀戮。"(*Totality and Infinity: An Essay on Exteriority*, trans. Alphonso Lingis [The Hague: Nijhoff, 1969], 85–86.) 列维纳斯并不是在谈论动物——对他而言，动物有脸只是一种类比，只有在其让我们想起人类的时候动物才有"脸"一说——但对我来说确定无疑的是，那天在博物馆里我见到了一头大象的面孔。另参 Jacques Derrida, *The Animal That Therefore I Am*, ed. Marie-Louise Mallet and trans. David Wills (New York: Fordham University Press, 2008)，及 Matthew Calarco, "Faced with Animals," in *Radicalizing Levinas*, ed. Peter Atterton and Matthew Calarco (Albany: State University of New York Press, 2010), 113–33.

[3] Pliny, *The Natural History of Pliny*, vol. 3, trans. John Bostock and H. T. Riley (London: Henry Bohn, 1855), 52.

[4] 大象保护区后来撤下了大象芭芭拉的纪念网页。

[5] *A True and Perfect Description of the Strange and Wonderful Elephant Sent from the East-Indies* (London: F. Conniers, 1675).

[6] 涉及大象的主要学术作品有普林尼《自然史》的 3 世纪缩编本《集异录》（*Collectanea rerum memorabilium*），圣安波罗修 4 世纪关于六日创世的记载《六日创世论》（*Hexameron*），塞维利亚的伊西多尔 7 世纪编写的百科全书《词源》（*Etymologiae*），以及《自然历史》（*Physiologus*），这一文本可以追溯到 2 世纪或 3 世纪，展示了哺乳动物、鸟类、昆虫、鱼类、植物，甚至岩石的自然史如何体现《圣经》中的故事和教诲。

[7] Willene B. Clark, *A Medieval Book of Beasts: The Second-Family Bestiary* (Woodbridge, UK: Boydell, 2006), 7.

[8] James Thomson, *The Seasons* (London: Longmans, 1852), 108–9.

[9] 关于动物志中对大象的全面论述，见乔治·德鲁斯（George Druce）的经典之作，"The Elephant in Medieval Legend and Art," *Journal of the Royal Archaeological Institute* 76, no. 1 (1919): 1–73. 德鲁斯在其研究中翻译了大英图书馆所藏"哈雷文书 3244 号"（Harley Manuscript 3244）中有关大象的条目，并略做增订。

[10] 那些年间欧洲有一些更加出名的大象，包括 16 世纪早期赠送给教皇利奥十世

（Leo X）的汉诺（Hanno），拉斐尔动情地为其创作了速写；还有 17 世纪中期在欧洲广大地区巡回演出的汉斯肯（Hansken），伦勃朗为其创作了速写。关于汉诺的精彩论述，参见 Silvio Bedini, *The Pope's Elephant: An Elephant's Journey from Deep in India to the Heart of Rome* (New York: Penguin, 1997)。

[11] Edward Topsell, *The Historie of Foure-Footed Beastes* (London: Iaggard, 1607), 196. 另参见 Conrad Gessner, *Thierbuch: Das ist ein kurtze Beschreybung aller vierfüssigen Thieren* (Zurich: Froschouwer, 1583), 75r.

[12] 据托普塞尔说，"它们非常贞洁，对其雄性伴侣保持忠诚，从一而终，永不分离，为传宗接代而进行的交配繁衍一生不超过三次"，而且"在这个行为中庄重而羞怯，因为它们寻找沙漠、树林和隐秘的处所进行繁殖"，"它们头朝东方，但这是否是为了纪念伊甸园，或者是为了曼德拉果（Mandragoras），抑或为了其他原因，我不得而知"，并且它们"走入水中，浸没腹部，在那里产子，因为害怕龙"。(*The Historie of Foure-Footed Beastes*, 197-98.)

[13] "它们还有一种宗教，因为它们崇拜、尊崇并观察太阳、月亮和星星的运行。" (Topsell, *The Historie of Foure-Footed Beastes*, 207.)

[14] Topsell, *The Historie of Foure-Footed Beastes*, 193. 格斯纳同样注意到："大象的头非常大。就与其巨大头颅的比例而言，大象的耳朵和眼睛比人们预期的要小。瓦罗将它们的眼睛比作猪的眼睛。"(*Historiae animalium*, vol. 1 [Frankfurt: Cambieriano, 1602], 379, 翻译由笔者提供。)

[15] Thomas Jefferson, *Notes on the State of Virginia* (London: Stockdale, 1787), 71.

[16] 参见 Louise E. Robbins, *Elephant Slaves and Pampered Parrots: Exotic Animals in Eighteenth-Century Paris* (Baltimore, MD: Johns Hopkins University Press, 2002)。

[17] Georges-Louis Leclerc de Buffon, *Natural History: General and Particular by the Count de Buffon*, trans. William Smellie, 2nd ed., vol. 6 (London: Strahan and Cadell, 1785), 4-6.

[18] Buffon, *Natural History*, 6-7.

[19] Buffon, *Natural History*, 10-11.

[20] Buffon, *Natural History*, 15.

[21] Buffon, *Natural History*, 17.

[22] Buffon, *Natural History*, 25-26.

[23] 布丰赞扬蒙米拉伊侯爵（Marquis de Montmirail）"精湛的洞察力"。他为布丰收集并翻译了意大利语和德语的资料。(*Natural History*, 72.)

[24] 例如，布丰得出结论说大象是面对面交配的，这是基于大象和马的阳具大小相同这样的描述。基于这一不准确的信息，布丰认为，只有母象仰卧时交配才可能成功。

[25] Buffon, *Natural History*, 71.

[26] Buffon, *Natural History*, 48.

[27] 布丰此处最重要的信息来源似乎是冯·哈滕费尔斯："大象以庄重的方式移动其眼睛……大象的眼睛与人类的眼睛相似,不仅在形状上,而且在表现力上也是如此。因为它们确实像人类一样;严肃,温和,展现智慧、公正、节制和人类思想的其他品质。的确,它们的眼神如此严肃,仅凭其目光就清楚表明,大象是动物之王。更重要的是,大象的感知力接近人类。在靠近它们的陌生人中,大象可以区分出哪些人轻浮、傲慢、放肆,哪些人温和而严肃,它们注视后者时更感愉悦。"(*Elephantographia curiosa* [Leipzig, 1723], 29,翻译由笔者提供。)

[28] 关于那几百年间来到欧洲的大象的简要生平,参见 Stephan Oettermann, *Die Schaulust am Elefanten: Eine Elephantographia Curiosa* (Frankfurt: Syndicat, 1982)。

[29] 在 *The Animal Kingdom Arranged According to Its Organization*, vol. 1 (London: G. Henderson, 1834) 中,居维叶写道:"经过长时间的研究,我们并没有发现它们的智力超过狗或其他许多食肉动物。大象生性温和,聚群而居,通常由年长的公象领导。它们只以植物为食。"(第 132 页)

[30] 参见 Lynn K. Nyhart, *Modern Nature: The Rise of the Biological Perspective in Germany* (Chicago: University of Chicago Press, 2009)。

[31] 布雷姆在汉堡动物园担任首任园长期间写了第一版,这个职位无疑让他对公众想要了解何种信息有很好的认识。在准备第二版时,他担任新建的柏林水族馆的首任馆长,该馆位于柏林主干道菩提树下大街上。19 世纪 90 年代,德意志帝国广泛推行德文正字,布雷姆的书从第三版(1890—1893 年)开始亦将动物一词的拼写由"Thier"被改为"Tier",随后的版本都以《布雷姆的动物生活》(*Brehms Tierleben*)为标题。有关布雷姆的更多信息,参见 Nyhart, *Modern Nature*。

[32] John Corse, "Observations on the Manners, Habits, and Natural History, of the Elephant," *Philosophical Transactions of the Royal Society of London* 89, no. 2 (1799): 31–55. 该论文 1799 年 1 月 24 日由皇家学会会长约瑟夫·班克斯爵士(Sir Joseph Banks)宣读。1799 年 5 月 23 日宣读了第二篇论文《对不同种亚洲象及其牙齿模式的观察》("Observations on the Different Species of Asiatic Elephants, and Their Mode of Dentition");见 *Philosophical Transactions of the Royal Society of London* 89, no. 2 (1799): 205–36。

[33] 在《有关大象举止、习性和自然历史的观察》中,科斯写道:"有人宣称大象的情感高度谦和得体;有些人则称大象的智力会使其因丧失自由而情感激越,以至于它们在受奴役状态下拒绝繁殖其种群,以免后代命运跟自己一样;而另

一些人则断言，它们在家养状态下失去了生育的能力。"（第 31—32 页）

[34] Corse, "Observations on the Manners, Habits, and Natural History, of the Elephant," 53.

[35] Corse, "Observations on the Manners, Habits, and Natural History, of the Elephant," 55.

[36] 见 Alfred Edmund Brehm, *Illustrirtes Thierleben*, vol. 2 (Hildburghausen: Bibliographisches Institut, 1865), 688。

[37] 关于詹姆斯·埃默森·坦南特政治生涯的富有洞见的描述，见 Jonathan Jeffrey Wright, "'The Belfast Chameleon': Ulster, Ceylon and the Imperial Life of Sir James Emerson Tennent," *Britain and the World* 6, no. 2 (2013): 192–219。在出版了《锡兰岛记：自然史、古迹和物产视域中的物象、历史和地形》（*Ceylon: An Account of the Island Physical, Historical, and Topographical with Notices of Its Natural History, Antiquities and Productions*, 2 vols. [London: Longman, 1859]）后，坦南特又出了一本只讲该岛自然史的书，题为《锡兰自然史素描：附关于哺乳动物、鸟类、爬行动物、鱼类、昆虫等习性和本能的叙述和轶事，包括大象专论及其捕捉、驯养之方法的描述》（*Sketches of the Natural History of Ceylon with Narratives and Anecdotes Illustrative of the Habits and Instincts of the Mammalia, Birds, Reptiles, Fishes, Insects, &c., including a Monograph of the Elephant and a Description of the Modes of Capturing and Training It* [London: Longman, 1861]）。此书基本上是《锡兰岛记》自然史部分的重印。最终，1867 年，其《锡兰岛记》中有关大象的部分单独成书出版，题为《锡兰的野生大象及其捕捉和驯化方法》（*The Wild Elephant and the Method of Capturing and Taming It in Ceylon* [London: Longman, 1867]）。

[38] 参见 Wright, "'The Belfast Chameleon,'" 199, 214。

[39] Brehm, *Illustrirtes Thierleben*, 694.

[40] 布雷姆讲述了坦南特的一件轶事，表明坦南特作为一名诚实的记者有其局限性。据坦南特说，有一天傍晚，他在康提（Kandy）附近骑马时，他的马变得焦躁不安。一头被驯服的大象朝他们走来，没有象侠，它正单独工作，用鼻子拖拽一根沉重的木头。据坦南特说，当大象意识到当地空间有限、无法同时容下自己和骑着马的坦南特时，它立即放下木头，向后挪动，进入了路边的森林，为胆怯的马——在坦南特眼里这马有点儿丢脸——留出了路。"看到我们停下来，大象抬起头，打量了我们一会儿，然后扔下木料，勉强后退到灌木丛中去，留下一条通道让我们用。"（*Ceylon*, 2: 283.）这则小故事并不太合理——家养大象不会独自拖着木头工作。坦南特将这个故事描述得好像他直接目睹了这一幕，这清楚地表明他报告的内容并不可靠。然而，布雷姆依赖他的著作，

表明布雷姆认为坦南特是可信的。

[41] Tennent, *Ceylon*, 2: 279.

[42] 布雷姆的书开本更大，因此坦南特的 43 页（*Ceylon*, 2: 335-78）在《插图动物生活》中只占 10 页（699-709）。

[43] Tennent, *Ceylon*, 2: 335.

[44] Tennent, *Ceylon*, 2: 347.

[45] Tennent, *Ceylon*, 2: 348.

[46] Tennent, *Ceylon*, 2: 349.

[47] Tennent, *Ceylon*, 2: 353.

[48] Tennent, *Ceylon*, 2: 357. 当那头更老的大象最后去世时，坦南特报告说，其骨架由他安排运往贝尔法斯特自然历史和哲学学会博物馆（Belfast Natural History and Philosophical Society Museum）。

[49] Tennent, *Ceylon*, 2: 358.

[50] Tennent, *Ceylon*, 2: 365.

[51] Tennent, *Ceylon*, 2: 363-64.

[52] Tennent, *Ceylon*, 2: 376.

[53] Georg Schweinfurth, *Im Herzen von Afrika: Reisen und Entdeckungen im Centralen Aequatorial-Afrika während der Jahre 1868-1871*, 2 vols. (Leipzig: Brockhaus, 1874), 1: 476.

[54] Schweinfurth, *Im Herzen von Afrika*, 2: 293-94，翻译由笔者提供。

[55] Alfred Edmund Brehm, *Brehms Thierleben: Allgemeine Kunde des Thierreichs,* 2nd ed., vol. 3 (Leipzig: Bibliographisches Instituts, 1877), 501，翻译由笔者提供。

大象的踪迹

第三章

蛇形之手

　　大约 30 年前，我花了几周的时间查阅了德国汉堡市贸易统计局收集的大量数据。[1]当时我坐在该局的资料室里，浏览了从 1850 年到 1913 年的 64 卷资料，查询一小批进口原料的数量和价值。德国曾是一个由城市、州、教会机构和城镇松散结合而成的闭塞邦联，但在 19 世纪下半叶发展成了一个殖民地遍布世界的帝国。政治、商业和文化的广泛变革当时正在重塑德国，而我想看看那些年里特定商品的进口情况是否与之相对应。我追踪的物品包括海豹皮、玳瑁壳、鸵鸟羽毛和其他装饰性羽毛、鲸油、鲸须、棕榈油、河马和海象的牙齿，还有象牙。

　　总体而言，在这 64 年间，汉堡每年进口材料的数量和价值都增加了，这反映了这座城市整体贸易的快速增长。[2]例如，汉堡进口的海龟和陆龟的龟壳，从 1850 年的仅 2 600 公斤增长到 1913 年的 14 830 公斤。在同一时期，进口的鲸油从 3 739 300 公斤增长到了 51 767 600 公斤，棕榈油进口量从 1 951 750 公斤增长到了 19 889 400 公斤，而羽毛进口量从 1 050 公斤增长到了 89 152 公斤（增长到 85 倍）。[3]象牙的进口数量从 1850 年的 61 650 公斤增加到 1913 年的 206 200 公斤。这样的数字看起来很抽象，所以值得进一步讨论，具体看看它们究竟意味着什么。一磅羽毛与一磅任何其他东西一样重，但是，1913 年进口到汉堡的近 20 万

第三章　蛇形之手

57　磅（89 152公斤）装饰羽毛（不包括寝具中用到的羽毛），实际
　　上会是什么样子？需要多少亿只鸟才能产出 6 652 777 磅的装饰
　　羽毛——我的研究所涉及的 64 年间进口的总量？处理这些鸟需
　　要怎样的屠杀、拔毛和运输网络？又需要怎样类似的操作才能获
　　取这段时间内进口的 200 多万张海豹皮？[4] 而汉堡只是欧洲港口
　　城市中的一个而已。尽管对于德国来说非常重要，但它在规模上
　　不及纽约或伦敦。

　　　　从 1850 年到 1913 年，超过 2 400 万磅的象牙进口到汉堡，大
　　部分通过英国和葡萄牙，尽管直接从非洲启运的象牙在 19 世纪
　　的最后 25 年间有所增加。[5] 进口象牙的平均重量各年间变化很
　　大。从 1859 年到 1972 年，汉堡除了统计进口象牙的重量和价值
　　外，还统计了其数量。在那些年间，每根象牙的平均重量在 1865
　　年达到 41.54 公斤的最高点，而最低点则是 1869 年的 13.20 公斤。
　　保守估计，1873 年到 1913 年间进口的象牙平均每根重 15 公斤，
　　标准估计是每头大象能提供 1.88 根象牙（并非每头大象都有两根
　　象牙）。我们可以估计汉堡在 1850 年到 1913 年之间进口了大约 39
　　万头大象的象牙。[6]

　　　　在第一次世界大战爆发之前的 15 年里，汉堡平均每年进口
　　象牙 233 326 公斤。伊恩·帕克（Ian Parker）在 20 世纪 70 年代进
　　行了研究，指出在 19 世纪末象牙贸易的鼎盛时期，非洲每年出
　　口的象牙数量高达 800 吨（略少于汉堡一城进口总量的 4 倍），相
　　当于每年 3 万至 5 万头大象的象牙。这些数字令人震惊，并且显
　　著高于近年来的水平，实际上可达到目前年象牙贸易量的 2 到 3
　　倍。[7] 然而是谁在杀戮，又为了什么？回答"谁"这个问题也

　　　　　　　　　　　　　　　　　　　　　　　　　　大象的踪迹

许更容易些。从那时起我们已经了解到，19 世纪和 20 世纪初所谓传奇猎象人带来的象牙只占了进口到欧洲或美国的象牙的一小部分。[8] 虽然沃尔特·达尔林普尔·梅特兰·"卡拉莫乔"·贝尔（Walter Dalrymple Maitland "Karamojo" Bell）声称在其职业生涯中在非洲杀死了超过 1 000 头大象，而托马斯·威廉·罗杰斯（Thomas William Rogers）称其在斯里兰卡杀死了超过 1 400 头大象，但那些著名猎人杀死的大象通常很少超过几百头。不过如果是这样的话，那在第一次世界大战爆发之前的半个世纪里到达欧洲和美国市场的数百万吨象牙又该如何解释呢？

　　一个简单的回答是，包括奴隶贩子和大型动物狩猎者在内的象牙买家通过提供贸易商品，包括武器，鼓励土著居民收集象牙。[9] 在中非之旅的回忆录中，乔治·施魏因富特描述了一些杀死大象的方法。有一个他报告的例子是，数千名阿赞德人（Azande）一起将成群结队的大象赶到一片草原区域，那里的草特别高特别厚，然后阿赞德人点燃了草原。在火和烟的强大攻势下，那些大象要么葬身火海，要么被猎人轻松地用矛刺死。"在这样一场灭绝战争中，"施魏因富特写道，"被无耻地杀戮的不仅是长着巨大而值钱的象牙的公象，还有母象和小象。"[10] 最终，19 世纪推动象牙市场的——以及今天仍在推动象牙市场的——是两方面因素的综合作用，一方面象牙原产国以外有着需求，另一方面大象产出地的经济、健康、法律和教育的支持及保护又相当有限。简言之，为获得象牙而去杀死大象的人几乎都没有什么别的营生，工资也很微薄。他们为一条产业链上的采购商、贸易商和经销商提供象牙，而每个环节的利润都比前一个环节更丰厚，

58

第三章　蛇形之手

直至最终产品到达消费者手中。过去数千年里象牙贸易的源头始终是同一个：非洲和印度的大象被杀害，因为它们的象牙在北半球非常抢手。今天，生活在西方国家的人可能希望指责亚洲国家继续进行这项贸易，但每当在《古董鉴宝》（*Antiques Roadshow*）节目上炫耀一件象牙传家宝，然后其主人被告知其价值不菲时，象牙贸易自古以来的力量根源都得到了强化。

然而，现在的象牙贸易与20世纪中叶之前的象牙贸易存在差异。最重要的是，在塑料完全普及之前，象牙在19世纪末和20世纪初的工业化国家中并不是一种极端奢侈品，而更多是一种广泛用于普通物品生产的工业原材料，比如钢琴键、梳子、各种各样的手柄、台球和餐具的把手。[11]对于大多数消费者来说，象牙作为一种原材料几乎完全与该行业的基本现实脱节。如今在超市买肉的人们能够理解，在为晚餐挑选食材时，他们不太可能会想到食品行业中的产业化屠宰。我想，19世纪使用象牙柄餐具的人中也很少有人会考虑到那些刀叉背后的大象之死。

59 　　令人甚至有点惊讶的是，尽管有着全球市场对象牙的需求，大象在过去几个世纪里还是幸存了下来。当然，许多其他物种灭绝了。有些动物灭绝是因为人们要取用它们的肉和脂肪，比如渡渡鸟、大海牛、几种羚羊类动物以及旅鸽。还有一些动物绝迹是因为它们被认为对人类或家畜构成威胁，包括英格兰、苏格兰和威尔士的狼，世界各地许多猫科动物的种和亚种，以及塔斯曼尼亚狼（亦即袋狼）。甚至有一些物种，比如象牙喙啄木鸟和大海雀，其灭绝至少部分是由于博物馆为了将最后仅存的几只动物收集起来做成标本。然而，尽管受到了猎捕的巨大压力，大象还是成功地存活下来了，似乎至少部分是因为 19 世纪形成的关于它们的观念和故事。而且，其中一些最重要的故事都来自猎人们自己的讲述。如今，国际上的猎人们认为花费 3 万至 5 万美元合法地杀死一头野生大象是完全值得的，这是基于 19 世纪和 20 世纪初的猎象理念。类似的，拯救大象免于灭绝的努力源自同样的故事，讲述者是那些声名显赫，有时是声名狼藉的猎人。这些故事让更多的公众注意到大象死亡的现实。尽管拯救袋狼的努力来得太迟，而且并未获得多少同情，但是关于猎象的故事却有助于激发那些认为应该保护大象免受过度屠戮的批评者们采取行动，最终其中一部分批评者正是猎象人自己。[12]

君王

当阿尔弗雷德·布雷姆在其动物百科全书《插图动物生活》的第一版中开始讨论猎象问题时，他明确表示他认为这种行为是可耻的。他写道："我有充分的理由说那些猎人声名狼藉，而不是声名显赫。他们中的大多数完全不配从事狩猎活动。"[13] 布雷姆特别谴责了苏格兰冒险家、作家和演讲家罗林·戈登－卡明（Roualeyn Gordon-Cumming），后者在 1850 年出版了两卷本的《深入南非内陆的五年狩猎生活》（*Five Years of a Hunter's Life in the Far Interior of South Africa*），叙述其经历。戈登－卡明讲的一个特别的故事引起了布雷姆的注意，他几乎引用了这一长篇故事的全文。

这位猎人骑在马上，带着一群狗。大约距离 100 码远时，他

看到了他曾经见过的"最高最大的公象"。戈登-卡明称，在他
开枪时那"老伙计"的注意力被狗吸引过去了。"在听到子弹的
回声之前"，他就看到自己击中了大象的肩膀，"使其立即成了残
废"。狗群随后扑到受伤的大象身上，大象"已然虚弱无力……
似乎决定对此不加理会"。"它一瘸一拐地慢慢走向左近的一棵
树，"戈登-卡明继续道，"用一副无奈而漠然的神情注视着追杀
它的人。"[14]意识到"高贵的大象"无法逃脱，猎人决定"花点
儿时间欣赏它"。于是他收集了木柴，生起了火，并准备了一壶
咖啡。"我坐在那里，以森林为家，"他写道，"冷静地啜饮着咖
啡，旁边是一头非洲最好的大象，待在树边，等待着我享受那一
刻。确实，这是引人注目的一幕；当我凝视着这位巨大的森林老
兵时，我想起了我在故乡喜欢追逐的红鹿。我觉得，尽管在命运
的驱使下我到了一个遥远的地方来追求更大胆更艰难的嗜好，但
这种交换是值得的，因为我现在是无边无际的森林的主人。在这
里能从事的运动高贵而激动人心，语言无法表达。"[15]

这是"引人注目的一幕"，但像所有的狩猎故事一样，它首
先只是一个故事。我们永远不会知道戈登-卡明声称发生的事情
是否真实，但我们可以知道，对他来说，如此这般地描绘这一
幕是很重要的，其中满是田园牧歌式的遐想，还提及了苏格兰红
鹿——在那个时代，提及红鹿无疑会勾起一些读者对爱德温·兰
西尔爵士（Sir Edwin Landseer）1851年的画作《峡谷之王》（*The
Monarch of the Glen*）的回忆。通过其描述，戈登-卡明要我们想
象，他没有因为骑马而热得汗流浃背，没有因为放倒了他所见过
的最大的大象而兴奋得肾上腺素飙升，他不在乎一大群狗在周遭

乱跑乱叫，不关心他焦躁不安的马匹，甚至对他的向导和背枪的随从视而不见。他要我们想象的是，他安静地坐着，呷着咖啡，独自一人，陷入对苏格兰高地和很久以前猎鹿冒险的回忆。[16]

从我们 21 世纪的角度来看，这种写作往往显得荒诞不经，但戈登-卡明当时的大多数读者，包括布雷姆在内，并不觉得这有什么荒唐。原因之一是，这位猎人采用了猎人冒险家应有的写作风格。先他而去南非的威廉·康沃利斯·哈里斯（William Cornwallis Harris）即是以此种风格写作的。1839 年，哈里斯的《南部非洲的野外运动》(*Wild Sports of Southern Africa*) 一出版就成为经典。从哈里斯对他首次看到一大群大象的描述中，不难看出戈登-卡明遵循的传统：

> 这里的宏伟壮丽尽收我们眼底，无法用语言形容。到处都是野生大象，目力所及不会少于 300 头。每一处高地、每一处绿色的山丘都星罗棋布着成群结队的大象，而峡谷底部麇集的大象则是黑压压的一片。它们力大无穷，出没于森林之中，巨大的身形一会儿隐没于树后，一会儿又威仪万千地出现在林中空地上，鼻端卷着树枝懒散地驱赶着苍蝇。远处群山如黛，从这里看去显得山势异常险峻，构成了一幅震撼人心的壮阔画面。[17]

哈里斯为这一场景绘制了一幅水彩画（图 3.1），并将其与其他 25 幅画一起作为彩色图版收录在他 1852 年出的书中。画的前景是一头受伤的大象，中了十几枪，鲜血直流，奔跑于……不知

61

第三章 蛇形之手

HUNTING THE WILD ELEPHANT

图 3.1 《猎杀野象》。出自威廉·康沃利斯·哈里斯《南部非洲的野外运动》。

何处……它的象鼻高高举起，更像是在敬礼，而不是在痛苦地嘶鸣。在更远些的地方是两个猎人，跟大象比起来被画得异常小，坐骑像旋转木马。他们眺望着一个山谷，山谷里到处都是大象，谷中显然没什么可吃的。远处的青山若隐若现。整个场景与当代对美国西部野牛群的描绘相似，充满了弥漫在哈里斯文中的轻快气息。哈里斯就是这样的作家，描述自己在一条林木掩映的山谷中等待他的猎物。他笔下的非洲远非恐怖阴沉的黑暗大陆，那种印象要几十年后才形成，如约瑟夫·康拉德（Joseph Conrad）的《黑暗之心》（*Heart of Darkness*）所描绘的那样。但哈里斯的这种笔触正是戈登-卡明在从容描述其狩猎活动时所钦佩和效仿的。

　　在一边喝着咖啡一边"欣赏了这头大象相当长的一段时间"之后，戈登-卡明决定以不同方式射击大象的头部，以测试其效果。他解释说，虽然他"向大象巨大头骨的不同部位射了几发子弹"，但这些子弹似乎并没有对大象造成什么影响。大象只是"用鼻子做了个额手礼般的动作表示知道子弹打中它了，鼻尖以一种令人印象深刻的古怪动作轻轻地触碰着伤口"。[18] 终于——我们不得不用这个词——戈登-卡明意识到他只是在"折磨这只高贵的动物，延长它的痛苦"，于是作出决定，现在是时候尽快结束这头受伤的大象了。他开始从大象的左侧向它肩膀后方猛烈射击，希望能打中它的心脏。在用他的"双槽"猎枪开了六枪后，大象"没有表现出明显的痛苦"，他又用更大的"荷兰六磅枪"开了三枪。最终，"大滴的泪水从它的眼中流下来，它缓缓闭上眼睛，又睁开，巨大的身躯颤抖抽搐着。然后，它侧身倒下，伤重而亡"。戈登-卡明割下象牙；据他说，这对象牙"弧度优美"，是他到那

62

时为止收集到的"最重"的象牙,"平均每根重 90 磅"。[19]

　　对此,阿尔弗雷德·布雷姆回应道:"较之人类,大象是多么高尚。与这伟岸的动物相比,它那让人鄙视、背信弃义的敌人是多么卑劣,多么龌龊。"[20] 布雷姆认为,戈登-卡明先将大象放倒,然后在大象受着痛苦煎熬时从容思索着眼前这一场景,又在大象身上试验各种射击方式,在脑海中尝试估算其成功率,这是不可原谅的。布雷姆将戈登-卡明与过去的王室及其他的猎象人进行了比较。王室成员将"数百只高贵的动物赶入狭窄的空间,然后从高处屠杀它们";猎象人将"大部分猎物在围栏中和猎场内射杀","以便在他们可耻的狩猎记录中增加一些数字"。布雷姆以"可憎之事"来称呼戈登-卡明这种人的下作行为。[21]

　　但是,不应把布雷姆对戈登-卡明的批判视为当时的人对虐待动物的与日俱增的关切。布雷姆仅仅认为他的受众——19 世纪晚期受过教育的德国人——对于什么是可接受的狩猎行为有(或者应该有)另一种理解。布雷姆期望猎人们具备的行为规范更清楚地见于一篇佚名作者的小文章中,该文 1895 年发表在德国的中产阶级周刊《后花园》(Die Gartenlaube)上,题为《受伤的猎物》(Wounded Game)。文章指出,狩猎的"阴暗面"是每天有"数千只"猎物"受伤,并最终在经历了数周难以忍受的痛苦后才死去"。[22] 为了阐明这一点,作者讲述了一则最近刊登在一本德国狩猎杂志上的故事。有人看到一个村庄附近有一头雄性狍子。听闻此事后,当地一名猎人抄起枪去看个究竟。他和另外三个人带着两匹马,最终在一片原野中发现这只动物正在缓慢行走,离他们大约有 100 步远。当他们停下来观察是否有机会开枪时,这只动物突然看向他们，然后慢慢地径直朝他们走来。猎人回忆说，当时他没有开枪，因为他想看看会发生什么。但是当狍子走近时，他发现"它的下颌遭到枪击被打掉了，只靠皮肤吊在那儿"。猎人还是继续等待着。狍子"几乎每迈一步都会发出断断续续的呻吟，用满是痛苦的眼神盯着我们"。当它走到离他们30步远时，猎人再也无法忍受，于是结束了它的痛苦。他无法解释狍子的行为，猜测它"接近我们四人二马，是为了寻求帮助"。[23]他以警告的口吻总结道："即使是一辈子在树林中摸爬滚打的猎人，严格遵循了用枪的规则，也不能确保击中猎物。但那些以猎人身份狩猎的人会承担这个名词意味着的一切，他们对猎物是有心的，以追寻猎物踪迹、缩短受伤猎物的苦痛为其不可推卸的责任。"[24]

使布雷姆对戈登-卡明所讲述的故事如此排斥的并不是大象被杀害的事件本身，而是它被杀害的方式。布雷姆感到震惊的是，戈登-卡明会从容不迫地生火、坐下来享用他的咖啡，而同时那头大象在痛苦中等待猎人去"享受"；他还会试验不同的枪击方式，并描述大象如何用鼻尖触碰伤口；甚至在决定结束这只动物的痛苦后，他还需要再开九枪，才最终让大象合上了充满泪水的眼睛。[25]对于像布雷姆这样的人来说，尽快杀死动物是猎人的道德义务。

这些故事以及人们对它们的反应都扎根于不断演变的狩猎规则，即所谓"游戏规则"。像本章讨论的猎人一样，那些从小进行渔猎活动的人通常对其行为的对错有强烈的认知，即便他们的想法可能与法律的规定或其邻居的认知有所不同。比如，就猎鹿来说，今天有些人可以接受驱赶猎物或设饵诱捕，而有的人则认

64

为这两种做法都是不可接受的；有些人认为使用弓箭狩猎会不必要地增加鹿的痛苦，而有的人则强调用弓箭更难射中猎物，并坚持认为这对动物来说比使用威力强大的步枪来得更公平。狩猎规则无可避免地受历史和情境的约束，受个人和文化的影响，源自家族内部和猎人之间的传统和传授。戈登－卡明和布雷姆的狩猎规则就是不同的。然而，作为根植于文化的规则，它们被不断地界定、捍卫、批评和改变。

话虽如此，对于经常从事渔猎活动的人来说，要他们每时每刻都遵循哪怕是他们自己设定的规则，也是不可能的。最终，狩猎过程中有很多时候会出现不可预测的情况，犯错是在所难免的。那些写回忆录的猎人当然通常不会描述他们自坏规矩的情形。他们最多会花一些时间向其他人解释，由于某些因素的存在，那些看似坏规矩的行为是不可避免的，他们无法按照预期方式行事。他们可能会说，要不是那么做肯定会丧命，我自然会去追踪已经被打伤的动物。因此，当戈登－卡明描写道，他因发现自己的射击试验"延长了这只高贵动物的苦痛"而感到惊讶，此时我们可能听到了他对自己破坏规矩有一点忧虑，但我们可能也会好奇，如果他有任何的忧虑，那为什么他一开始要把这个故事写进回忆录。当人们撰写狩猎回忆录时，他们选择他们想要讲述的故事，并且因为特定的原因而选择讲述这些故事的方式。

在这个例子里，戈登－卡明选择讲述这个故事的原因之一是他想明确表明，射杀非洲象时向其头骨开枪根本不奏效。整个19世纪，猎人们都在争论射杀大象的最好方式是什么。尽管一些猎人坚称得瞄准头骨——要么在耳朵后面，要么在耳朵和眼睛之

65

间，要么在鼻子根部——但戈登-卡明相信，最好从大象的侧面射击，瞄准其肩膀后面，以期射中心脏。但即使没能命中心脏，子弹也可能击中大象的肩膀，使其受伤，或者击中肺部，这很可能会导致大出血，使得大象行动迟缓，这样就能对其再开一枪。

但是，如果说戈登-卡明讲述这个故事的部分原因是为阐明他关于射击大象头部并无效果的观点，那么更大的原因似乎是，他觉得这个故事传达了一些重要信息，关乎大象以及猎杀大象的非凡体验。事实上，在他的整部回忆录中，戈登-卡明都在费尽心思地表明，杀死一头大象不同于杀死其他任何动物。那是因为，首先，大象这种动物惊人地孔武有力。例如，在描述大象在森林中的所作所为时，戈登-卡明以夸张的笔触写道："这里的树又大又漂亮，但不够结实，受不住强大的森林之王超乎想象的力道。几乎每棵树都被它们折断了一半的树枝；每隔100码就会发现一棵完整的大树，而且这些树是整个森林中最大的——要么被连根拔起，要么被拦腰折断。我见到有几棵大树倒立在那里，树根朝上悬在空中。"[26] 其次，对于戈登-卡明来说，猎象是一项独特的功业，因为他认为它们聪明又神秘。哈里斯声称曾见过一个几乎是一望无际的山谷中满是大象，而戈登-卡明——尽管他在非洲的 5 年间也猎杀了 100 多头大象——却宣称："只是偶尔，而且是在经历了无法想象的艰辛困苦之后，猎人才会有幸见到一头大象。"他还说："由于大象自身的独特习性，它比其他任何四足猎物都更难以接近、难以见到，只有某些稀有的羚羊是例外。"[27] 总之，对于戈登-卡明来说，"野生大象的样子超乎想象地威严庄重。它巨大的身高和庞大的体形远超其他一切四足动物，再加上它聪慧的性情和特殊的习性，激发了猎人们的强烈兴趣，其他动物无法媲美"。[28]

雄壮、可怖、聪明、几乎无法击杀的公象首次出现在戈登-卡明的回忆录中是在第一卷快结束时。戈登-卡明又一次骑着马，带着一群狗，最终邂逅了一群他追寻已久的"强壮公象，聚集在一片树荫下"。不多时他就发现了这些大象中最强大的那只，他称之为"族长"，自然而然地决定以它为目标。戈登-卡明写道，"我疾驰而至，将要开枪"，但那头公象"立刻转过身来，发出强烈尖锐的嘶鸣，以至于大地都似乎在我脚下震颤。它愤怒地笔直追赶了我好几百码，遇到树木也丝毫不改变方向，来势汹汹地径直将其撞倒，仿佛它们只是芦苇一般"。大象忽然停了下来，戈登-卡明朝它的肩膀开了火。大象似乎没有注意到这一枪，然后"威仪十足地走开了"。然后狗群赶到了，大象又冲了过来，像之前一样嘶鸣。戈登-卡明第二次瞄准其肩膀开枪，但大象似乎没有注意到。猎人现在步行接近大象，并朝它的头部侧面开枪。大象再次冲了过来："我冷静地站在它的正前方，直到它离我只有15步远，然后朝它前额的凹陷处开枪，想就此结果它，但徒劳无功。这一枪只是进一步激怒了它……它继续以令人难以置信的速度和气势向我冲来，差点结束了我的猎象生涯。"[29]

不久，鲜血从大象的伤口中汩汩流出，它在森林中逃窜。戈登-卡明骑着他紧张的马儿穷追不舍。经过长时间的追逐，戈登-卡明得以再次瞄准大象肩膀开了一枪，大象再次冲过来。猎人在马上又开了六枪，然后下马近距离射击："又朝它头部的一侧开了两枪后，大象冲过来的势头减缓了。"戈登-卡明又开了两枪，大象最后一次冲向他。然后又是两枪射向它的前额。"在被打了这两枪以后，"猎人回忆道，"它的鼻子上下摆动，以各种令那些饥渴的土著感到满足的声音和动作，表明它的生命即将结束。"又是一枪射中它肩膀后部，"这对强大年迈的森林之王来说已经足够"。"我在这一刻的感觉，"戈登－卡明总结道，"只有一些有幸有过类似经历的猎人才能理解。我从未像那一刻般感到如此满足。"[30]

　　戈登－卡明用了4页的篇幅描写他开了19枪才击倒了这只"强大年迈的君王"。他之所以需要开这么多枪才能射杀大象，部分原因可能是他当时使用的火枪不如在其后一个世纪发展起来的大口径枪支威力强大。然而，并不能确定他向任何大象都会开19枪。他以夸大其词著称，因此即便他只用一枪就杀死了这头大象，甚至即使他描述的事件从未发生过，他所理解的大象和他所理解的读者对杀死一头大象的故事的期待肯定影响了他的叙述。[31]戈登－卡明想要写的是杀死世上最强大最高贵的动物的经历，它威严无比，是一位君王，所以，在他看来，仅开一枪是远远不够的。这里需要的不是技术，而是技巧和勇气，以及身体、精神和情感上的非凡韧性。他的衣服被撕得稀烂。当夜幕初临，戈登－卡明在篝火旁用草铺了一张床，并享用了一块在火中烹制的"大象额侧的肉"。[32]

67

生性凶猛

　　对于布雷姆对其回忆录的反应，戈登－卡明很可能会感到惊讶，但布雷姆并不是唯一一个谴责戈登-卡明的人。事实上，早期对戈登-卡明声讨最甚的评论家可能不是以德语写作的布雷姆，而是以英语写作的詹姆斯·坦南特。在其《锡兰岛记》中，坦南特专门有一章讨论射杀大象的问题，明确表示这种"运动"对他来说几乎无法理解。[33] 虽然他承认狩猎对猎人的耐力有要求，但他认为射杀大象需要枪手"具备的技巧可能是最小的"。[34] 他认为，一个瞄准得还算可以的猎人应该能够命中大象的脑部，使其一枪毙命，并指出已经有猎人用这种方式射杀了数百头大象。[35] 尽管他认为锡兰的猎人进行的"批量屠杀"是"血腥和苦难景象的单调重复"，但他赞扬了他们的高效杀戮方法，与之形成对比的是戈登-卡明的狩猎方法。他谴责后者提供了动物受到肌肉被"弹雨撕裂的折磨"这一"令人作呕的细节"。[36] 为了阐明他的观点，坦南特详细引用了戈登-卡明的两个他认为特别恶劣的描述——其一是对大象头部进行各种射击试验的长篇描写，其二是描写他的一次狩猎，戈登-卡明声称在那次狩猎中他对一头大象开了 40 枪，导致"大象的身体前部"成为"一团模糊的血肉"；大象"在一棵荆棘树旁剧烈颤抖"，"不停地往它血淋淋的嘴里灌水，直到它死去"。[37] 他称戈登-卡明的狩猎是"无端的屠杀"，没有任何"像人样的理由"，而他表示几乎可以认可托马斯·威廉·罗杰斯的狩猎行为。据说罗杰斯杀死了 1 400 多头大象，将卖象牙得到的钱花在各种军团委任上。因此，至少他进行狩猎是有目的的。[38]

68

尽管坦南特认为戈登-卡明的行为令人鄙视，但他认识到戈登-卡明并不是唯一一个如此猎象的人。在锡兰，坦南特似乎发现了与戈登-卡明不相上下的一个猎人，即英国的塞缪尔·怀特·贝克（Samuel White Baker）。贝克在 1854 年出了一本书讲述自己在锡兰的狩猎经历，题为《锡兰的步枪和猎犬》（*The Rifle and the Hound in Ceylon*）。然而，即便坦南特将贝克和戈登-卡明视为一丘之貉，在其他人看来，这两位猎人及其狩猎活动却大不相同。例如，在 1854 年出版的《哈珀新月刊杂志》（*Harper's New Monthly Magazine*）中，有一篇文章认为贝克和戈登-卡明是类型迥异的猎人，表示前者跟后者有"非常不同的特征"。编辑们将戈登-卡明的狩猎描述为"比屠宰好不到哪儿去"，但坚称贝克从狩猎中获得的乐趣更多是"来自猎人所需的技巧和勇气，而不是动物的死亡"。[39]

贝克遇见的大象也似乎和戈登-卡明猎杀的不一样。在其叙述的开篇，他称大象为最"被误解"的动物，他对大象的描述既受到戈登-卡明的影响，又跟后者有所不同："大象是万物之主，孔武有力，充满智慧，在自己故乡的森林中游荡。它吃高高的树枝，纯粹出于恶意而将小树推倒。从平原到森林，它在天将破晓时高视阔步，是'统治一切的君王'。"[40] 戈登-卡明从不会用"恶意"来描述大象的动机，但除此之外，贝克的描述与这位在南非的猎人颇为相似。不过，继续往下看，他与戈登-卡明之间的心态差异就渐趋明显。贝克称动物园中展示的大象看起来"笨拙而昏昏欲睡"，似乎只对小孩们扔给它们的食物感兴趣。他坚称很少有人直接接触过真正的野生大象。贝克写道，这些可怜囚徒的"父亲"很可能曾是"某个地区的恐慌之源，一个冷酷无情的强盗，内心嗜血成性。它潜伏在茂密的灌木丛中，突然袭击放松警惕的路人，最大的乐趣就是将受害者在其脚下碾为齑粉"。[41]

据贝克讲，野生大象"天生凶猛、机警，有仇必报，与任何已知动物一样，在野生状态下勇猛无比"。它们"天生的智慧"使其成为"更加危险的敌人"。[42]

69　　　贝克继续道，在所有大象中，最危险的是孤独的雄性，即"离群象"。它们选择离开其他大象的社群，结果成为极其凶猛的野兽，整个森林都害怕它们。贝克声称它们总是顺风行走，以便能够嗅到任何追赶者。他说当它们发现猎人时就会一动不动，"就像乌木雕像一样"。在那一刻，猎人成了猎物。他述说道，有一次，他和他兄弟外出时被两头"离群象"巧妙地引入了陷阱——一小片被难以穿越的丛林包围着的泥泞空地。这两头"离群象"显然联手协作，以制造更多的混乱。当他们意识到这是个陷阱时已经太晚，贝克的兄弟陷入泥潭，然后他们"突然听到浓密的藤蔓丛中传来低沉的喉音"。"就在那一刻，"贝克写道，"整片藤蔓向我倒来，藤蔓分开处露出一头大象狂暴的脑袋。它高挺着象牙，全力冲向我。"[43]（图3.2）

70　　　两兄弟都开了枪。然后贝克跳起来躲避迎面冲来的大象，但他的脚被草丛缠住了，一下子摔倒在冲向他的大象面前。贝克等着听到自己骨头"碎裂的声音"，但他听到的是"枪的响声"——他的兄弟又朝大象开了一枪。感觉脚下"软软的"，贝克就地一滚躲了开去，然后看见倒地的大象仍然试图用鼻子来抓他。他从一个背枪仆从那里抢过"四盎司步枪"，准备在大象的头部给它"最后一击"，这时另一头大象发出"狂野的尖叫"对他发起了进攻。贝克写道："我看到它的前腿以千钧之势分开树丛向我压来，我奋起全身之力靠在厚厚的藤蔓上躲避，下一刻我

大象的踪迹

NARROW ESCAPE.   Page 90.

图 3.2　塞缪尔·怀特·贝克《死里逃生》。出自贝克《锡兰的步枪和猎犬》，
威斯康星大学密尔沃基分校图书馆美国地理学会文库收藏。

看到它的脚重重落下，距我只有一寸之遥。"手中只有较小的步枪，并且意识到兄弟毫无防备，在大象经过贝克身边时，他"垂直"开枪射中大象的喉部，然后"立刻跳开"。大象停了下来，不再冲向贝克的兄弟。它摇摇晃晃地走开了，颈部血流如注。几天后，他们发现它已经死亡。[44]

如果说坦南特认为戈登-卡明所讲的血腥故事令人恶心，那么他觉得贝克的描述完全就是荒谬可笑的。他提到贝克的狩猎故事中那些似乎只为吹嘘他自己才炮制的"令人生厌的冗长重复"，认为虽然离群象可能确实是危险的，但它们也很罕见——在他看来，500头大象中最多只会有一头离群象——因此很少有猎人可能会遇到它们。坦南特坚持认为，大象"在丛林中潜伏"时"渴望鲜血"的说法完全是荒谬的。他坚持认为，最多只能说"猎人的暴行无疑教会了这些聪明的动物要保持小心和警惕，但它们的预防举措仅仅是防御性的。除了在人类接近时表现出的警醒和恐惧之外，它们没有表现出任何敌对或者嗜血的迹象"。[45]

很容易理解为什么坦南特会觉得贝克关于"离群象"的故事荒诞可笑。例如，在贝克和他兄弟于很短的时间内杀死了九头大象——再次强调，杀死大象可能并不那么困难——之后的某一时刻，贝克声称他被一头离群象袭击了："就在上一头大象的葬身之处，一头大象猛冲过来，它是'离群象'精髓的化身。它高举着鼻子，耳朵竖起，尾巴高耸在背上，硬如火棍；它如火车汽笛般尖叫着，穿过高高的草丛向我冲来，速度震人心魄。它的眼睛在炯炯闪烁，已经选定我成为待宰的羔羊。"[46]贝克相信，能使他死里逃生的唯一指望就是站在原地，希望能用剩下的一发子弹击中大象的头部，最后想办法跳到一边。他说："不会有比这更好的例子来说明离群象是什么样的了。""它离象群不远，藏身于丛林中，从那里目睹了同伴遭到灭顶之灾。它一动不动，直到看到我们毫无防备，然后立刻抓住机会箭也似地冲向我们。"[47]像那两头彼此协作的离群象的故事一样，这个故事的一个基本问题是，贝克将"离群象"定义为一头公象，它独自生活，变得郁闷，然后在一种邪恶冲动的驱使下，攻击并摧毁一切挡在它面前的东西。但在这两个故事里，这些大象以离群象的面貌出现，不是因为它们离群索居，也不是因为它们无端发起攻击，而是因为它们是公象，它们在遭到枪击后才冲向人类。这种行为在戈登-卡明这样的人看来跟大象的主观恶意关系不大。

尽管坦南特努力地表达他的不以为然，但是通过贝克和其他人讲述的故事，认为大象可怕、疯狂、凶恶的观念在猎人中越来越流行。在贝克对大象的描述得到认同之前，一头大象可能因它自己或其家族遭到攻击而寻求正当的报复，但大象的谦和与理智缓和了这种反应。但在人们认可贝克之后，野生成年公象（有时甚至是母象）基本上总是可以被描述为"离群象"。当然，给大象贴上"离群象"的标签是杀死它的现成借口。即便射猎大象需要越来越多的许可，猎人也总有正当理由杀死攻击他的大象。而在这一时期，许多大象被当作"离群象"射杀，显然只是因为猎人想要它们的象牙，或者想收藏它们的尾巴作为其狩猎技能的证明。话虽如此，19世纪中叶"离群象"这一观念的出现，似乎是关于大象——以及更广泛地说，关于"危险"动物——的更大观念变迁的一部分。随着时代车轮在19世纪滚滚向前，大象、狮子、老虎，有时是大猩猩，还有另外一些动物，它们吸引了越来越多猎人的兴趣，因为在猎人们看来，它们可能既非常危险，又狡猾得令人胆寒。早期的猎人认为某些动物——特别是大象——很难猎杀，但这些猎人似乎从未将他们的猎物想成是狡诈的，嗜血的，或者只是单纯的人类杀手。这些观念会在 19 世纪下半叶变得越来越流行，那时的读者更有可能生活在城市中，自己并不是猎人。如果说爱德温·兰西尔的《峡谷之王》捕捉到了布丰、哈里斯和戈登-卡明笔下大象的许多特质，那么同时代的欧仁·德拉克罗瓦（Eugène Delacroix）绘制的狮子和老虎袭击强壮而高贵的马的画作则更好地捕捉了贝克所描述的嗜血大象的形象。

更新世的动物

正是以这种关于大象的新观念为背景，西奥多·罗斯福在 1909 年 3 月卸任总统后的几周内，开始了一次为期 11 个月的在东非和中非的狩猎之旅，此举被称为史密森尼-罗斯福非洲探险。按照官方的说法，这次旅行是为了给史密森尼学会新落成的自然历史博物馆收集所需的标本，该博物馆将于 1910 年开放。最终参加这次探险的有前总统及其儿子科密特（Kermit）、史密森尼学会的科学家（包括鸟类学家埃德加·默恩斯 [Edgar Mearns]，动物学家埃德蒙·赫勒和约翰·洛林 [John Loring]），还有向导 R. J. 卡宁厄姆（R. J. Cuninghame）。他们为博物馆收集了超过 11 000 个标本。西奥多·罗斯福在其正式的捕猎清单中记录了 296 只动物，而科密特记录了 219 只。这次旅行的资金来源有三：安德鲁·卡内基（Andrew Carnegie）、博物馆得到的捐赠，以及罗斯福本人。罗斯福贡献的资金来自他与《斯克里布纳杂志》（*Scribner's Magazine*）签订的一份合同；根据合同，他将就此次旅行写一个系列报道，第一篇于 1909 年 10 月发表，最后一篇则发表于 1910 年 9 月。这些文章随后于 1910 年结集出版，题为《非洲猎踪：一个美国猎人和自然学家的非洲漫游记》（*African Game Trails: An Account of the African Wanderings of an American Hunter-Naturalist*）。这本书如今已经成为狩猎文学的经典之一，罗斯福在其前言中的写作语气跟贝克相似。他以莎士比亚《亨利四世·下篇》（*Henry IV, Part II*）的一句台词开篇，这句台词似乎非常适合一个刚刚离任总统的人。剧中，胖骑士福斯塔夫从他的掌旗官那儿听到了国王的死讯，这死讯预示着即将到来的变化、冒险和幸福的前景。罗斯福写道："'我说的是非洲的宝山和黄金的欢乐'；漫游在孤独之境的欢乐；在荒野中狩猎强大而可怕的王者的欢乐，那些狡猾、谨慎、冷酷的王者。"[48]

《非洲猎踪》中有很多很多的狩猎故事；事实上，罗斯福及其随行人员在抵达几天后就开始了狩猎，几乎持续了整个旅程，只是偶尔才休息一下。在该书的结尾，罗斯福提供了一份他们用步枪猎杀的动物清单，首先是狮子、豹子、猎豹、鬣狗、大象、方口犀牛、钩唇犀牛、河马、疣猪、普通斑马、细纹斑马（或格利威斑马）、长颈鹿、水牛、德氏大羚羊、伊兰羚羊、斑哥羚、弯角羚、林羚、东非薮羚、乌干达薮羚、尼罗薮羚、黑斑羚、卢

73

安羚、剑羚、角马、纽曼犭羚、柯氏犭羚、杰克逊犭羚、乌干达犭羚、尼罗犭羚、转角牛羚，继而又列出另外 50 种野生动物。除此之外，罗斯福承认，还得加上用猎枪打下来的鸟类，而这支大型探险队猎杀来食用的动物也同样没有包括在内。此外，探险队还收集了植物、鱼类、无脊椎动物、活体动物和民族志相关文物。正式清单中包含的 38 种羚羊总体上按照体型从大到小、从稀有到普通的顺序排列；以狮子、豹子、猎豹、鬣狗、大象开头则清楚地表明，不管其科学目标和成果是什么，这次旅行都是有史以来规模最大的狩猎度假之一。这位前总统只记录自己射杀的大型动物，而科学家则收集其他的一切；他总是首先开枪；他的"行囊"是最大的；当科学家们开始给动物剥皮以制作标本时，他却在安坐读书；他的帐篷前总是飘扬着一面美国国旗——这一切都表明这次旅行是一次效仿狩猎团或欧洲贵族的政治表演。虽然其最主要的目的是为了彰显前总统的荣耀及其狩猎热情，但它还是有其他一些不那么自我中心主义的目标。此外，罗斯福对自然历史的兴趣也是真诚而持久的。[49]

罗斯福在这次旅行之前已经在北美进行过许多次狩猎冒险，但非洲对他来说似乎一切都是新的。在其书的首章《穿越更新世的铁路》（A Railroad through the Pleistocene）中，他描述了冒险开始时从蒙巴萨（Mombasa）到维多利亚湖（Lake Victoria）的行程；它就像是一次时光旅行。对于那些读过 H. G. 威尔斯（H. G. Wells）出版于 1895 年的《时间机器》（The Time Machine）和儒勒·凡尔纳（Jules Verne）出版于 1864 年的《地心游记》（Journey to the Center of the Earth）等作品的读者来说，时光旅行的概念是耳熟能详的，而对于阅读过杰克·伦敦（Jack London）1903 年出版的《野性的呼唤》（*Call of the Wild*）或鲁德亚德·吉卜林（Rudyard Kipling）1894 年出版的《丛林之书》（*Jungle Book*）的读者来说，回到原始生活方式的动物或人类的观念也是耳熟能详的。罗斯福描述道，当他坐火车从沿海地区深入内陆时，铁路"穿行而过的地区，无论是就野人还是野兽而言，其自然状况跟晚期更新世的欧洲比起来，过去没有根本的不同，现在也没有"。非洲有无尽的兽群、可怕的巨兽以及"野蛮的部落"，在他看来"再现了我们祖先在文明曙光到来前的久远过去在欧洲的生活条件"。他坚持认为："非洲人完全赤身裸体，使用的武器与我们祖先在旧石器时代早期用的一样；他们与这些野兽为伍，以之为生，也始终对其怀着恐惧。我们的祖先也曾如此，他们以穴狮为可怕的梦魇，可能可以捕猎猛犸象和长毛犀牛，但那些猎物也最是可怕。"[50] 罗斯福使用了一种流行的观念和一种几乎墨守成规的写作方式来写"原始"人和他们的居住地。例如，当非洲人和其他"异域"之人在当时欧洲和美国流行的民族志展览上被展出时，报纸经常会报道参观这些展览就像是进行时光旅行回到过去。然而，罗斯福对这一主题的全面思考表明，正如他所坚持认为的那样，时光旅行的观念不仅仅是"幻想"。例如，数年后罗斯福在一篇题为《原始人、马、狮子和大象》（Primeval Man; and the Horse, the Lion, and the Elephant）的文章中回忆了他在非洲的经历。他写道："日复一日，我目睹着荒野中成群的野生动物，还有奸猾狡诈、鬼鬼祟祟生活着的人类。当我看着这一切时，我的思绪屡屡穿过浩渺的时光回到过去。那时，在我的同胞们现今居住的西方，还有他们的远祖曾生活过的东方世界的北部，也满是如此这般的野外生活。"[51] "在那遥不可知的过去，"他继续道，"野兽制约着人类的生活，就像它们制约着彼此的生活一样。因为在那时，人类存在的主要内容就是捕食动物，以及有时也被可怕的动物所捕食。"[52]

罗斯福并非认为非洲深陷过去难以自拔，而是明显感觉到动物和人类在非洲的生活由一场古老的生存斗争所构建，主导这场斗争的是狩猎和被狩猎的过程。尽管他接触到的通常是从事农业的人，威胁他们的更有可能是疾病和饥馑而不是狮子和大象，但罗斯福的叙述焦点——正如他在卷首插图中的摆拍所传达的，那是一张他手持猎枪、站在他刚杀死的一头雄狮身上的照片（图3.3）——仍然是一个到处都是致命野兽的非洲。[53] 通过回忆他的祖先，罗斯福表示，这次远征固然有其科学目的，但也是为了连接他所认为的人类存在的本质要素，为了抛开舒适的文明生活、考验自己能否对抗古老的敌人。在这些考验中，他使用的强大武器有一支发射 500/450 口径硝化榴弹的贺兰氏双管猎枪和一支发射 405 口径温彻斯特弹的步枪，但这显然并非要旨所在。罗斯福似乎渴望一种原始的体验，他相信这可以通过从容无畏地举枪面对疾冲而来的狮子、水牛、犀牛或大象来获得。多年后，他回忆起一个显然是独自一人度过的夜晚；在最近有头狮子遭到猎杀的地方，他穿过一个峡谷走回自己的营地；"黑夜降临"时峡谷变得"诡异"。意识到那里危机四伏，他的"思绪穿越了邈远的岁月，回到一个总是险象环生的过去。那时，在北地的苍天下，我们的先人遍体毛发、心智未开。在一个峡谷中，就如我刚

图 3.3　西奥多·罗斯福站在狮子的尸身上。出自《非洲猎踪：
　　　　一个美国猎人和自然学家的非洲漫游记》的卷首插图，
　　　　由科密特·罗斯福摄。

离开的那个一样，他们躺在岩石之间，摩挲着他们的石斧，既贪婪又恐惧地注视着一头穴狮扑倒了一匹野马，马群四散惊逃。而他们自己对这些野马的肉也馋涎欲滴"。[54] 罗斯福铺陈这些史前故事不仅是为了产生文学效果，这些故事对于理解他的非洲之行至关重要。

罗斯福在肯尼亚山的山坡上开始追猎他的第一头大象，他的同伴包括卡宁厄姆、两名向导、他的背枪仆从和一些搬运工。他写道："我们进入了茂密的森林。湿漉漉的树叶如厚厚的帐幕般立刻遮住了阳光。乔木和灌木之间纠缠着各种藤蔓，狂放无忌。只有大象经年行走踩出的路径在密林中交错叠加，可供通行。"[55] 罗斯福将森林描述得令人不安、充满危险、坚不可摧，以此为这次狩猎定调。不同于在美国西部赶着一群狗追逐美洲狮的狂野驰骋，在这里，罗斯福将直面自然本身。在接下来对森林的描述中，他注意到带刺植物、苔藓和蕨类"密集丛生"，还有"种类奇特"的各种树木。在有些地方，树木较低矮，地面上长满了厚厚的灌木丛。但在另一些地方，"巍峨的树木之王，笔直伟岸，高耸入云"。他写道："远在我们头顶之上，它们的树枝优雅地伸展着，上面挂满了槲寄生之类的藤蔓，还悬垂着西班牙苔藓。"这些树的"板状根有四人多长"。[56]

卡宁厄姆和罗斯福蹑足追踪一小群大象，过程漫长而紧张，然后他们发现了"一头大象巨大的灰色头颅，它正把象牙架在一棵小树的枝丫上"。判定这是一头"有着一对好象牙的"公象后，罗斯福开枪了。尽管"准确命中"了他想打的部位，但这一枪只是"短暂地让这头野兽不知所措"。大象"踉跄着向前跌出"，当它爬起来时，罗斯福开了"第二枪，仍是瞄准脑袋"。当他放下枪时，他"看到这位森林中的伟大君主摔倒在地"。[57]然而，故事并未结束。与贝克关于跟兄弟一起猎杀两头"离群象"的叙述相呼应，罗斯福补充道，就在"那一刹那"，他还没来得及重新装弹，一头"庞大的公象"穿过灌木，从他的左边向他冲过来。罗斯福解释说："它离我近得甚至象鼻都可以碰到我。"不出所料，罗斯福描述自己在最后一刻跳开，"打开步枪，取出空弹壳，放入两发子弹"。与此同时，他的狩猎伙伴卡宁厄姆也用双筒猎枪向大象打了两发子弹，并跳入灌木丛中。卡宁厄姆的这一枪显然阻止了大象，它掉转身，迅速消失在森林中。"我们向前追去，"罗斯福总结道，"但森林已经掩盖了它的踪迹。我们听到它发出尖锐的嘶鸣，然后一切重归寂静。"[58]

罗斯福指出，如果他们只是为了象牙而来到非洲，那他们本可以去追踪第二头公象，但"无法预测我们可能要追它多久，由于我们希望保存死象的整张皮，没有一点时间可以耽搁"。因此，在这种情况下不能去追踪一头受伤的动物——科学必须放在第一位。他们一行人回到"大象死去的地方"，开始保存象皮的"艰巨任务"。[59]但是在剥皮之前，罗斯福让狩猎队伍中的不同成员跟死去的公象站在一起，拍了一系列照片。这些照片——例如埃德蒙·赫勒拍摄的罗斯福靠在死去的大象上（图 3.4），他的非洲向导和随行人员几乎与森林融为一体——清楚表明对罗斯福来说用一切可能的办法记录他的第一次猎象活动是非常重要的。这头大象的头骨、骨骼、象皮、象牙，还有拍下的有关照片都是战利品，它们见证的首先是罗斯福作为一位成功猎人的身份，而不是

图 3.4　罗斯福猎得的第一头公象。埃德蒙·赫勒摄，史密森尼图书馆。

他引以为傲的自然学家的角色。不为另一头大象的象牙所动，并且忽略猎人应当追踪并猎杀已受伤动物的伦理要求，为的是毫不耽搁地开始剥制保存大象的皮——尽管这很重要，但罗斯福他们显然有充足的时间将照相机带到现场，架设好，清理掉所有树木、藤蔓和其他妨碍相机视线的植被（这项任务本身就会花费很长时间），然后为这一伟大的狩猎成就摄影留念。也就是说，在同行的科学家开始工作之前，罗斯福有足够的时间来品味他的胜利，他想让我们相信，这个胜利与到非洲直面最危险的猎物并确保带回尽可能多的象牙毫无关系。正如罗斯福自己总结的："当我站在这头被杀死的怪兽巨大的尸身旁边、把手放在象牙上时，我真的感到非常自豪。"[60]

在肯尼亚山猎象的一个月后，罗斯福一家、卡宁厄姆以及狩猎团的外勤之一莱斯利·塔尔顿（Leslie Tarlton）再次展开了猎象行动。这一次，他们来到了肯尼亚山以东的梅鲁（Meru）地区。在对这次活动的叙述中，罗斯福首先描写了在密林中很难见到大象，并讲述了塔尔顿站在卡宁厄姆肩上以期获得更好视野的情景。最终，他们一行人颤颤巍巍地站到一根直径 6 英尺的树干上，注意到森林中有一棵树在摇晃。猎人们小心翼翼地悄悄接近象群。一旦大象进入他们的射程范围之内，罗斯福就朝其中最大的一头大象开了枪。大象被打昏了，罗斯福又开了第二枪，将其击倒。然后罗斯福又转向另一头大象，连开两枪。就在那一刻，他意识到第一头大象又站了起来，于是他又对它开了两枪，再次将其击倒。在它第二次站起来后，他又开了两枪。最后，他用一支较小的步枪开了第七枪，结果了第一头大象的性命。第二头大象受伤后开始逃跑，罗斯福又去追赶它。

在对这次狩猎的描写中，有那么一刻是他们一行人正悄悄地接近大象。罗斯福写道："我们无法知道什么时候会首次从非常近的距离瞥见'那头双眼间有一条蛇形之手的野兽'。"[61]罗斯福是一个经常阅读的人，这次非洲之行他特地准备了一个"猪皮图书馆"带在身边，其中有他最喜欢的作者之一托马斯·巴宾顿·麦考利（Thomas Babington Macaulay）所著的历史、散文和诗歌。麦考利是英国著名的历史学家、散文家、诗人、政客，在其他许多领域也颇有建树。[62]他的《罗马歌谣》（*Lays of Rome*）极受欢迎，其中有一篇《卡比斯的预言》（*The Prophecy of Capys*），描述了埃皮洛斯的匹尔胡斯（Pyrrhus of Epirus）在公元前3世纪对罗马的进攻。瞽者先知卡比斯警告罗穆卢斯（Romulus）道：

79
　　　　希腊人将会兴师来袭，

　　　　他们是来自东方的征服者。

　　　　撼山震岳的巨兽跟在他们身旁，

　　　　高视阔步地走向战场。

　　　　这巨兽背着城堡，

　　　　里边的守卫昂然肃立。

　　　　在它的两眼之间，

　　　　是一条蛇形之手。[63]

麦考利的这几行诗回顾了过去的英勇战斗，罗斯福选择的这一典故似乎很贴切。他的很多读者——尤其是那些受过良好教育的人，罗斯福似乎将他们想象为他的受众——可能会认出这首诗，也许会乐意读到罗斯福在描写他显然是史诗级的狩猎活动时引用这样一个史诗典故。这正是罗斯福寻找和猎杀的野兽。

兽相枕藉

"锲而不舍地追猎大象，"罗斯福认为，"比非洲的其他任何狩猎活动都更累人、更艰难。"罗斯福承认他怀疑猎狮更加危险，但他坚称"猎象对猎人的要求要高得多"。[64] 对罗斯福来说，猎象是艰难的，部分原因在于他是在密林之中追逐大象。但应当明确的一点是，即便事先已经对这种艰难有所了解，射杀大象对罗斯福这样的猎人来说仍代表了一种终极考验。站在一只"撼山震岳"的动物面前并杀死它，更多体现的是猎人的道德力量，而非他手中武器的威力。射杀大象，站在这倒下的庞然大物旁边，手搁在象牙上，这在罗斯福及其猎友看来是一种宏图伟业，他们希望世人对此欣赏有加。但是其他猎人的记述则清楚地表明，射杀大象可能只是一种机械的屠杀。这些人中有一位是阿瑟·亨利·诺伊曼（Arthur Henry Neumann），他的《东赤道非洲猎象记》（*Elephant Hunting in East Equatorial Africa*）出版于 1898 年，比罗斯福的《非洲猎踪》早了十多年。[65]

跟罗斯福不同，诺伊曼在出版他的回忆录之前少有声名。但这本制作异常精美的书籍由一些著名艺术家绘制插图，包括约翰·埃弗里特·米莱斯（John Everett Millais）的儿子约翰·吉尔·米莱斯（John Guille Millais）；其叙述即便不是特别生动，看起来也是可信的，因而这本书颇受推崇。在 19 世纪 90 年代，诺伊曼已经在非洲生活了二十多年；此时他决定成为一名商业猎象人，自己收集象牙，也从别人那儿购买象牙。在诺伊曼的叙述中尽管有一些险象环生的景象，但他几乎不去留意猎象的壮观之处，而这在戈登-卡明、贝克、罗斯福等许多其他猎人的回忆录中是至关重要的。诺伊曼的描写未必更为简短，但他更侧重于后勤和技术，很少对动物进行描写或纠结于猎人的深层情感。

例如，诺伊曼曾叙述其猎象经历中非同寻常的某一天。他在开篇写道，他和他的伙伴们正在行进时，"在下方的灌木丛中看到了大象"。然后他继续描述道：

> 我立即开始这场狩猎，首先走到背风的一侧，然后小心翼翼地前进。我毫不费力地接近它们，可以看到几头大象，它们站在树旁一个对我很有利的位置，那里是一小片相对开阔的空地，而我则隐藏在一片高大的灌木丛后。但是，其中有一头大象比其他的象要大得多（那显然是一头公象，虽然我看不见它的象牙）。我等待着，直到抓住一个机会打中它的太阳穴，并幸运地将其一枪毙命，又开了第二枪，用类似的方式击倒了它身边的一头母象。在大象们四散惊逃之前，我迅速装填了弹药，又击倒了一头母象。[66]

寥寥数语间，已经有三头大象毙命。接下来，诺伊曼的猎象叙述暂停片刻；他转而描写精确瞄准头部射击的有效性，并解释说，如果能一枪就击倒一头大象，其他大象通常要过一会儿才能决定怎么办，那么那个时候猎人就有机会杀死更多的大象。诺伊曼补充道，他没有浪费时间来欣赏他杀死的大象，因为他听到还有其他大象在附近。他迅速爬上一棵树，看到了另一头。追踪那头大象时，诺伊曼又听到左侧有什么声音。他转身"看到另一头大象，它肯定就在几码之内，尽管被又高又密的灌木遮掩着。它朝我走来，几乎就在我身边"。他写道，他没有时间瞄准，所以他朝大象的头部开了枪，并跳了开去。这头母象没有停下来，站在那里"尖叫着，似乎在想弄清楚发生了什么"。这时诺伊曼所处的位置不太有利，并且他"也有点心浮气躁"。他又开了一枪，然后大象落荒而逃。[67]

在找到他一时错放了的弹药袋后，诺伊曼开始追赶被他打伤的母象，但他随后又发现了另一群大象："我靠近它们，成功击倒了另一头母象。它的象牙长得挺不错，一根正好长在另一根上方，交叉而过（后来发现，这根斜牙长得特别长、特别坚固，根部几乎没有空洞）。其他大象跑到灌木林的边上，站在低矮的灌木中一处略微高起的地方，正好在一片高大的森林之外。我跟随而至，找到一个视野很好的地方，双管连射，击倒一头大象。然后我重新装弹，准备故技重施，此时其他大象仍然站在那里，明显感到非常困惑。这时我突然被一群蜜蜂袭击了。"[68]诺伊曼接着描写了如何把"蜂桶"挂在树间将野蜂引开，然后回来继续狩猎。他又打伤了一头母象，然后开了第二枪"将其放倒"，"任其死去"。[69]在得知山谷另一边还有一群大象后，诺伊曼朝那个方向走去。然而，"在走出森林之前"，他"邂逅了另一小群大象，而且运气仍然不错，进行了今天的第三次双管连射，打中了一头年轻的公象和一头母象"。[70]接下来，他向一头更大的大象开了枪，"但不知怎么搞砸了"。然后他发现了另一小群大象，那是一些"本地象"正在彼此示意。由于很难靠近它们毫无阻碍地开枪，诺伊曼爬到一棵树上，有了很好的视野，他在那里等待着"射杀最大的那头大象的机会"。[71]他写道，决定再次开枪时，"我选择了一头象牙又长又直的母象。它站在灌木丛的外面，给了我一个很好的机会击中它的太阳穴，它扬起鼻子，应声倒地而亡，我相当满意"。他的大型猎枪已经用尽了所有的子弹，于是他拿起他的单发马蒂尼-亨利。大象们正在逃走，但仍然在射程之内。他见到两头大象"露出头来，时间够长"，给了他另一个机会，他将它们都杀死了。"最后一头倒下时，"他写道，"它的头靠在另一头大象身上。可惜，这是一头小象，象牙很小。但在这么茂密的丛林中，很难有太多选择。我现在已经杀死了11头大象。"[72]

诺伊曼对这一天"感到很满意"，但他为没有杀死更多的大象，"特别是那只我打伤了的大家伙"，而感到失望。[73]然而，那头大象"一段时间后被找到"，他取回了它的象牙，"每根重量在80至90磅之间"。[74]在6页篇幅的记载中，诺伊曼开了20枪，杀死了12头大象。他立即割下它们的尾巴，以示这些大象归他所有。第二天，猎人将他的营地搬到这片他取得了如此成功的区域，这样他的人就可以着手割下象牙。他在一条小溪边扎下新的营地，还成功射杀了一头长颈鹿。这样在接下来的几天里他就能够很方便地食用更加美味的长颈鹿而不用吃大象了。[75]

大象的踪迹

　　在参观诺伊曼在梅鲁的动物栏圈旧址时，罗斯福将他的这位前辈描述为"曾经是塔纳湖（the Tana）和鲁道夫湖（Lake Rudolf）之间最著名的猎象人"，是一位"生性勇敢、热爱冒险的强大猎人"。[76] 他还钦佩贝克——"一位强大的猎人和敏锐的观察家"，并对哈里斯和戈登-卡明的时代感到心有戚戚焉。[77] 在没有特别安排的日子里，罗斯福写道，他喜欢骑马出游，只需他的仆人和背枪随从相伴。"这些出游途中所见的兽群令人目不暇接，美不胜收，兴味无穷，语言无法形容。"他写道："好似时间倒退六七十年，回到康沃利斯·哈里斯和戈登-卡明的时代，回到南非巨型动物区系的鼎盛时期。"[78] 对罗斯福和他的读者来说，哈里斯、戈登-卡明、贝克，还有塞卢斯（Selous）、斯蒂甘德（Stigand）、帕特森（Patterson）、安德森（Andersson）、鲍威尔-科顿、桑德森（Sanderson）等人的名字都是传奇性狩猎冒险的同义词。[79] 当罗斯福一行人坐着蒸汽船穿越"红海和印度洋炙热而平静的水域"前往非洲时，他们聆听了弗雷德里克·考特尼·塞卢斯（Frederick Courteney Selous）的故事，后者也在船上。罗斯福称塞卢斯为"世界上最伟大的大型动物猎手"。据罗斯福说，塞卢斯为那些对他着迷不已的听众们呈现了"只有长时间在荒野中过着孤独生活的人才能经历的奇异冒险"。[80]

　　我想，对于罗斯福和那个时代的许多大型动物猎手而言，似乎可以假定猎人们之间存在一种自然而然的同志关系。他们会觉得彼此都有相似的狩猎经历和感受。当戈登-卡明自称为"首领"，掌控他所看到的一切，并描述他检视所猎大象时感受到的胜利时，我认为他是在定义一种感觉，这种感觉是许多曾自豪地

第三章　蛇形之手

在他们的"战利品"旁边摆姿势的猎人都会认同的。哲学家玛丽·米奇利（Mary Midgely）坚持认为，戈登-卡明事实上只是表现出"令人眼晕的缺陷，莫名其妙地既自恋又自欺"。这或许是事实，但戈登-卡明的那种情感仍然一再为各种狩猎回忆录所表达。[81] 然而，尽管哈里斯、贝克和罗斯福等猎人可以轻松地被归为一类，因为他们都认为狩猎是某种令人兴奋的经历，但显然，他们对于自己所做的事情，对于射杀大象可能代表的含义，仍然有着彼此相当不同的看法。最后，并非所有的猎人都以相同的方式理解"狩猎"以及他们自己参与其中的方式。例如，不论罗斯福多么仰慕塞卢斯这样的人，其他猎人对他的看法还是常常有所保留，或者就是带着鄙夷。[82] 最终，所有这些猎人——戈登-卡明、哈里斯、诺伊曼、罗斯福，甚至包括布雷姆，因为他也是一位狂热的猎人——对于狩猎、猎人和大象都有不同的看法。但是，作为一个整体，他们的回忆录——他们所讲述的关于狩猎的故事——有助于定义人们思考这一非凡动物的新方式。

在 19 世纪中叶之前，哈里斯和戈登-卡明在南非狩猎，直面森林的统治者。他们很早就去非洲从事运动狩猎，是那里广阔天地中的新角色。他们打猎是为了冒险，而不只是为了获得食物，或者为了开拓居住地。他们将自己描绘成贵族狩猎传统的继承者，并以文雅的语言向他们的读者和那些参加他们讲座的听众生动地描述他们的冒险，其焦点首先是射杀"高贵"的猎物。是的，他们几乎杀死了他们能找到的任何动物，为他们自己及其团队提供食物。他们还获取和销售象牙。但当他们描述"一场狩猎"时，他们呈现的是自己总是在寻觅一些别的东西，而不仅仅是食物或金钱。在他们的故事中，大象——在他们之前，布丰对这种动物的描述最为出色——力大无穷又极具智慧，大多数人能力有限，没法儿杀死它们。然而，从 19 世纪中叶到第一次世界大战爆发的这些年间，出现了对大象和猎象行动的新描述。在贝克、罗斯福和其他很多人的著述中，有很多像他们这样的人在印度、锡兰、东非和中非打猎，大象成了凶残而狡猾的恶棍，它们杀死人类，又被人类猎杀，而丛林则是一个令人生畏的禁地，只有那些勇气卓著、耐力超强的人才能在那里有所成就。正如詹姆斯·萨瑟兰（James Sutherland）在他 1912 年的回忆录《猎象人的冒险》（*The Adventures of an Elephant Hunter*）中欣然写道的："我认为很难再找到这样一种生活，它充满了狂野动人的刺激、九死一生的经历和放浪形骸的冒险。尽管结局通常骤然而至，但这大概要好过在病床上慢慢地油尽灯枯。"[83]

当我们回顾 19 世纪人们的猎象活动时，很容易把 19 世纪的大型动物狩猎者想象为一种刻板印象，甚至是小丑形象——一个"小人儿"（几乎总是男性，尽管有时会有女性与他们一起狩猎），穿着卡其布的衣服，带着太阳帽，通过声言其文化之"优越"来宣称自己拥有权力，并通过威力日益强大的枪支来行使这种权力。[84] 乔治·奥威尔（George Orwell）说："每个白人在东方的生活都是一场长期斗争，不应被嘲笑。"[85] 我想他深刻揭示了贝克和罗斯福这种人的真相。然而，嘲笑和蔑视不仅来自当地土著，他们得背着香槟、食物、帐篷、战利品，甚至还得背着那些过河时不想弄湿自己的猎人。虽然在这些"伟大"的猎人的故国，人们毫无疑问会悄然议论他们，但另一些人，如布雷姆和坦南特，也在其出版的著述中清楚表达了他们自己的观点。[86]在美国，像威廉·J. 朗牧师（Reverend William J. Long）这样的人——多年来他曾多次与罗斯福交锋——道出了很多人的心声。《纽约时报》曾引用他的话，称罗斯福这位前总统"纯粹只是个动物屠夫"，"对动物的兴趣主要是出于血腥和残忍"。[87]

我们今天仍然在就体育类的猎象活动和商业化的象牙产业进行辩论。本章提到的所有猎人都在这种辩论的早期历史中占有一席之地，无论他们是在追求纯粹的体育运动，是在直面自古以来的冤家对头，还是在开发一种资源。随着狩猎运动的进化和新技术的应用，随着更多的人在动物园和马戏团对大象愈加熟悉，随着猎象运动本身越来越少见，在漫长的 19 世纪所产生的关于大象和狩猎的观念也发生了变化。[88]一场关于殖民帝国优缺点的更大辩论发生了，关于狩猎的故事和为其合理性进行的辩护也开始改变。在殖民者的故国，人们也对真实的大象越来越熟悉，并对所谓"伟大的白人猎手"所说的话日渐怀疑。在哈里斯、戈登-卡明、贝克、罗斯福和诺伊曼在殖民地射杀大象的同时，大象正在这些人的故国变成一种越来越重要的存在。

注释

[1] *Tabellarische Übersichten des Hamburgischen Handels*, Zusammengestellt von dem handelsstatistischen Bureau (Hamburg: Kumpel, 1850−1913).

[2] 从 1850 年到 1913 年，从海上进口到汉堡的商品总价值从 1850 年的 253 648 900 帝国马克增长到 1913 年的 4 716 186 110 帝国马克（增长了超过 18 倍），反映在进口货物的总重量上，则是从 1850 年的 556 730 900 公斤增长到 1913 年的 16 548 410 300 公斤（增长了近 29 倍）。为方便清晰起见，我在准备这些数据时将重量单位从"森特纳"（Centner）和"双吨"（Doppelzentner）转换为公斤

大象的踪迹

和磅，货币单位从"汉堡银行马克"（Hamburger Banco Marks）和"联合塔勒"（Vereinsthalern）转换为帝国马克（Reichsmarks）。

［3］有一种产品的进口数量在该时期内确实有所减少。1850年，进口到汉堡的鲸须（又称鲸骨，某些鲸类嘴中的过滤板片，19世纪主要用于服装行业）重达335 550公斤；到了1913年，这一数字下降到了81 100公斤。该时期进口的河马牙和海象牙数量也略有下降，但各年间的记录差异很大，19世纪70年代和1910年出现了异乎寻常的峰值。

［4］在1850年到1913年间，进口了6 164 600公斤的海豹皮和海狮皮。每张皮的平均重量各年不同（取决于捕捞的海豹种类），从略高于1公斤到超过5公斤不等。根据皮草数量以五年为期进行点算的平均值，我以2.85公斤作为每张皮草的平均重量，得出皮草总数共计2 171 694张。

［5］统计局记录的象牙总重量为24 095 312磅。

［6］有理由认为在这段时间内，接近75万头大象被杀戮，以满足汉堡的市场需求。首先，很长时期以来，象牙的平均重量一直存在争议。在第三版《布雷姆的动物生活》（Leipzig: Bibliographisches Institut, 1891）中，爱德华·佩绍尔－勒施（Eduard Pechuel-Loesche）认为，每根象牙的平均重量实际上可能接近8公斤，这相当于73万头大象（第37页）。此外，我所阅读的每一篇有关猎象的叙述都有记录，许多大象受了伤，在猎人看来似乎是致命的，而它们最终逃脱。无论如何，在20世纪，尤其是在其下半叶，象牙的平均重量大幅下降。19世纪的猎人更倾向于猎杀象牙长成了的大型大象，但在过去的一个世纪里，象牙猎人变得不那么挑剔。有人研究了20世纪70年代末达累斯萨拉姆被收缴的象牙以及20世纪80年代香港和日本的市场，表明到20世纪末，象牙的平均重量已经减少到5至10公斤。参见 Ian S. C. Parker and Esmond Bradley Martin, "How Many Elephants Are Killed for the Ivory Trade?" *Oryx* 16, no. 3 (1982): 235–39.

［7］参见 Ian S. C. Parker, *The Ivory Trade* (Washington, DC: Department of Fish and Wildlife, 1979). 这个研究项目是在伊恩·道格拉斯－汉密尔顿的指导下进行的。帕克强调，很重要的一点是要考虑到，大多数进口到接收国的象牙都已经存在于贸易体系中；因此，不能简单地将主要贸易国的进口量加总，因为这样很可能会将同一根象牙重复计算两次或三次。对偷猎导致非洲象死亡数量（非法杀害的大象的比例，或称PIKE）的更新估计表明，每年有一万到两万头大象因其象牙而被杀死。例如，可参见 Severin Hauenstein, Mrigesh Kshatriya, Julian Blanc, Carsten F. Dormann, and Colin M. Beale, "African Elephant Poaching Rates Correlate with Local Poverty, National Corruption and Global Ivory Price," *Nature Communications* 10, no. 1 (2019): 2242.

［8］猎人中最著名的有查尔斯·约翰·安德森（Charles John Andersson）、塞缪

尔·怀特·贝克、沃尔特·达林普尔·麦特兰德·"卡拉莫乔"·贝尔、罗林·戈登-卡明、威廉·康沃利斯·哈里斯、阿瑟·诺伊曼、珀西·霍勒斯·戈登·鲍威尔-科顿、托马斯·威廉·罗杰斯、乔治·P. 桑德森（George P. Sanderson）、卡尔·乔治·希林斯（Carl Georg Schillings）、汉斯·赫尔曼·朔姆布尔克、弗雷德里克·考特尼·塞卢斯、昌西·休·斯蒂甘德（Chauncey Hugh Stigand）和詹姆斯·萨瑟兰。

[9] 在约瑟夫·康拉德 1899 年创作的小说《黑暗之心》（*Heart of Darkness*）中，丛林深处贸易站的著名业务员库尔茨（Kurtz）取得了很大的成功，原因即在于他成功地迫使土著居民致力于收集象牙。

[10] Georg Schweinfurth, *Im Herzen von Afrika: Reisen und Entdeckungen im Centralen Aequatorial-Afrika während der Jahre 1868–1871,* vol. 2 (Leipzig: Brockhaus, 1874), 27，翻译由笔者提供。

[11] 事实上，19 世纪五六十年代开发出第一种塑料赛璐珞，部分原因即为替代象牙。

[12] 杰森·科比（Jason Colby）在其《虎鲸：我们如何了解和爱上海洋的顶级捕食者》（*Orca: How We Came to Know and Love the Ocean's Greatest Predator* [New York: Oxford University Press, 2018]）中呈现了一项引人入胜的案例研究，对大象关注的增加与之相似。科比追溯了从 20 世纪 60 年代开始的几十年间，人们对虎鲸的态度如何发生了根本性的变化。那一时期伊始，虎鲸完全未受法律保护，经常被射杀和骚扰，因为人们以之娱乐，或视其为有害的动物。然而，仅仅几十年后，这些鲸鱼已经成为西北太平洋的象征，受法律保护，并得到主要动物权利团体的捍卫。与大象的情况一样，许多最努力保护虎鲸的人，过去曾参与猎杀和捕捉这些动物。

[13] Alfred Edmund Brehm, *Illustrirtes Thierleben: Eine Allgemeine Kunde des Thierreichs*, vol. 2 (Hildburghausen: Bibliographisches Institut, 1865), 697，翻译由笔者提供。

[14] Roualeyn Gordon-Cumming, *Five Years of a Hunter's Life in the Far Interior of South Africa, with Notices on the Native Tribes, and Anecdotes of the Chase, of the Lion, Elephant, Hippopotamus, Giraffe, Rhinoceros, &c.*, 2 vols. (New York: Harper Brothers, 1850), 2: 14–15.

[15] Gordon-Cumming, *Five Years of a Hunter's Life in the Far Interior of South Africa*, 2: 15.

[16] 关于系统性地否认有非洲人在当地帮助殖民者和后来的狩猎者，参见 Edward I. Steinhart's *Black Poachers, White Hunters: A Social History of Hunting in Colonial Africa* (Oxford: James Currey, 2006)。

[17] William Cornwallis Harris, *Wild Sports of Southern Africa* (London: John Murray, 1839), 203.

大象的踪迹

[18] 戈登－卡明所谓"额手礼般"的动作，无疑是指象鼻触碰头部的身体姿势，但在此种语境下，他使用这个词的方式具有令人惊叹的讽刺意味。

[19] Gordon-Cumming, *Five Years of a Hunter's Life in the Far Interior of South Africa* 2: 15–16.

[20] Brehm, *Illustrirtes Thierleben*, 697，翻译由笔者提供。

[21] Brehm, *Illustrirtes Thierleben*, 697–98，翻译由笔者提供。

[22] "Krank geschossenes Wild," *Die Gartenlaube: Illustriertes Famlienblatt* 46 (1895): 788，翻译由笔者提供。

[23] "Krank geschossenes Wild."

[24] "Krank geschossenes Wild."

[25] 即使哈里斯与戈登－卡明的技术大致相仿——他们使用类似的武器，最初通常都会将动物射伤致残，而且在其几乎从无间歇的狩猎中浪费无度——哈里斯却很少受到像戈登－卡明那样的谴责。我想部分原因是哈里斯的描述不过多着墨于动物临死前的挣扎。

[26] Gordon-Cumming, *Five Years of a Hunter's Life in the Far Interior of South Africa*, 1: 261.

[27] Gordon-Cumming, *Five Years of a Hunter's Life in the Far Interior of South Africa*, 1: 264.

[28] Gordon-Cumming, *Five Years of a Hunter's Life in the Far Interior of South Africa*, 1: 265–66.

[29] Gordon-Cumming, *Five Years of a Hunter's Life in the Far Interior of South Africa*, 1: 297–299.

[30] Gordon-Cumming, *Five Years of a Hunter's Life in the Far Interior of South Africa*, 1: 299–301.

[31]《纽约时报》刊登的戈登－卡明讣告提到了他"讲述宏大故事的能力"。见"Death of Gordon Cumming, the African Lion-Hunter," *New York Times*, April 17, 1866。

[32] Gordon-Cumming, *Five Years of a Hunter's Life in the Far Interior of South Africa*, 1: 302.

[33] 杰弗里·赖特（Jeffrey Wright）很好地阐述了为什么坦南特可能对锡兰的其他英国居民持如此批判的态度。参见"'The Belfast Chameleon': Ulster, Ceylon and the Imperial Life of Sir James Emerson Tennent," *Britain and the World* 6, no. 2 (2013): 192–219。

[34] James Emerson Tennent, *Ceylon: An Account of the Island Physical, Historical, and Topographical with Notices of Its Natural History, Antiquities and Productions*, 2 vols. (London: Longman, 1859), 2: 323.

[35] Tennent, *Ceylon*, 2: 323.

[36] Tennent, *Ceylon*, 2: 326，强调处引自原文。

[37] Tennent, *Ceylon*, 2: 326; Gordon-Cumming, *Five Years of a Hunter's Life in the Far*

Interior of South Africa, 2: 4−5.

[38] Tennent, *Ceylon*, 2: 324.

[39] "Elephant Shooting in Ceylon," *Harper's New Monthly Magazine* 8, no. 48 (1854): 758.

[40] Samuel White Baker, *The Rifle and the Hound in Ceylon* (London: Longman, 1854), 7−8.

[41] Baker, *The Rifle and the Hound in Ceylon*, 8−9.

[42] Baker, *The Rifle and the Hound in Ceylon*, 9.

[43] Baker, *The Rifle and the Hound in Ceylon*, 108.

[44] Baker, *The Rifle and the Hound in Ceylon*, 109−10. 对这位猎人我在另一篇文章中有进一步讨论，见 "Mammoths in the Landscape," in *Routledge Handbook of Human-Animal Studies*, ed. Susan McHugh and Garry Marvin (London: Routledge, 2014), 10−22。

[45] Tennent, *Ceylon*, 2: 326−27.

[46] Baker, *The Rifle and the Hound in Ceylon*, 267−68.

[47] Baker, *The Rifle and the Hound in Ceylon*, 270−71.

[48] Theodore Roosevelt, *African Game Trails: An Account of the African Wanderings of an American Hunter-Naturalist* (London: John Murray, 1910), ix. 在《亨利四世·下篇》第五幕第三场中，毕斯托尔少尉叹道："我才瞧不起下贱的世人哩！我说的是非洲的宝山和黄金的欢乐。"（译者按，此为朱生豪译文。见威廉·莎士比亚著，朱生豪译，《莎士比亚全集》，陕西师范大学出版社，2001 年 4 月第 1 版，第 1 册，第 307—308 页。）罗斯福带去非洲的"猪皮图书馆"中有一套为这次旅行特别装订的莎翁作品，共 59 册。

[49] 显而易见，这次旅行是为致敬罗斯福；从当时报纸杂志上刊登的许多漫画到 1910 年 6 月 22 日纽约举行的欢迎罗斯福归来的庆祝晚宴上的节目，都可以看出来。上述节目的数字版本见 https://www.biodiversitylibrary.org/item/88604#page/9/mode/1up。关于罗斯福对自然历史经久不衰的热情，参见 Darrin Lunde, *The Naturalist: Theodore Roosevelt, a Lifetime of Exploration, and the Triumph of American Natural History* (New York: Broadway, 2016)。

[50] Roosevelt, *African Game Trails*, 2−3.

[51] Theodore Roosevelt, "Primeval Man; and the Horse, the Lion, and the Elephant," in *A Book-Lover's Holidays in the Open* (New York: Scribner's 1916), 192−93.

[52] Roosevelt, "Primeval Man," 193.

[53] 在原始版本的照片中罗斯福站在莱斯利·塔尔顿旁边，塔尔顿是这次旅行的组织者之一，但没有出现在《非洲猎踪》的卷首插画中。

[54] Roosevelt, "Primeval Man," 202.

[55] Roosevelt, *African Game Trails*, 244.

[56] Roosevelt, *African Game Trails*, 245.

[57] Roosevelt, *African Game Trails*, 247-48.

[58] Roosevelt, *African Game Trails*, 248.

[59] Roosevelt, *African Game Trails*, 249.

[60] Roosevelt, *African Game Trails*, 249.

[61] Roosevelt, *African Game Trails*, 253.

[62] 在其《书虫的户外假期》（*A Book-Lover's Holidays in the Open*）一书中，有一篇题为《户外假期宜读之书》（Books for Holidays in the Open）的文章，罗斯福在里面描述了麦考利："知识分子对这位历史学家或崇拜或嘲笑，成了一种潮流。与那些喋喋不休鼓吹谨言慎行教条的卫道士相比，他展现了一种更为坚实的哲学，还有对真理更多的欣赏和奉献精神。"（第 266 页）

[63] Thomas Babington Macaulay, *The Lays of Ancient* Rome (London: Longmans, 1842), 187.

[64] Roosevelt, *African Game Trails*, 241.

[65] Arthur H. Neumann, *Elephant Hunting in East Equatorial Africa: Being an Account of Three Years' Ivory-Hunting under Mount Kenia and among the Ndorobo Savages of the Lorogi Mountains, including a Trip to the North End of Lake Rudolph* (London: Rowland Ward, 1898).

[66] Neumann, *Elephant Hunting in East Equatorial Africa*, 55.

[67] Neumann, *Elephant Hunting in East Equatorial Africa*, 56.

[68] Neumann, *Elephant Hunting in East Equatorial Africa*, 57.

[69] Neumann, *Elephant Hunting in East Equatorial Africa*, 58.

[70] Neumann, *Elephant Hunting in East Equatorial Africa*, 59.

[71] Neumann, *Elephant Hunting in East Equatorial Africa*, 59.

[72] Neumann, *Elephant Hunting in East Equatorial Africa*, 59-60.

[73] Neumann, *Elephant Hunting in East Equatorial Africa*, 60.

[74] Neumann, *Elephant Hunting in East Equatorial Africa*, 61.

[75] Neumann, *Elephant Hunting in East Equatorial Africa*, 62.

[76] Roosevelt, *African Game Trails*, 306.

[77] Roosevelt, *African Game Trails*, 62.

[78] Roosevelt, *African Game Trails*, 53.

[79] 相关著述甚多，参见 Frederick Courteney Selous, *A Hunter's Wanderings in Africa: Being a Narrative of Nine Years Spent amongst the Game of the Far Interior of South Africa* (London: Macmillan, 1907), C. H. Stigand, *Hunting the Elephant in Africa: And Other Recollections of Thirteen Years' Wanderings*, with an introduction by Theodore Roosevelt (New York Macmillan, 1913), John Henry Patterson, *The Man-Eaters of*

Tsavo and Other East African Adventures (London: Macmillan, 1907), Charles John Andersson, *The Lion and the Elephant* (London: Hurst and Blackett, 1873), Percy H. G. Powell-Cotton, *A Sporting Trip through Abyssinia* (London: Rowland Ward, 1902)，以 及 George P. Sanderson, *Thirteen Years among the Wild Beasts of India* (London: Allen, 1879)。

[80] Roosevelt, *African Game Trails*, 3, 6.

[81] 米奇利论大象屠杀时对戈登-卡明的批判也可延伸到哈里斯、贝克和罗斯福。但我想她可能会放诺伊曼一马，因为诺伊曼清醒地意识到他来非洲只是为了射杀大象和收集象牙，而不是到一场本质上完全是一边倒的比赛中去测试自己的能力。(*Animals and Why They Matter* [Athens: University of Georgia Press, 1983], 15.)

[82] 一些针对罗斯福的批评相当令人费解，似乎更多地涉及他的个性问题。伦德写道：“有趣的是，对罗斯福为科学目的收集动物标本谴责最甚的是欧洲的大型狩猎精英团体。”(*The Naturalist*, 253.)

[83] James Sutherland, *The Adventures of an Elephant Hunter* (London: Macmillan, 1912), 15.

[84] 我就德里亚·埃克利（Delia Akeley）和她的第一头大象写过文章，见 "Trophies and Taxidermy," in *Gorgeous Beasts: Animal Bodies in Historical Perspective*, ed. Joan Landes, Paula Young Lee, and Paul Youngquist (State College: Penn State University Press, 2012), 117–36. 另参 Steinhart, *Black Poachers, White Hunters*, 115。

[85] George Orwell, *Shooting an Elephant and Other Essays* (New York: Harcourt, Brace, 1950), 8.

[86] 猎人们也相互批评。诺伊曼展示了猎象可能只是一种屠杀，但他也面临来自那些他讥讽为“优秀运动员”的人的批判(*Elephant Hunting in East Equatorial Africa*, viii)；诺伊曼愿杀死尽可能多的大象，无论公母，他们对此不能赞同。

[87] "Long Attacks Roosevelt. Says the Effect of the Big Hunt is to Brutalize Boys," *New York Times*, May 27, 1909. 另参 Lunde, *The Naturalist*, 173–76, and 229–32。

[88] 关于野生动物的消失（狩猎运动的终结）和对殖民者的往昔（包括狩猎旅行在内）经久不衰的深深怀念，参见彼得·H. 比尔德（Peter H. Beard）晦涩而备受争议的 *The End of the Game: The Last Word from Paradise* (New York: Doubleday, 1977)。葛瑞格·米特曼（Gregg Mitman）在其对著名的动物和人进行的思辨性论述中也讨论了比尔德，还有伊恩·道格拉斯-汉密尔顿和辛西娅·莫斯，见其 "Pachyderm Personalities: The Media of Science, Politics, and Conservation," in *Thinking with Animals: New Perspectives on Anthropomorphism*, ed. Lorraine Daston and Gregg Mitman (New York: Columbia University Press, 2005), 175–95。

第四章

最友好的动物

莉莉（Lily）在我第一次见到她时还不到三个月大（图 4.1）。当时我和一个摄影师朋友为了做一个关于大象与饲养员关系的项目，[1]曾数次访问俄勒冈动物园，那次是我们第二次到访。无论在什么地方，能做这个项目已经相当难能可贵，但我同时还能接触到北美最年长的大象——我从孩提时代起就读过关于它的报道——和最年幼的大象，这还是大大超出了我的预期。老实说，要找到对这个项目开放的地方是挺难的。我想要了解他们的动物和他们机构的历史，但通常，动物园的主管对此持一种健康的怀疑态度。这并不太令人惊讶。大多数想要一窥动物园内幕的人可以很容易地分为几类。首先是对动物着迷的公众，他们期待能获得"会员专享"的游览机会，以便从不同角度更多地了解他们已然非常喜爱的动物园。然后是批评动物园的人，他们希望发现动物园的不道德行为，并公之于众。还有科学家，他们的资质很容易核实，他们想要收集样本、数据，或者向饲养员取经、了解情况。还有一些当地的记者，他们想写一个有趣的故事，或者是一篇中规中矩的人情报道。另有一些记者则从事更深入的调查报道。第一种记者会经常到访，他们熟悉动物园的外宣人员、领导层和策展人，甚至一些饲养员。第二种记者可能更有问题。当动物园决定其员工可以为了什么人而暂离职守、与之交流时，他们

图 4.1　17 个月大的莉莉，2014 年 4 月。笔者拍摄。

大象的踪迹

会自然而然地将我与调查记者归为一类。如果动物园的专业人士认为想要深入挖掘动物园的历史和实践的人是漫无目的的，那他们真的很天真，因为尽管动物园可能极其受欢迎，但直言不讳批评他们的也大有人在。有的人一开始声称对动物园概念持开放态度，而其真实动机直到很久以后才显现出来，这样的人几乎每个动物园官员都遇到过。

　　大多数不喜欢动物园的人都会提到园中的动物看上去很沮丧或者很无聊。他们相信"野生动物"不应该被囚禁，因为在这样的非自然环境中，它们的需求永远无法得到满足。他们指出许多动物表现出心理困扰的迹象。他们举出动物园和水族馆不道德操作的例子，比如对多余的动物实施安乐死或将其卖掉。他们指出有些教育工作被夸大了重要性，实则效果不佳，而有的科学研究则无甚价值。他们认为盈利动机驱使人们去展示某些特别受欢迎的动物，如鲸鱼、北极熊和大象，并坚持认为人们繁殖濒危物种更多是为了将它们圈养起来，而非让它们在野外生活。他们常常相信饲养员对待动物很残忍，而公众要么就是对此不甚了解，要么就是更在乎让自己开心，却对其他生物的苦难不那么介意。对于那些声称动物园有助于科学研究、教书育人、动物保护和娱乐消遣的人，他们通常会说 H. L. 门肯（H. L. Mencken）是正确的。他在一个多世纪前就写道，动物园只不过是"为蠢人而设的幼稚且毫无意义的展示"，并表示"那种喜欢花时间观看猴子在笼中相互追逐、狮子啃咬尾巴或者蜥蜴捕捉苍蝇的人，正是精神孱弱之徒。应当花费公帑矫正之，而非纵容之"。[2] 他总结道，动物园存在的唯一目的，只是"养一群工作轻松的管理员和饲养员"，

第四章　最友好的动物

以及让"人类中最不聪明的少数人可以在星期天下午咧着嘴观看愚蠢的展览"。[3]

多年来我遇到过许多在动物园工作的有想法的人,他们理解这些批评,也承认动物园常常缺乏华辞丽句来支持他们。他们承认,动物园里为动物准备的设施难免不尽如人意,因为其实可以——甚至是应该——做得更多更好。他们知道,大多数参观动物园的人对学习并不那么感兴趣;他们也知道,从领导层到饲养员的动物园工作人员在面对照顾动物的复杂问题时,有时会做出错误的决定。然而,我总觉得,大多数专业人士在动物园工作的动机一望可知。人们不会为了金钱或声望而去大型动物园照顾动物。他们从事这项工作是因为他们从中得到深深的满足。我们很少能够有幸获得一份完全符合我们一直以来的愿望的工作。我遇到的所有在大型动物园直接与动物打交道的工作人员都觉得他们正是如此。

当我去位于波特兰的俄勒冈动物园跟园长和大象饲养员讨论在那里研究饲养员和大象的日常互动时,他们表现出一种谨慎的乐观,并对这一研究项目的可能结果持开放态度。他们知道我和同事正在写一本图文并茂的书,但是除了保证如实呈现、不会按照营销和批判的套路来讲述我们的所见所闻之外,我们并没有承诺任何事情。数年中,我们多次前往动物园,在那里待上一整天。我们对那里的工作人员、志愿者和大象开始逐渐有了一些了解。我们还了解了大象馆。当时它已经有大约 60 年的历史。建造伊始,它整合了当时关于为大象提供家园的所有最佳构想,并在几十年来定期进行更新。那里有大型的户外场地,设计上采用天然底材，旨在促进大象脚部和关节的健康。那里还有游泳池。
馆舍内是水泥的地板和墙壁，相对容易清洁，其中心是一个"阳光房"，用于每天给大象洗澡，同时提供了大象和工作人员安全互动的空间。象馆内外各种厚重的门都由液压控制，还配置了一个挤压式象栏（这是北美大象馆中的第一个），可以让饲养员和兽医安全地近距离接触大象。公众能从各种各样的位置观赏大象。俄勒冈天气宜人，游客们通常会看到大象待在户外。当我第一次参观这座古老的建筑时，我被深深震撼，它为动物和饲养员提供的条件比我多年来看到的许多同类建筑要好得多。然而人们越来越多地认为它已经跟不上需要了，不是因为它不能满足大象的基本需求，而是因为如今那些前卫动物园关于大象饲养的理念以及相关的技术和设计概念已经与 20 世纪中期非常不同。大象馆最终在 2015 年夏天被拆除。大象们再次搬进了一座最先进的崭新场馆，其活动空间不仅增加了 4 倍，而且新馆安排空间的方式哪怕在 20 年前都是令人无法想象的。

任何研究西方动物园大象饲养史的人都会一次又一次地注意到，人们在谈论动物园设施不足、管理失当，心理受创的大象因为无聊和压力而不停地机械性摇晃，还有很多大象死亡的情况。有些大象因为难以管理、慢性感染和肌肉骨骼损伤而被安乐死，感染和损伤的原因是地面太脏太硬以及运动不足。还有一些大象因为肠胃疾病和与结核病相关的并发症被安乐死。有大象因为受伤和感染一组疱疹病毒而胎死腹中或夭折，这些病毒对新生和年幼的亚洲象有很高的致死率。大象在数十年间饱受压力和糟糕的管理之苦，这导致它们过早死亡。但这并非事情的全部。这只是那些想让动物园不再饲养大象的人们讲述的故事，并不全面。我们需要一个更完整的叙述，它会告诉人们饲养员如何致力于呵护他们所照顾的大象，以及随着满足大象需求的理念明显与时俱进，管理实践又如何发生了根本性的改变。这一叙述会承认，动物园对大象提供了专业的现场兽医护理，其中还整合了关于大象在野外生活的知识。这方面创新的例子有：为大象在同类的陪伴下分娩提供便利；让大象有机会陪伴已故同类的尸体；设计一些系统来让大象自行决定在一天中的不同时段待在何处以及跟谁为伴；还有设计喂食系统，将食物分成小份放在展示区的各个地方，让大象边走边吃，而不是站在那儿大量进食成捆的干草。这一叙述也会确认动物园收集样本的原则，起初是为每个物种收集一个样本，收集的物种要尽可能多；演变到后来的理念则是将较少物种的样本以更自然的方式组合起来，在更大的展区中展示。对于大象而言这意味着很多东西，包括努力建立不同世代的母象群。该叙述还会强调，动物园已采取措施，最大程度地减少人跟动物的直接接触，并确保饲养员和动物之间存在物理屏障，从而大幅减少对动物的驯服，且强调要积极强化对动物的训练，使其保持清洁，并在接受兽医和其他检查时安然静立。

在我们访问动物园的那几年，那儿有两头年轻的大象：出生于 2008 年 8 月 23 日的萨穆德拉（Samudra）和出生于 2012 年 11 月 30 日的莉莉。它们的父亲是大象图斯克（Tusko），它是俄勒冈动物园借来繁育小象的。它们的母亲是萝丝-图（Rose-Tu），其祖先可追溯到当年的波特兰动物园最早饲养的大象。萝丝-图的母亲是米-图（Me-Tu），祖母是萝丝（Rosy），后者于 1953 年来到动物园。莉莉出生的50年前，波特兰——或许也是北美——最著名的大象派克（Packy）出生了，它在波特兰生活了将近55年。1962年它出生时，《生活》（*Life*）杂志用11页的篇幅进行了报道。[4] 从它的身上人们可以真切地看到大象管理的一部分演进史，显而易见，美国动物园中大多数大象的生活比过去好多了。我最后一次见到莉莉是在2018年夏天。我正在访问住在波特兰的儿子，我们在一个下午一起去了动物园，因为我想见见莉莉。莉莉和她的母亲以及另一头母象仙妮（Shine）正在一块空地上，它们在一大堆泥土上打滚，还玩着水。她和那两头年长的大象似乎非常满足，这印证了很久以前某个动物园的大象饲养员告诉我的话，即对于动物园中的老年大象来说，没有什么比年轻大象的陪伴更好的了。看着莉莉和萝丝、仙妮，还有莉莉的哥哥山姆（Sam）以及另一头成年母象钱德拉（Chendra）在一起，我认识到，让大象在多代家庭中生活，就像它们在野外通常会选择做的那样，可以提高整个大象群体的生活质量，即使正如批评动物园的人所主张的，让园中的动物繁殖是有问题的，因为用布丰在18世纪的话来讲，这会延续一种奴隶状态。

莉莉在2018年11月29日去世，也就是她六周岁生日的前一天，死因是内皮嗜性疱疹病毒。病症发作极快，这是感染这种病毒的年轻亚洲象的典型特征。尽管进行了各种医疗干预，但莉莉在表现出疲倦的初期症状后的一天内就去世了。毫无疑问，有人在想到莉莉短暂的一生时，感到的只有绝望，他们无法想象动物在动物园里能感到任何幸福或满足。我认为动物在"野外"和动物园里的生活都要比那更为丰富和复杂。"野外"远非某种伊

90

甸园，而所谓的"保护区"——对主张让大象摆脱动物园的人来讲，这经常被视为一种解决方案——在关于大象护理的问题上显然也存在着自己的问题。拯救动物免受剥削和囚禁的说辞催生了保护区的创立，但保护区的现实与此尚有距离。

确实，西方主要动物园中大多数大象的状况——并非每一只大象，但很多是如此——其实还能更好，尽管自派克出生以来饲养大象的标准已经发生了变化。例如，现在并不再默认每个主要动物园都应该有大象。除非动物园愿意斥巨资建造现代化的设施和提供所需的大量工作人员，否则大象项目就会结束。完全关闭大象项目可能需要几十年，因为动物园必须搞清楚，对他们目前照顾的动物来说，怎样才是最好的出路；但最终，该项目将被关闭。这在世界各地的动物园都曾发生过。虽然我不认为大象天然属于动物园，甚至觉得大象不太适合被养在动物园里，但事实是，无论我们喜欢与否，很多大象（仅在北美就有约 300 头）生活在动物园中；只要情况如此，我们就应该继续努力改善它们的生活条件，就像我们在过去的几个世纪里一直在囚禁这个物种的成员一样。

好大象

1903 年 2 月 20 日，当时还是纽约动物园（New York Zoological Park）——不论是过去还是现在，它更广为人知的名字是布朗克斯动物园——园长的威廉·坦普尔·霍纳迪（William Temple

Hornaday）写信给德国汉堡的动物交易商卡尔·哈根贝克，询问购买大象的事宜。他俩已经通信了好几年，定期互相写信和发电报，有时甚至每周一次。霍纳迪已经开始依赖哈根贝克作为他主要的动物供应商。布朗克斯动物园于 1899 年 11 月开业，发展迅速。而对于哈根贝克来说，霍纳迪不仅是他的一个重要客户，还是一个可能引导他接触其他美国买家的中间人。培养彼此间的关系符合双方的利益。

　　在收到这封信的时候，哈根贝克已经 58 岁了，经营动物生意已经超过 40 年。哈根贝克的父亲是汉堡的一位鱼贩，他总是想方设法挣些外快。哈根贝克家族有一个世代相传的故事。1848年，卡尔·哈根贝克只有四岁。春季的某一天，根据约定给他父亲带来整批渔获的渔民们还带来一些他们用渔网捕获的海豹。他的父亲将海豹放在店前的一个水池中，让人们付费观赏。公众的兴趣如此之高，以至于父亲又将海豹送往柏林。当时正发生着后来所谓的 1848 年革命，欧洲多地发生了暴动，柏林也有一场。尽管如此，老哈根贝克还是通过展出海豹赚取了可观的利润。那之后，他开始用其他动物进行类似的尝试，这些动物正陆续抵达这个不断发展的港口城市。到了 1860 年，时年 16 岁的卡尔接管了他父亲的副业，将其发展成为自己的公司，名为卡尔·哈根贝克宠物商店，或称"动物生意"。

　　到了 19 世纪 80 年代，哈根贝克不仅在汉堡广为人知，其声名更远播海外，因为他已经成为全球最成功的异域动物交易商，还组织了人气奇高的原住民展览和一个国际巡回马戏团，以及其他很多活动。在 1893 年芝加哥世界哥伦布纪念博览会（World's

Columbian Exposition）上，哈根贝克在展会的中心地带搭建了一座巨大的建筑，用于展示动物和人类。到了十年后他和霍纳迪通信时，哈根贝克已经开始在汉堡郊区的斯特林根建造他自己极具创新性的动物园。这个1907年开业的动物园在戏剧性的全景中展示动物。动物与动物之间以及与公众之间是用壕沟而不是栅栏分隔开来的，这种设计后来成为动物园展示动物的典范。哈根贝克这个名字开始代表一个充满异国情调的世界。正如德国出生的剧作家卡尔·楚克迈尔（Carl Zuckmayer）在20世纪40年代晚期所说："哈根贝克不是它字面意义上的人名，而是像阿拉斯加或西部荒野一样，表示未开拓的神秘之地，在那里人们渴望冒险。"[5]

霍纳迪比哈根贝克年轻十岁。1903年2月，他48岁，为购买大象而写信给这位德国交易商。1896年，他被请到纽约市来领导纽约动物园的规划、建设和动物购买，自此一直担任动物园的创始园长和展览负责人。仅仅十年后，该动物园就成为美国最大、最壮观的动物园，能轻松与欧洲或英格兰更古老、更有声望的动物园相媲美。[6] 在来纽约前的那些年间，一直到20世纪20年代末，霍纳迪都是美国在野生动物、动物保护和动物园等问题上一个极为重要的发声者。他在流行杂志和报纸上发表的文章在国际上流传。他的著作，包括1889年出版的《美洲野牛的灭绝》（*The Extermination of the American Bison*）和1913年出版的《消失的野生动物》（*Our Vanishing Wildlife*），今天仍是野生动物保护史上的里程碑。在为新动物园选址时，霍纳迪从备选方案中挑了布朗克斯公园，制定了园区的总体规划、建筑设计计划和最终的动物收藏计划。除此之外，他还负责为动物园制定未来发展的蓝图，以之为一个致力于科学、教育、娱乐以及动物保护的机构——后者在当时还是全新的事物。然而，由于他还广泛参与了动物园以外的各种事务，全国各地的人还就各种跟动物及其保护有关的问题向他寻求建议。什么人都可能给他写信，可能是美国总统，或者是南方某小镇的地方性鸟类保护组织，或者是阿第伦达克山区（the Adirondacks）的一个人——此人成功捕获了一头熊，想知道该如何处理。

在考虑霍纳迪在动物保护运动初兴之际所扮演的角色时，重要的是要理解他并非现代意义上给人留下刻板形象的环保主义者。[7] 在他看来，过去是更好的时光，那时他周围的所有"现代"病都还没有发生，他对此深深地怀念。就此而言，霍纳迪跟我们现在所描述的保守政治有更多共通之处。他努力制止为制帽业而捕杀鸟类，拯救最后幸存的野牛，以及监管捕猎海豹，所有这些都是为了阻止他认为的由城市化、工业化和移民带来的负面后果。最终，霍纳迪及其圈内的同事们从根本上集中精力于维护他们在社会中的特权地位，他们认为这些特权是自然秩序的一部分。与纽约动物学会（New York Zoological Society）中的其他人物如麦迪逊·格兰特（Madison Grant）一样，霍纳迪对他所谓北欧人及其后裔的"种族"优越性深信不疑。他还相信，狩猎大型动物是保持国家活力的一种方式。最终，这与他在种族、职业和社会各层面关于他自己地位的信仰是完全一致的，以至于他会发动一场高度公开的"战争"，反对那些在动物园乱扔垃圾的移民和下层劳工阶级；他会要求游客们在动物园中拍照前征得他的明

93

确许可；他会揪住移民们捕杀鸣禽为食的行为不放，而实际上对鸟类种群更大的破坏是由以狩猎为体育运动的猎手们造成的。[8] 一点也不奇怪，他避免像欧洲动物园那样采用世界各地的建筑风格来修建馆舍，而是选择将动物园的所有建筑设计成当时美国市政建筑典型的布杂艺术风格。同样不奇怪的是，虽然他本人喜欢狩猎和收集动物头颅作为战利品，但他会批评缺乏他那样的科学兴趣和文化背景却有着相同爱好的人。尽管世界各地的动物都面临威胁，但在他看来，为纽约（也是美国）首屈一指的动物学收藏来收集最稀见物种的活体样本自有其价值，从来毋庸置疑。

在给哈根贝克的信中，霍纳迪首先订购了一批大羊驼、原驼、小羊驼和羊驼，明确要求这批动物至少与其他地方的收藏一样出色，不得彼此有亲缘关系，还得恰当地代表一位"绅士"捐赠给动物园的礼物。他还有另外两个要求。第一是不要任何白色的大羊驼，因为"它们看起来总是很脏"；第二是这些动物要从南美直接进口，以免因动物园内的近亲繁殖导致它们的血统越来越差。接下来，霍纳迪笔锋一转，说到了写这封信的主要目的，即为一个新的羚羊馆购买动物，该馆是他预计在1903年秋季开放的一座重要建筑："我们新的羚羊馆将需要大量价格不菲的动物，其中一些会非常珍稀，不是天天都能找得到的。我们想要一头身高在6到7英尺之间的非洲象，以及一头印度象，大小待定。"显然，学会的一位成员希望捐赠"一些精美而又非常庞大的东西"，并且不考虑长颈鹿或犀牛。[9]

在接下来的几个月里，哈根贝克和霍纳迪再次讨论了关于大象的问题。霍纳迪一再坚称他只对公象感兴趣。例如，哈根贝克曾告诉霍纳迪有一头非洲象正在东非等待启运。在 1903 年 3 月 26 日给哈根贝克的回复中，霍纳迪写道："如果是一头公象，请为我们保留；但如果是母象，你必须为我们找一头公的。我知道在它们的晚年公象的象牙几乎肯定会是个麻烦。但它们比母象漂亮太多了，我愿意承担管理它们的额外麻烦。"在同一封信中，他再次敦促哈根贝克找一头"优雅、英俊、性情良善""7 到 8 英尺高、售价合理"的亚洲象。[10]

4 月 9 日，哈根贝克向霍纳迪推荐了一头带着小象的母亚洲象，但霍纳迪拒绝了，并且重申："目前，我们必须找到一头引人注目的公象，象牙得能长到很大。"[11] 9 月 25 日，哈根贝克再次推荐母象和小象，霍纳迪再次推辞："照片显示这两只动物无疑很不错、很有趣；但是我们的目的是拥有一头会长出象牙的公象，即便公象饲养起来更加麻烦，而且寿命还没有母象那么长。"他继续道："我希望你的非洲象能够很快从非洲运来，也希望你能为我们找到两个品种的非洲象，并且都是公象。只要你有机会搞到一头优质、温良、会长象牙、体型不至于太大的印度象，能够引进动物园来训练，就请随时告诉我。我应该说，对我们来讲最合适的体型是大象肩膀处的高度在 5 到 6 英尺之间。这样的大象足够年轻，我们可以训练它。"[12] 1904 年 2 月 23 日，即他们开始就大象事宜通信整一年后，也是羚羊馆开放的几个月后，霍纳迪再次写信询问一头"7 英尺高、会长象牙的大象"，因为他得尽快搞到一头。他沮丧地补充道，他无法"理解为什么所有的交易商都如此坚持只买卖母象，哪怕公象要有趣得多"。[13]

终于，1904 年 3 月 7 日，哈根贝克告诉霍纳迪一个期待已久的消息："你的大象现在正从阿萨姆（Assam）运往汉堡，它7英尺高，会长象牙。如果一切顺利，我希望它能在4月中旬左右抵达这里，这样大约5月中旬你就能在纽约收到它。"[14] 哈根贝克还提到，另外有一头怀孕的母象正在运来，他敦促霍纳迪花2 500美元购买它。如果小象出生三天后能活下来，霍纳迪可以再付1 000美元把它也买下来，这样动物园就会有一个完整的"家庭"。霍纳迪购买了公象，但没有要这整个"家庭"。3月24日，哈根贝克写信说那头"能长牙的象"将于4月5日离开加尔各答："我的人写信说这家伙不赖，我很高兴为你搞到了这头动物。"[15] 然后，1904年6月9日，哈根贝克寄来一份清单（图4.2），上面列着的动物将于下周由贝尔格拉维亚号（*Belgravia*）蒸汽轮从汉堡运往纽约，其中包括"来自阿萨姆的公象一头"。[16]

1904年6月20日，哈根贝克传来消息，大象两天前已经从汉堡运走。他还分享了两条关于大象的新信息。首先，哈根贝克解释了饲养员（他用的是当时常用的术语"象倌"）随大象一同旅行的安排，然后开始强调这头年轻的大象特别顺从；他两次使用了"温顺"这个词：

> 我派来的象倌是个不错的家伙，他很懂得如何照顾这头大象。大象很温顺，我很高兴我的人能将最初买的那头象换成这头；最初那头很残暴，当着我派去的人的面杀死了它的饲养员。但是这头大象非常安静，这在公象之中很少见。象倌几乎每天都会在我们的花园里遛它。它非常温顺，无可挑剔。你可以让这个象倌留到秋天，希望届时你的人已经能够

96

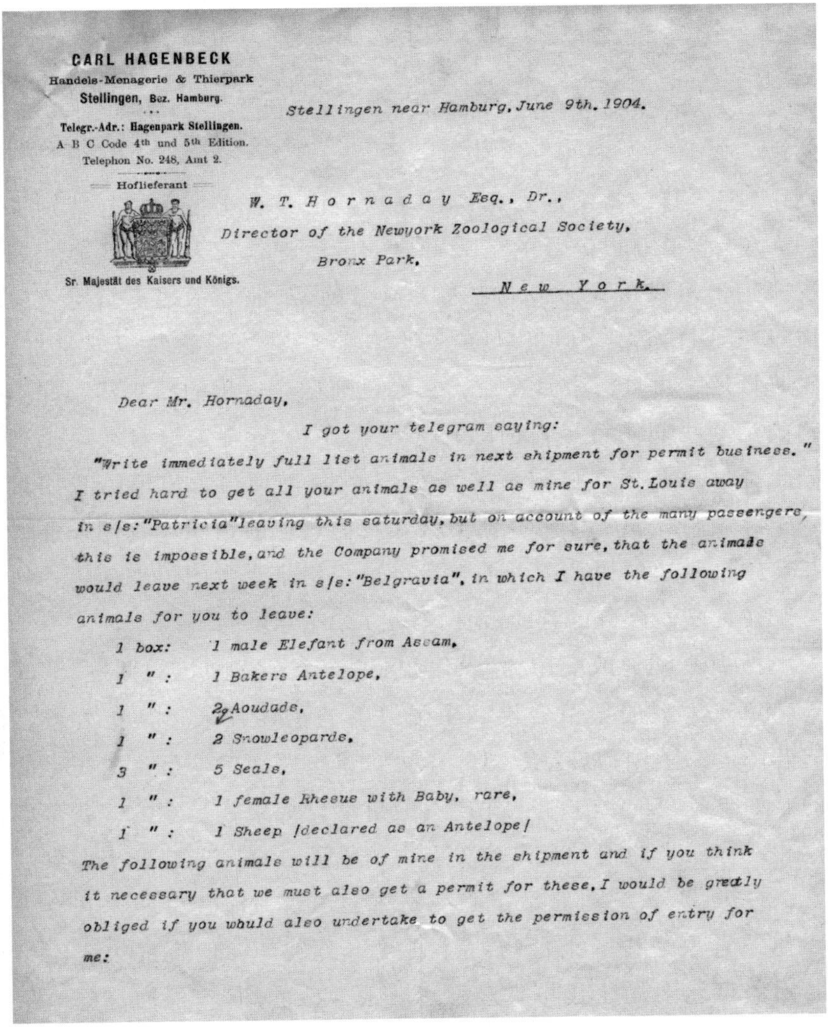

CARL HAGENBECK

Handels-Menagerie & Thierpark
Stellingen, Bez. Hamburg.

Telegr.-Adr.: Hagenpark Stellingen.
A-B-C Code 4th und 5th Edition.
Telephon No. 248, Amt 2.

Hoflieferant

Sr. Majestät des Kaisers und Königs.

Stellingen near Hamburg, June 9th. 1904.

W. T. Hornaday Esq., Dr.,
Director of the Newyork Zoological Society,
Bronx Park,
New York.

Dear Mr. Hornaday,

I got your telegram saying:

"Write immediately full list animals in next shipment for permit business."
I tried hard to get all your animals as well as mine for St. Louis away
in s/s:"Patricia" leaving this saturday, but on account of the many passengers,
this is impossible, and the Company promised me for sure, that the animals
would leave next week in s/s:"Belgravia", in which I have the following
animals for you to leave:

    1 box: 1 male Elefant from Assam,
    1 " :   1 Bakers Antelope,
    1 " :   2 Aoudads,
    1 " :   2 Snowleopards,
    3 " :   5 Seals,
    1 " :   1 female Rhesus with Baby, rare,
    1 " :   1 Sheep /declared as an Antelope/

The following animals will be of mine in the shipment and if you think
it necessary that we must also get a permit for these, I would be greatly
obliged if you would also undertake to get the permission of entry for
me:

图 4.2　哈根贝克致霍纳迪的信，1904 年 6 月 9 日。国际野生动物保护学会版
　　　　权所有。国际野生动物保护学会档案部复制提供。

妥善地照顾大象了。象倌在旅途中的工钱是每月 7.5 美元；在你那儿的时候每月 15 美元，还要提供餐食。我想他会跟他的大象住在一起。[17]

7 月 5 日，霍纳迪写信说，动物们已经安全抵达；他特别提到大象：“很好很健壮的一头野兽，虽然脾气很大，生性喜欢调皮捣蛋，但我想我们会对它感到满意的。”他表示他不指望公象像母象那样沉静，但最后谨慎地写道：“它的健康状况非常好。我敢肯定，再过一个月左右，它会逐渐适应这里的新生活，并感到满足。我们还将尽力训练它守规矩。”尽管霍纳迪对大象感到满意，但对其饲养员则不太满意：“就目前而言，象倌给我们带来的麻烦与大象一样多。他不喜欢我们餐厅的饭菜，我们正准备在羚羊馆南边的树丛中为他建造一个小房子，专门供他使用，他可以在里面做合自己意的饭食。”

然后霍纳迪改变了语气，提出了一个令人担忧的问题：“昨天，负责大象的象倌告诉一个受过教育的印度人，这头大象在离开印度来美国前曾经杀过一个人！我想要确定这是真的还是假的。如果是真的，这是一件严重的事情。如果不是真的，我希望你能让你派去的人为我拿到最有力的书面证据，证明这头大象从未杀过人。”霍纳迪总是担心动物园的声誉，而且可能尤其会担心他把大象当作骑乘动物的计划或许会破产。他解释说，象倌的说法可能会“让我与公众之间产生一些麻烦”。他回忆起哈根贝克曾提到，早年间曾有一头大象杀死过饲养员。他希望如今这个让人不快的故事只是张冠李戴的讹传。在收到哈根贝克的回复之前，霍纳迪于7月11日再次写信告诉哈根贝克，这位印度饲养员将在7月16日乘坐普雷托里亚号（Pretoria）返回汉堡："我发现完全无法应付他。在我见过的所有来自印度的人中，他是最懒惰、最乖戾的，比毫无用处还要糟糕。美国之行让他如此地忘乎所以；他越快回到他在约翰普尔（Johnpur）[原文如此] 的泥屋之中，对我们就越好。"显然，尽管动物园为这个人建了一个"小屋"，并配备了烹饪用具和"各种食物"，但根据霍纳迪的评估，这名饲养员拒绝做起码的工作，还要求更多的报酬，坚持不管要他做什么，每月至少得支付他35美元。[18] 霍纳迪建议哈根贝克"以最经济的方式将他送回印度，如果你能把他关在猪笼里送回去，我们将支付费用"。"我们的人可以很好地训练大象"，他继续说，还提到他已经让人制作了一副鞍具，系仿照哈根贝克送给月亮公园的鞍具样式，"这样我们很快就会开展业务"。[19]

当这封信还在寄往德国的路上时，哈根贝克给霍纳迪回了信："不要理会这些黑鬼告诉你的话。我可以用荣誉向你保证，这头大象温顺得像一只猫。"他坚持认为那人混淆了这头大象和早前的那头，并宣称："这些印度土著说的任何话你都不能相信。你不必对他们讲究太多。如果你给他们面包和黄油，糖和牛奶，或许再加一条熏鱼，他们就会很满足。如果鸡不太贵，不妨偶尔给你的印度土著来一只，再来点儿米饭和咖喱，他很快就会变胖。我必须说，我从未见过一个身形发胖的印度人。"[20] 8月17日，霍纳迪报告说："大象过得很好，现在每天都在搭载游客。它的饲养员和它相处得很不错，一点问题都没有。这头大象体重

3 740磅，在同龄大象中是非常重的了。"[21]

在一份提交给纽约动物学会成员的报告中，霍纳迪明确表示，经过他们的反复努力，包括不得不换掉一头"在最后一刻""变得脾气暴躁"的大象（他没有提到先前那头大象显然曾经杀人），最后终于从阿萨姆搞到了一头合适的大象。据霍纳迪称，这头大象被称为冈达（Gunda），"拥有'高种姓'大象的所有特征"，是一头"好大象"，"于8月14日星期天开始了它搭载游客的常规工作。饲养员弗兰克·格利森（Frank Gleason）已经成功地训练了它，而且毫无困难"。他还为坚持要公象的决定说明了理由。他写道："圈养的公象比母象要少得多。在巡回表演的喧嚣生活中，公象很容易对普遍存在的烦扰产生反感。母象在逆境中更加耐心和服从，因此更受欢迎。在动物园或公园的宁静生活中，公象没有理由桀骜不驯。作为动物园展品，公象的价值是母象的2倍。'冈达'在纽约的售价——不包括设备——为2 350美元。"[22]

冈达被放在新的羚羊馆里展示，那里有专门设计的带有厚重铁栏和加固墙壁的栏舍。然而，似乎它很快就开始拆解栏舍，并表现出暴力的迹象。[23]比如，有一天，它设法推倒了与相邻栏舍之间的墙，然后闯入，吓坏了杜克（Duke）——那是得自贝德福德公爵（Duke of Bedford）的一头巨大的伊兰羚羊。早晨在动物园里的散步也搞砸了，因为它会等待时机，然后突然挣脱控制，撒野跑开。但是，有一个救赎的故事，强调它在来到纽约后学会了守规矩，具有明显的新闻价值。1905年10月，《华盛顿邮报》（Washington Post）有一篇报道，题为《冈达，好大象》（Gunda, the Good Elephant），描述了一只大象虽淘气但"初心良

98

善"；年轻的饲养员格利森以耐心和奉献精神与它建立了联系。"冈达对它年轻的主人有着极大的信心和依赖，"文章最后写道，"只要格利森吩咐，多高的台地它都能爬上。它的英语进步很大，能听懂很多词。除了是一只异常聪明的大象外，冈达还准能成为其同类中的巨无霸。"[24]

几个月后，《纽约时报》以半个版面刊登了一篇文章，呼应了《华盛顿邮报》，其标题为《亲爱的冈达大象老伙计：参观布朗克斯动物园的孩子们如今视其为和蔼可亲、表现良好的厚皮动物，但它并非向来如此》。文中刊登了一张冈达、它的饲养员和骑在它背上的孩子们的大幅照片；文末写道："现在已经很久了，冈达没有显示出任何脾气暴躁或性情阴郁的迹象。在已知的所有被圈养的大象中，它已经成为最和蔼可亲、最性情温和的大象之一。更重要的是，对于驮载孩子们这件事，它似乎和孩子们一样乐在其中。也许是因为这种锻炼对它的健康有好处，也许因为它可以换换空气、身处不同的环境，又或许是因为它能得到花生，为此每当有新的乘客骑到它背上时它都会亲切地扬起鼻子。它是最好的动物，欢迎每一位访客，真心邀请他们跟它握手，或许显得有些笨拙，但都是出于善意。"[25]

《纽约时报》上的照片显然是 1905 年夏天某一日拍摄的几张照片中的一张。这些照片显示冈达驮着孩子们行走在阿加西兹湖（Lake Agassiz）边的骑乘小径上。那里靠近主入口，通向贝尔德（Baird）——如今是阿斯特（Astor）——庭园，这是公园的审美焦点。这些照片多年来一直用于动物园由霍纳迪编写的《流行官方指南》（*Popular Official Guide*），被做成明信片出售，还出现

99

图 4.3　1905 年的冈达。国际野生动物保护学会版权所有。国际野生动物保护
　　　　学会档案部复制提供。

大象的踪迹

在其他各种出版物中。明信片 1502D（图 4.3）是其中的一张，照片中三名孩子坐在大象背上，两名面向照相机镜头，各自拿着一个洋娃娃，穿着夏季的连衣裙，戴着草帽；另一名孩子背对着镜头，坐在另一侧。[26] 这张照片很典型地反映出当时主要动物园制作的照片的样式。一头表现良好的大象，完全适合让孩子们骑乘，安静地站在一片美景之中，旁边是一位同样彬彬有礼、意气风发的饲养员，穿着经典的制服。这张照片精准捕捉到了霍纳迪开始与哈根贝克就为动物园购买骑乘大象一事进行通信时心中所想的东西。霍纳迪的订单非常具体。他想要公的非洲象——一头东非的草原象和一头西非的森林象，以及一头可以训练成骑乘动物的"长象牙的"公亚洲象。[27] 他在使用"长象牙的"一词时意思非常明确，因为许多公的亚洲象并不长象牙。而对于霍纳迪来说，象牙是至关重要的：如果没长象牙，他的动物样本将显得不够完美。正是为了获得这头亚洲象，他得到了纽约动物学会一位会员的支持，后来得知这位会员是奥利弗·哈泽德·佩恩（Oliver Hazard Payne），他是当时最富有的人之一。[28] 霍纳迪需要庞然大物（或者至少是一些会变成庞然大物的东西），需要"引人注目"的东西，需要一头长着象牙的大象。他意识到引进公象存在一定的风险，但他认为解决这些额外的麻烦是值得的。至少在一段时间内，他希望能有一头温顺、英俊的大象来驮载孩子们；他还会弄一张经过精心策划的照片，上面有快活的孩子们舒适地坐在大象背上；他还会确保这张照片广为流传。

100

动物园的骑乘设施设立于 1904 年夏日游览季开始的时候，当时预计会有一头合适的大象到来。动物园购置了一些小马车和矮马，1905 年 2 月还购买了两头双峰驼——唯一令人失望的是，它们在冬天最好看，而没有人会在冬天对骑骆驼感兴趣。但这些骑乘项目的焦点还是冈达。正如动物园 1904 年的《年度报告》（*Annual Report*）所述：

> 7 月份，一头出色的大象从阿萨姆来到了动物园，它的象牙已经长出一半，是奥利弗·H. 佩恩上校送给动物园的礼物。它极大地增加了游客们骑乘动物的兴趣，但是由于这头大象尚未训练好，以及准备合适的大象鞍具需假以时日，因此骑乘大象的项目推迟了一段时间。这头大象交由饲养员弗兰克·格利森负责，他从一开始就以出色的判断力成功掌控着"冈达"。在抵达动物园的三周内，这头大象就开始载客，而且它无疑对自己的工作表现出相当程度的兴趣。在它相对较短的工作季节中，冈达驮载了 2 635 名游客，门票总收入为 395.25 美元。[29]

在短短一个多月的时间里，冈达赚来了近 400 美元，占到了整个夏季骑乘服务总收入 766.52 美元的一半以上。[30] 到了下一年，动物骑乘的收入几乎翻了一番，达到了 1 433.12 美元。收入在接下来的一年继续增加，在 1906 年的《年度报告》中，动物园得出结论："现在，动物骑乘设施已经是公认的备受欢迎，并且不断得到各阶层儿童的喜爱。我们非常注意将小马和车辆维持在适当的标准，并确保服务人员穿着整齐。"[31] 这是冈达为儿童提供骑乘服务的第二个整游览季，也是最后一个游览季。

101

世界上最好的动物园建筑

淘气的大象在一位好心的饲养员照顾下发生转变的故事开始逐渐淡去，因为冈达显然变得越来越难以管理。最早的事故之一发生在 1906 年 8 月，牵涉到冈达的"知心人"——一位名叫柳克丽霞·安·霍斯（Lucretia Ann Hawes，图 4.4）的老妇人。她是附近皮博迪老年妇女之家（Peabody Home for Aged Women）的居民，自从冈达抵达动物园以来，她一直定期拜访它。她跟大象之间出102了点儿意外。根据饲养员格利森所写报告的说法，1906 年 8 月 11 日，由于天气炎热，冈达感到心烦意乱。然而，当霍斯夫人到达时，它似乎很高兴，"鼻子伸出栅栏，把鼻尖放在霍斯夫人的脸颊上"。她轻抚着鼻子，说"这是冈达亲吻她的方式"。"然后，在霍斯夫人意识到危险之前，冈达用鼻子缠住了老妇人的脖子，将她举起，双脚离地，然后越过黄铜栏杆，将她拉向笼子。围观的人都吓坏了。在霍斯夫人挣扎的过程中，冈达尖利的象牙刺穿了她手背上的一条静脉，鲜血直流。"围观的人群和饲养员都大喊起来，冈达显然被吓到了，它"扔下了它已经不省人事的'知心人'"。报告写道："整个下午，冈达都无法平静下来，也不让孩子们像往常一样骑在它背上。"[32] 霍斯夫人幸存了下来。

然后，1907 年 7 月，冈达袭击了一名饲养员。据报道，事件与冈达羚羊馆住处中的一个小盒子有关，那里放着它的硬币。冈达学会了一种受欢迎的游戏：如果饲养员或游客把硬币扔在它栏舍的地板上，它会用鼻子捡起来，检查一下，然后放进它头顶上

图 4.4 　柳克丽霞·安·霍斯。埃尔温·桑伯恩摄，国际野生动物保护学会版权所有。国际野生动物保护学会档案部复制提供。

大象的踪迹

一个装在屋檐下的盒子里（这个盒子被称为它的银行）。然后，它会敲响一个铃铛，期待饲养员给它一点好吃的。这个游戏很受公众欢迎，尽管许多人扔进来的显然不是硬币，希望能愚弄大象。[33] 很快，人们就发现，冈达也开始尝试这套花样，它显然偷偷地从它的银行里把硬币拿出来。然后，它会假装找到它们，就像是有人扔进来的一样，然后它会敲响它的铃铛，期待得到好吃的。饲养员的应对之策是在它的盒子里放钉子，阻止它从盒子里拿出硬币，于是冈达开始假装把硬币放进它的银行里，实际上却将它们攒在隔墙的顶上。[34] 7 月 28 日这一天，跟往常一样，一个孩子显然扔了一枚硬币，但硬币落在离大象很远的地方，冈达够不着。据报道，一名饲养员朝着硬币走去，打算把它给冈达，但冈达误解了饲养员的意图，抓住了他的腰，将他拖进了围场。饲养员呼喊着，另外两名饲养员跑了过来，用尖刺棒戳着冈达，直到它把饲养员松开。此时那名饲养员已经断了几根肋骨。[35]

　　动物园淡化了这一事件，并报告说，大象只是心情不好，因为那天的天气特别炎热。7 月 30 日报纸上的一篇文章指出"霍纳迪园长倾向于原谅冈达。首先，他意识到过去几周的高温多少影响了冈达；其次，他认为冈达只是瞬间屈从于动物的冲动，可能在下一刻就感到抱歉了"。文章的结尾处写道："昨天，冈达似乎又变得友好起来。它友好地眨着它的小眼睛，跟通常一样发出愉快的叫声。"[36] 然而，几个月后，霍斯夫人再次被冈达抓住，晕倒了。但动物园宣传了这位女士与大象之间不同寻常的友谊，试图以此转移公众对这一事件的关注。[37] 1907 年 9 月 15 日，《纽约时报》发表了一篇文章，标题为《成为宠物的印度大象：年

103

迈的霍斯太太喂它吃饼干，表示她一点儿也不害怕》(Makes Pet of Big Indian Elephant: Aged Mrs. Hawes Feeds Him Cookies and Says She's Not a Bit Afraid)。文章开头写道："可能很多参观布朗克斯动物园的人曾在大象围场前惊讶地驻足，赞叹一位身形矮小的白发妇女的勇毅。她常常站在年轻的印度象冈达摇摆着的长鼻子下方，从一个大袋子里拿饼干喂它，跟它交谈，抚摸它，毫无畏惧。"文章称，冈达在动物园待了两年，在这期间唯一真正的朋友就是年迈的霍斯夫人。尽管有好几次这头大象"巨大的爱抚"几乎伤到了这位女士，饲养员也经常担心会有什么事故发生到她身上，但霍斯夫人显然一点也不害怕。即使冈达在饲养员面前"发火"时，它也会"随心所欲地用象鼻缠绕她"。[38]一个月后，《华盛顿邮报》刊登了一张霍斯夫人和大象的四栏照片，照片下方是《纽约时报》故事的后续，标题为《圈养大象对一位纤弱女子的爱》(Captive Elephant's Love for a Frail Woman)。报道称，尽管冈达最初被带到纽约来是为了驮载儿童的，但它"早就因为脾气坏而不再可能这样做了"。显然，唯一能驾驭这只大象的人是霍斯夫人。文章结尾写道："冈达和它的朋友轻轻松松地成为布朗克斯动物园的明星，不仅吸引了游客，还吸引了动物学会的成员。"[39]

在所有这些事发生的同时，霍纳迪还为动物园购买了另外四头大象。其中三头通过哈根贝克购入：1905 年 7 月购入了一头年轻的西非丛林象，名叫刚果（Congo，图 4.5）；1907 年 6 月购得两头来自苏丹的幼象，分别是公象卡尔图姆（Kartoom）和母象苏尔塔娜（Sultana，图 4.6）。[40]最后，1908 年 9 月，动物园从月亮

图 4.5　冈达与刚果。埃尔温·桑伯恩摄。国际野生动物保护学会版权所有。国际野生动物保护学会档案部复制提供。

图 4.6 卡尔图姆和苏尔塔娜。埃尔温·桑伯恩摄。国际野生动物保护学会版权所有。国际野生动物保护学会档案部复制提供。

大象的踪迹

公园购买了一头名为爱丽丝的大象，代替冈达作为骑乘象，爱丽丝正是 14 年后海伦·凯勒遇到的那头。爱丽丝抵达后，很快就引起一场风波。它突然脱离饲养员的控制，冲入爬行动物馆，沿途打碎了展示各种蛇类和蜥蜴的容器（图 4.7）。[41] 霍纳迪再次淡化了这一事件，向媒体强调爱丽丝"本性并不坏"。他辩称："它从未试图伤害任何人。它只是感到非常害怕，因为它有了新的住所，新的饲养员，而它在月亮公园的三个同伴却不在身边。一旦它适应了周围环境，就会没事的。"[42]

104

　　然后，在 1908 年 11 月 20 日，人们期待已久的大象馆在动物园闪亮登场了。据霍纳迪说，这座建筑是"公认的世界上最好的动物园建筑"。[43] 在动物园的规划中，大象馆是最后一座主要建筑，其竣工实质上标志着经过十年的不断建设后，动物园最终建成。在开幕式上，入住大象馆的有两头亚洲象（冈达和爱丽丝），两头东非草原象（卡尔图姆和母象苏尔塔娜），以及一头西非森林象（刚果），还有一头印度犀牛，两头非洲黑犀牛，一头河马，两只南美貘和一只马来亚貘。[44] 这座白色建筑外面包着印第安纳石灰岩，坐落于拜尔德庭园主步行道尽头的中央位置，将动物园分为南北两部分。它宽 170 英尺，深 84 英尺，高 75 英尺，上方的穹顶和灯铺着呈人字形排列的古斯塔维诺瓷砖。大象馆的出入口是高高的拱门，位于南北两侧长长的立面中央，这与动物园的所有其他建筑形成鲜明的对比（图 4.8）。然而，早期的动物园指南清楚地表示，即使动物园的"中轴线步道穿过大象馆"，该建筑也不应被用作"步行交通的便道"，工作人员被"严格规定不得以穿越建筑的步行道为图省事的捷径"。[45] 大象馆北边入口

105

图 4.7　爱丽丝在羚羊馆的院子里。埃尔温·桑伯恩摄。国际野生动物保护学会版权所有。国际野生动物保护学会档案部复制提供。

　　　　　　　　　　　　　　　　大象的踪迹

图 4.8　大象馆的南立面。国际野生动物保护学会版权所有。国际野生动物保护学会档案部复制提供。

的两侧是两个非洲象头和一个黑犀牛头的石雕，由艺术家查尔斯·R.奈特（Charles R. Knight）雕刻。南边入口情况类似，放置了两个亚洲象头和一个印度犀牛头的石雕，由亚历山大·菲米斯特·普罗克特（Alexander Phimister Proctor）创作。

大象们的栏舍由单个的古斯塔维诺拱顶构成，照明来自建筑上方的自然光。每个栏舍都经过设计，根据霍纳迪的说法，"完美地展示居住其中的动物，就像画框完美契合一幅画一样"。[46]

106　每个栏舍的面积有24×24英尺，与羚羊馆中的栏舍相比较大，直接连接到有围栏的户外场地。大象馆开放的数周前，《纽约时报》的一篇文章宣称："动物园内新的穹顶式大象馆，豪奢华丽，是现有野生动物们最为宏伟宜居的家园。它已经落成，不久将敞开大门，迎接来自异乡的圈养动物。这里有宽敞的笼舍和户外场地，动物们将在其中享受舒适的生活和美食。与它们在森林和丛林中的辉煌往昔相比，这里的生活更为奢侈。"霍纳迪称大象馆为"世界上为容纳和展示这些巨大聪明的动物而设计得最舒适的建筑"，并几乎带着伤感地告诉记者："看到一头庞大的大象被锁在一个小房间的地板上，甚至无法在室内走来走去，永远不被允许在户外的空气和阳光中自由漫步，这是很无趣的。"在这些户外场地，动

107　物"可以自由漫游，无法伤害任何人或者破坏任何东西"。[47]霍纳迪预计这座建筑将会使用"至少两个世纪"。在为1909年9月号的《纽约动物学会简报》撰写的报道中，他坚称"动物们显然很喜欢它们的笼子"，此时距大象馆开放已经将近一年。[48]

新的大象馆于1908年秋季开放时，霍纳迪感到动物园取得了真正重要的成就。还有几座小建筑——斑马馆和鹰舍——尚待

建造，但总体而言，用霍纳迪的话说，它们"并不足道，就像为一座已经竣工和投入使用的宏伟豪宅在花园里建造一间夏日小屋一样"。[49] 在他十年前构想的计划中，大象馆是点睛之笔；他坚信动物园将在世界上给人留下最深刻的印象，这一鸿篇巨制最终由大象馆成就。[50] 正如他在《流行官方指南》中所说："就动物馆舍而言，大象馆是动物园的巅峰，它几乎是一系列主要建筑的最终手笔。为了表明这些事实，它以穹顶加冕，恰如其分。"[51]

在庆祝亨利·哈德逊（Henry Hudson）发现哈德逊河三百周年、罗伯特·富尔顿（Robert Fulton）在奥尔巴尼开展商业蒸汽船业务一百周年以及纽约动物园开园十周年之际，《动物学会简报》的哈德逊－富尔顿庆典特刊赞美了这个动物园："纽约这座帝国之城向世界展示她的动物园，并邀请全人类到这里观赏一场庞大的动物集会。这里有兽类、鸟类和爬行动物，来自地球上的每个角落。它们被舒适地圈养在一起，经过巧妙地喂养和照顾，令数百万人了解和欣赏动物王国的奇迹。"[52] 对于霍纳迪来说，大象馆不仅是动物园建筑层面的巅峰，更是最重要的建筑，因为那里面的动物非同一般，且本质上无可匹敌。1909 年夏，动物们已经入住，室外场地也终于竣工，霍纳迪肯定松了口气，因为他知道他终于有了可能提供给动物的最好设施，也许特别是对冈达而言。他再也不用担心这头正在长大的大象的坏脾气，或者它对公众或饲养员构成的危险。正如他在《流行官方指南》中总结的那样："关在地牢里的大象会发狂，会制造麻烦，这并不奇怪。如果一头大象——或者说任何动物——不能在舒适的圈养条件下生活，那就不要圈养它们。"[53]

永远被锁在一个该死的地方

尽管有了新的建筑，但冈达的行为并没有改善。1909 年 7 月 29 日，户外场地刚刚建成，冈达就在那里袭击了一名饲养员。据《纽约时报》报道，饲养员沃尔特·图曼（Walter Thuman）在铺稻草时听到了冈达在他身后发出的声音。他转过身，看到冈达的"小眼睛怒火中烧"，并且扬起了鼻子。图曼跑开去，冈达的鼻子挥向他，向他冲去。饲养员朝大象馆跑去，然后迅速转身，滑到围场低栏之下的一个角落里，那里有一点可以容身的空间。冈达跑过来，用前腿踩踏地面，在一根栏杆上折断了 6 英寸长的象牙。饲养员显然认定大象需要管教，他取过鞭子和带有 6 英寸钢尖的驱象棒，走近围场，面对冈达。据报纸报道，"大象站在那里，晃动着巨大的身躯，摆动着鼻子，注视着他"。饲养员向前迈进，冈达转身离开，退到了围场的一个角落。"图曼用鞭子抽了它的头，迫使其转身，然后命令它卧倒。冈达卧倒了。图曼骑在它的脖子上进了笼舍，然后下来，冈达安静了。"[54]

冈达和饲养员图曼之间的麻烦并未就此结束。三年后的 1912 年 7 月 12 日，冈达再次惹祸。当时是星期五的早上，游客还没有进入动物园。图曼和另一名饲养员狄克·理查兹（Dick Richards）正在打扫大象馆里的笼舍，而大象们则在户外场地上游荡。当时理查兹在打扫爱丽丝的笼舍，图曼则在冈达的笼舍里，这时冈达推开了笼舍和外边围场之间的铁门。图曼转身走向冈达，手持驱象棒，准备将它赶回户外。然后，"没有任何被激怒的迹象"或者"警告的信号"，冈达挥动象鼻袭击了饲养员，力大如"疾驰的火车"。图曼被甩出15英尺远，撞到笼舍另一头包铁的墙上。据《纽约时报》报道，"饲养员瘫倒在水泥地上，动弹不得，不知所措，气喘吁吁"，而冈达正准备向他冲过来。饲养员设法紧缩在笼舍的角落里，冈达想用头撞他，但是够不着他。可是，冈达的一根象牙刺入了图曼的腿。当它准备再来一下的时候，却杵到了水泥，象牙折断了。[55] 听到动静，理查兹跑向冈达的笼舍，路上捡了一把干草叉。他跑进笼舍，"将干草叉像标枪一样举起，用尽全力掷向大象的头部"。干草叉斜斜击中了大象的头部，然后弹开了。冈达"渐渐偃旗息鼓，转身拖着脚步走出笼舍，到了围场里"。然后图曼被抬到安全地带，而冈达在外面的围场里暴躁地走来走去，"每当人们靠近它，它都表现出不安和愤怒"。下午的报纸将冈达对饲养员的袭击归咎于天气太热，重复了动物园三年前给出的原因。然而，据《纽约时报》报道，第二天，动物园的兽医 W. 里德·布莱尔（W. Reid Blair）微笑着说："如果有一样东西是印度象喜欢的，那就是如赤道气候那样的极端炎热。"[56]

这一次，动物园决定用链条将冈达的一只后脚和一只前脚固定在笼舍内，以免饲养员在它身后清理其排泄物时被冈达转身攻击。差不多两年后，1914 年 6 月 23 日，《纽约时报》刊登了一篇文章，题为《布朗克斯动物园的大象被链缚两年，游客同情攻击饲养员后被囚困笼中的冈达》（ Bronx Zoo Elephant Chained for 2 Years. Visitors Stirred to Pity for Gunda, Bound in His Cage after Attacking Keeper ），讨论冈达的禁锢问题。冈达笼舍前的标牌上写着"野生大象的平均寿命可能是 80 年"，文章对此加以引用，并得出结论，冈达"可以想见在未来的 62 年里都将站在布朗克斯动物园里，一只前腿和一只后腿被链条固定在地板上"。文章描述这头相对年轻的大象看起来更像是"一位在战场中弄得满身伤痕的老兵"：它的象牙残缺，耳朵"撕破了，磨损不堪，上面有钩子穿透的孔洞"；"它巨大的头颅"看上去"历经磨损，仿佛它曾冲向石头的墙壁，在那上面反复撞击"。人们"涌向它的笼舍，看着它拉扯束缚它的链条，被这场无声的戏剧吸引。它是这块大陆上被圈养的大象中最大的一头。它筋骨的力道比其他任何动物都要强大。然而，它只能前进两英尺，后退两英尺，然后低下沉重的头，从一边摇到另一边。这副样子既怪诞又悲情"。[57] 两天后，霍纳迪坚称冈达来到动物园时就有问题。据《纽约时报》报道，霍纳迪认为"有些大象""似乎生来就是坏的"。当饲养员接受采访时，他们表示不停地摇晃身体只是冈达锻炼的方式。[58]

霍纳迪声称冈达有此命运是因为它"野蛮的脾气和杀气腾腾的性格"。报纸编辑们援引现代刑罚理论做出回应，坚称"冈达对自己的凶猛没有一点儿责任"。编辑们相信冈达正在忍受折磨，坚称它的"生活质量已经差到仅仅是在苟延残喘"。"它能做的动作只剩下以几乎固定的四肢撑着身体单调地摇晃。有理由相信，这种无法动弹的状态对它来说是一种致命的无聊，人类若被如此囚禁很快就会因为这种无聊状态而发疯。"对报纸来说，冈达是否受苦只是问题的一个方面。同样重要的是，公众是否能够接受目睹动物的痛苦。"想象它不断摇晃的样子，"报纸宣称，"白天是一种恐怖，晚上则让人做恶梦。必须采取一些行动，而且要快。"[59] 同一天，报纸发表了三封致编辑的信，都表示动物园的管理层应对冈达的行为负责。第二天，该报发表了另一篇社论和五封读者来信。其中一封信中说："任何具有普通常识的人都不可能看不到这头聪明强壮的野兽的悲惨境况，它'永远被锁在一个该死的地方'。毫无疑问，这是一种不可容忍的残酷。"信的结尾说："如果冈达确实如动物园声称的那样邪恶到不可救药，那么为了体面起见，就射杀它，把它制成一个宏伟的'填充'标本。"[60]

6月27日，《纽约时报》又刊登了一篇社论和两封读者来信，还有霍纳迪的一封信。他在信中的回应显得戒备且显然缺乏克111制。他写道："自从动物园15年前开放，我就警告动物学会，早晚有一天我们会受到攻击。"他说他曾预计批评会来自"天然的敌人"如防止虐待动物协会，然后反击说，他从未想象到攻击会由这座城市中的一家主要报纸发起。该报已经"发起了一场运动，这场运动现在看来很可能会导致冈达在不久的将来被射杀，以回应诗人、编辑和其他那些心肠如此慈悲的人的喧哗，他们无法忍受让它再活下去"。他尖刻地问道："当冈达在整个动物园中最舒适的房间里嚼着干草时，它听到猎象步枪的咆哮，一颗钢制子弹以'慈悲'和'同情'的名义击穿它的头骨和大脑——这难道不会是一个人神共愤的场景吗？"霍纳迪表示，他认为那些攻击"他的管理"的人应该被强制观看冈达被杀的过程；至于他自己，他坚称他将"请求离开"。不过他补充说，在冈达最终被射杀后，他要立一块牌子，上面写着"应那些心慈友人的要求被射杀，他们想让它在自己的房间里自由地转身"。在研究"大象的心灵"近40年并在领导动物园15年后，霍纳迪相信他是唯一一个具备足够专业知识来决定在这种情况下什么处理方式最好的人。他称那些寻求让冈达摆脱桎梏的人为"精神无能者",并坚称对于冈达只有两个选择:由它去,希望它的暴怒期会过去,或者在原地射杀它。[61]

6月28日,《纽约时报》发表了另一篇社论,附有冈达被锁起来展览的速写插图,还刊登了另外三封信,提出另觅大象展出而将冈达送回"非洲";6月29日又登了一篇社论和一封信。读者来信和社论的发表一直持续到7月,来信几乎每天都有。7月19日,距离动物园与《纽约时报》的矛盾爆发将近一个月,《时报》投入了一整张跨页的篇幅刊登读者来信,这些来信的上方是1905年那张广为人知的冈达驮载儿童的照片。报上还宣布了关于冈达的一个突发新闻,标题是《〈纽约时报〉读者抗议监禁冈达:老少读者写信敦促动物园解除大象的枷锁,赋予它一定自由的计划正在制订》(TIMES READERS PROTEST AGAINST GUNDA'S IMPRISONMENT: Young and Old Write Letters Urging That the Chains Be Taken Off the Big Elephant at the Zoo and Plans Are Being Made to Give Him Some Freedom)。文章说:"冈达将不再需要在笼舍里'服刑'太长时间了。《纽约时报》的读者为它赢得了赦免。"据该报报道,动物园已经决定建造一扇可以从冈达的笼舍外操控的滑动门,"以使冈达能够从笼舍走到外边的院子里而不必接触饲养员。当这扇门装好后,冈达腿上的锁链将被解开。两年来,它将首次有机会舒展它重达9 000磅的疲惫筋骨和肌肉"。文章称,当霍纳迪发出最后通牒时——即冈达的选择很简单,要么被锁着,要么被射杀——报纸的读者根本不接受这两个选项中的任何一个。编辑们坐拥数百封读者来信，坚称霍纳迪及其支持者对关于惩罚和囚禁的其他更现代化的思路一无所知。有 24 封信被发表。编辑表示，这些信在跟动物园园长商榷时"都很礼貌"，它们还提供了实质性的贡献，包括滑动门的构想。其中一封信引用了霍纳迪在《流行官方指南》中的话："看到一头庞大的大象被锁在一个小房间的地板上，甚至无法在室内走来走去，永远不被允许在户外的空气和阳光中自由漫步，这是很无趣的。"[62]

公众已经发表了自己的意见；显然，霍纳迪终于被说服尝试一个非常简单的解决方案——一扇滑动门。然而，在接下来的几周里，偶尔还是有人写信给报纸，哀叹动物园似乎变化不大。到了 8 月中旬，动物园又回到了原先的立场：只有在冈达不再产生安全威胁时，它的锁链才会被解除。纽约动物学会支持发布了一份声明，但其中充斥了霍纳迪的口吻。声明说，尽管许多寄给《纽约时报》和动物学会的信函清楚地表明写信者"本意是好的，是为了让冈达从他们认为是不必要的单独禁闭中解放出来"，但其中许多信"相当歇斯底里"，只是表明写信者对相关事实并不了解。声明继续道："这些信清楚地表明，当前有一种街头巷尾的普通人试图给专业问题提出解决方案的趋势，而解决这些问题其实需要对动物，特别是对大象有相当的经验，还要对基本事实有确切的了解。"[63]换句话说，霍纳迪是最懂的，而公众就是没有足够的信息，因此无法就改善冈达的状况提出好的建议。第二天，报纸的社论专栏再次火力全开。作者说感到惊讶，尽管动物园已经做出保证，但冈达的情况并没有得到改善；更重要的是，连改善的迹象都没有。该报指责纽约动物学会违背先前的承诺，并提高了调门，誓言"如有必要，这场运动可以重新开始；而且，如果这场运动被迫重启，人们会强烈希望进行更深入的讨论，探讨是否有必要将野生动物关起来的整个问题"。[64]

报纸上继续刊登了一些信件，但是在9月19日，动物园宣布冈达的暴力行为期过去了，并且他们已经制定了一个新的解决方案——在它的户外围场地面上拉了一根50英尺长的绳缆，并用金属环将绳索系在冈达脚上，这样它就可以从笼舍内走到室外的围场去（图4.9）。然而，显然大象只是继续在室内摇摆身体，除非是被催赶着走出去。1914年10月3日，"一战"爆发近两个月后，报上刊登了一封读者来信，遗憾地表示"在世界各国的激烈争斗中，好像冈达几乎已经被遗忘了。即使它的链条被延长了50英尺，我们城市中仁慈的人们是否会发起另一次真诚的呼吁……将它从残酷的链缚和它所受的屈辱、折磨中解救出来呢？"12月27日发表的一封信宣称冈达的境况本质上没有什么变化，并哀伤地问道是否还能为冈达做些什么。1月12日，《纽约时报》报道，冈达的一只前腿和一只后腿重新被固锁在地上。报纸说："一整天，这只巨大的动物站在那里摇摆，沿着身体对角线的方向晃动它那巨大的身躯——动物学家称之为刻板摇晃。"霍纳迪提醒记者，他们曾给予冈达更多的自由，但它更愿意待在自己的笼舍里摇摆。动物学会发布的一份声明指出，其执行委员会已经认定"目前能够确认的是，冈达并不反感被囚困，只要没人打扰它、能让它摇摆其巨大的身躯"。声明称，如果大象不快乐，它就不会进食，并指出"冈达一如既往地食量惊人，由此可以合理推断，它相当满足"。[65]第二天的社论大声质疑解放冈达

图 4.9　冈达与绳索。埃尔温·桑伯恩摄。国际野生动物保护学会版权所有。国际野生动物保护学会档案部复制提供。

的承诺究竟发生了什么变故，但这件事受关注的时机显然已经过去了：公众的注意力已经转向了欧洲的战争。

六个月后，即1915年6月22日，冈达的生命终结了。此时它已经在动物园度过了11个年头。6月23日，正值《纽约时报》为这头大象奔走呼号一周年之际，该报登了一篇文章，题为《子弹终结了布朗克斯动物园大象冈达的生命：霍纳迪博士下令处决，因为冈达重新变得杀气腾腾》（Bullet Ends Gunda, Bronx Zoo Elephant. Dr. Hornaday Ordered Execution Because Gunda Reverted to Murderous Traits），并配了冈达与饲养员图曼站在一起的照片。文章的导语写道："布朗克斯动物园的坏大象冈达制造的麻烦昨天早晨结束了。当时，美国自然历史博物馆助理策展人卡尔·E.埃克利（Carl E. Akeley）在大象馆一侧通向冈达笼舍的小铁门处选了一个合适的位置，将一颗子弹射入了冈达的脑子。"[66]文章报道说，冈达已有好几天拒绝进食，"在令人身心俱疲的那几个月中，这是动物园首次得再将冈达用铁链锁起来"。霍纳迪最终相信冈达正在受苦。他得出结论，认为冈达"不再是动物园吸引力之所在"。文章指出："在过去的几周里，它变成了一个恶魔，进入它的笼舍对任何人来说都不再安全。"就在那个星期二的早上8点，其他大象都去了户外展区，而动物园还没有开门迎客，埃克利带着猎象枪走进了大象的笼舍。冈达站在那里，被铁链锁着。

它有片刻怒视着埃克利先生，然后，它用力拉扯着链条，鼻子猛力挥向行刑者。埃克利先生是一位杰出的猎象人，当冈达扬起鼻子时，他举起步枪开火。钢弹击中了大象眼睛和耳朵之间的地方，穿透了它的大脑。举起的象鼻挥动到一半时停下了，这只动物邪恶的小眼睛闭上了，又睁开来，然后它颤抖着倒下，几乎没有挣扎地死去。霍纳迪园长和饲养员沃尔特·图曼在大象被杀时离开了现场。

如果说这则新闻报道有一种近乎慢镜头的既视感，霍纳迪则说得很清楚，"枪击导致大脑瞬间麻痹。这只巨兽只是在链缚中倒下，死得毫无挣扎"，尽管他自己当时并不在场。一改他过去一年中的说辞，霍纳迪的解释是，冈达"因为被囚困而感到痛苦，它杀人的欲望增强了。由于这只动物活得了无生趣，而且每年有六个多月似乎都是如此，因此杀死它是一种仁慈"。然而，这只动物显然仍有价值。根据该报道的说法，除了象牙和喂狮子的肉外，"埃克利先生估计冈达留下了 250 平方英尺最优质的大象皮，目前的批发价约为每平方英尺 9 美元"。[67] 显然，仅它的皮就"值"2 250 美元，比购买它的价格低 100 美元。

怪诞而悲情的形象

霍纳迪从一开始就明白，引进一头公象可能会给动物园未来的困难埋下伏笔。其间的麻烦至少在一定程度上可以追溯到公象的基本生理特点和生存方式。即使在今天，动物园和马戏团中大多数也是母象。其实直到最近几十年间，动物园中的公象都是少之又少；然而，为数不多的公象在动物园里往往会引人注目。首先，大象因性别不同而差异巨大——公象的体型可以长到母象的 2 倍。那些只见过母象的人看到一头成年公象时会感到震撼。冈达被射杀时，大约 17 岁，可能仍有一些生长的空间。它体重 9 000 磅，虽然已经很大了，但我曾在动物园里见过超过 14 000 磅的雄性亚洲象，而雄性非洲象甚至可能长得更大。公象的体型和力量与它们的生活方式以及成功繁衍后代的方式有关。象群是母系社群，通常由好几代有亲缘关系的母象组成。当公象长到十几岁成熟时，它们开始离开象群，过上越来越独立的生活，或者有时与"单身象群"一起生活。公象在完全成熟并能够与其他公象竞争时，其生活的一个重要部分是追踪各处的母象群，寻找与发情母象繁衍后代的机会。母象群围绕"社会等级"和个体联系组织起来，并与更广泛社交圈中的其他象群保持密切联系；而公象在其生活的社交世界中则要熟悉不同的母象群，还要与其他公象建立关系及展开竞争。母象待在有充足的食物和水、让它们感觉安全的地方可能就满足了，但公象本质上得长途跋涉、克服几乎任何障碍，以找到繁衍后代的机会。

成年公象有时会表现出高度攻击性以及做出不可预测的行为，通常是年度和季节性的，但也可能更加频繁。这些时期被称为"发情期"，与荷尔蒙变化有关，尽管可能并非由荷尔蒙变化驱动（包括睾酮的大幅增加）。不同大象的发情期长短不一，但可能持续数月。在发情期间，成年公象通常会变得很暴力，而大多数（在动物园、工地和其他场所）经历发情期的圈养大象会被隔离，让它们待在经过加固的地方。霍纳迪很熟悉关于发情期的描述，但他仍愿意冒险引进公象，因为，如前所述，他认为公象比母象更引人注目。当冈达变得暴力时，动物园迅速得出结论，认为这只是一个季节性问题，会过去的。正如动物园策展人雷蒙德·迪特马斯（Raymond Ditmars）在1915年的《动物学会简报》中所说：

> 冈达来自高种姓，是大象中的贵族，只有在特别的时候才会固执绝望。每年都会有一个时期，大多数成年公象都或多或少会烦躁不安。这发生在春季，繁殖期被称为"发情期"。成熟的冈达在1913年春天显示出这种情况。一天早晨，饲养员图曼正要把冈达从笼舍里放出去；冈达在笼舍里是能够自由活动的，它冲了过来，把图曼摔倒在地，并用一根象牙戳伤了他。[68]

买来冈达后，霍纳迪一直使用"高种姓"这个词来描述它。在当时的西方，很多自称对亚洲象了解甚深的人频繁使用这个表达方式，但是其含义并不太明确。在1867年的研究《锡兰的野生大象及其捕捉和驯化方法》（The Wild Elephant and the Method of Capturing and Taming It in Ceylon）中，坦南特试图对这个表达进行更全面的阐释。他引用了一本关于大象自然管理的僧伽罗语著作，列举了"低劣繁殖"的标志："眼睛像乌鸦一样不安分，头上的毛混合着各种色调，脸上有皱纹，舌头弯曲发黑，趾甲短而发青，耳朵小，脖子细、有斑点，尾巴没有毛簇，身体前部又瘦又矮。"相比之下，"高种姓"的特征为"皮肤柔软，嘴巴和舌头呈红色，前额宽大中空，耳朵宽阔且呈方形，鼻子基部宽阔、前

117

部有粉红色斑块，眼睛明亮而友好，脸颊宽大，颈部丰满，背部水平，胸部方正，前腿短且前凸，身体后部丰满，每只脚上五个趾甲齐全且都光滑圆润"。坦南特指出，高种姓大象极为罕见，但拥有一头这样的大象将"给国王带来荣耀和辉煌"。[69]这种对理想大象身形的描述可能是霍纳迪当时的认知范围内最著名的了。根据这种描述，冈达与"高种姓"几乎不沾边。然而，对霍纳迪来说，关键的似乎是使这头大象被官方描述为"高种姓"，这样一来，冈达当然可以"给国王带来荣耀和辉煌"，或者至少可以为纽约市及其动物园，以及捐赠者奥利弗·佩恩增光添彩。

冈达并非大象中的贵族。然而，它似乎确实正在经历发情期。正如霍纳迪在他1915年的《年度报告》中所说："这只印度象在年初就进入了一年一度的'发情期'，虽然我们曾希望其状况会比往常轻微一些，但事实证明情况更为严重。它脾气坏得肆无忌惮，非常危险，对饲养员的愤怒永不停歇。最后，很明显，冈达老伙计在忍受被禁锢的煎熬，这是让它受到起码的控制所必需的。"[70]然而，"发情期"并不能完全解释冈达做出的显然无法控制的行为。

在20世纪的大部分时间里，动物园和马戏团通常采用的做法是，饲养员或驯兽师进入一个由大象支配的"社会等级体系"中；然后，他们使用驱象棒——我使用"驱象棒"（goad）一词是因为这个词当时很常见，但它在几个世纪以来有许多名称，包括"象钩"（ankus）和更近期的"导引棒"（guide）——以取代大象成为占支配地位的角色。在野生象群中，大象以其体貌特征建立排名，有时也通过攻击性行为，但更普遍地是通过范围很广

118

的一系列姿势、声音和气味信号。纽约动物园的饲养员们熟悉如何驯服和训练马匹；他们依赖跟其他大型动物打交道的经验来管理大象，且相信其方法本质上是让大象明白他们比大象更强大、更危险。特别擅长保持其地位的饲养员不必打击大象，或者至少偶尔才有必要这样做。因此饲养员期望大象本质上在很早期就会屈服，并接受它们所处的服从地位。许多大象确实这样做了，这就是为什么当冈达在 1909 年 7 月首次袭击图曼时，这位饲养员立即用鞭子和驱象棒强迫冈达卧倒，然后骑着它回到笼舍里去，以此重新确立对冈达的控制。

　　但是，包括冈达在内的大多数公象在争夺支配权的斗争中并没有完全屈服于饲养员。因此，冈达的内在本能在一定程度上解释了为什么它成了动物园管理的麻烦。可以理解，冈达与饲养员之间争夺支配权的斗争几乎一直存在，因为冈达对饲养员表现出一种特别的仇恨。当饲养员朝它走来时，它会暴怒，恨意甚为明显。我想，为冈达拍摄的最后一批官方照片中的一张就揭示了这一教训。在这张照片中，大象卧在地上，图曼坐在它身上，驱象棒横架在他的腿上，一群人在围观（图 4.10）。对公众而言，这一幕似乎反映了一种平静轻松的友谊，但实际上这张照片捕捉到了一场由来已久的冲突中的一个瞬间，一个人类饲养员占据上风的瞬间。

　　除了正处于发情期和公象的本性使然，还有其他因素也肯定对《纽约时报》所谓"冈达发疯的进程"产生了影响。[71] 它年幼时即被捕获，被辗转运往加尔各答、德国，然后是纽约，先在羚羊馆住了几年，然后有更长时间只生活在有限的空间里，只间

图 4.10　冈达与图曼，1915 年。埃尔温·桑伯恩摄。国际野生动物保护学会版权所有。国际野生动物保护学会档案部复制提供。

或有相对短暂的小范围社交（饲养员以及像霍斯夫人那样的人），对它智力和身体的培养和投入惊人地匮乏，这些都必然深刻影响了冈达的基本心理结构。毫无疑问，饲养员和霍纳迪努力满足冈达的需求，但正在长大的冈达自有其身心特点和活动特征，对于它到底需要什么，饲养员和霍纳迪的理解少得可怜。霍纳迪所谓冈达喜欢让孩子们骑它的说法可能只是为了给动物园做推广，但冈达确实可能喜欢和期待作为骑乘大象能有一些社交活动，还能获得花生。但当它不再是骑乘大象以后，即便那种"丰富多彩"也结束了。在它青年期的大部分时间里，冈达显然都在晃荡和摇摆，表现出如今被称为刻板行为的举动，这表明它的生活经历和环境可能对其心理健康产生了深远的影响。 119

但还不止如此。在 1915 年 6 月 24 日 —— 就是冈达被埃克利射杀的两天后——的一封《纽约时报》读者来信中，一位名叫 M. E. 比勒（M. E. Buhler）的读者回忆道："我上次见到冈达是在星期六，大约有二三十名笑闹的小学生聚集在它的笼子周围。它非常恼火。它用鼻子朝他们的方向戳了几次，然后突然转身，对着墙壁站立了片刻。然后它开始跟往常一样，可怜地对着通往院子的铁栅栏伸鼻探嗅。它现在出来了，愿它安息！"[72] 这封信表明了冈达的观众在它的生活和困境中起到的作用。对冈达的描述一次又一次地清楚表明，公众对这头大象以及它的暴力行为都充满了极大的兴趣。在对动物园对待冈达的方式发起第一波责难时，《纽约时报》即注意到人们会"蜂拥到它的笼子前观看"，看着它拉扯"束缚住它的链条"。该报敏锐地观察到，它是一个"怪诞而悲情的形象"。[73] 当然，许多——甚至可能是大 120

多数——游客并不满足于只默默观看冈达的挣扎。相反，观众会尽其所能来挑逗、激怒它，因为这样一来，场面就会变得更富戏剧性。这方面的经典行为是假装扔食物给冈达，或者将不能吃的东西扔进冈达的嘴里。冈达很早就学会了在游客来看它时抬起鼻子；霍斯夫人并不是唯一一个带着一大袋食物来动物园喂动物的游客。但随着冈达的成熟，它开始表现出暴力行为，人们来看它时的场面也发生了变化。毫无疑问，许多游客喜欢刺激它做出攻击性的举动。

埃尔温·桑伯恩是动物园的官方摄影师，本章中大多数图片即是他的手笔。1912 年 9 月，在图曼被冈达袭击而住院后，桑伯恩为《动物学会简报》写了一篇文章。他观察到，"游客甚至可以让一头友好的动物也变得危险"。"冈达多年来一直是人们关注的焦点。任何男人、女人和孩子把各种食物抛入它渴望的喉咙里时，它都会配合地向后仰起头，而当被折磨时，它会沿着围栏愤怒地来回走动，所以它已经具有了巨大的吸引力。"那些心中"充满人类慈悲"的人投喂动物只是觉得它们需要吃的，但即便如此，也可能给动物带来麻烦。桑伯恩写道，冈达"像大多数男人和女人一样。它有它自己的心情。它有好的品质；而它的坏品质也一仍其旧，不管人们怎么无止境地挑衅它，或者想象它从来吃不饱而给予它错误的关注"。[74] 尽管动物园宣传了霍斯夫人和大象的故事，但对桑伯恩来说，她显然也是问题的一部分。冈达可能迫不及待地期待着她的到访，但当她离开后，它可能会感到沮丧，然后发现自己又成了公众嘲弄的对象，或者只是被动地遭到忽视。这并不是要指责霍斯夫人或指责鼓励这种关系的动物园工作人员；这个带着温情的故事只是展示了 20 世纪初纽约动物园面临的机遇和不可避免的局限性。

在动物园中死去

在动物园里死去，对于在那里生活的动物来说，根本不罕见。虽然我们不会在新闻中听到这方面的报道，但动物园里几乎每只动物都会死在那儿，或者死在另一个动物园里，或者死在被运往另一个动物园的途中。曾经有一些引起高度关注的案例，其中的动物被放归它们的自然栖息地，比如今天在中东沙漠中游荡的阿拉伯剑羚、在美国西南部飞翔的秃鹰，还有在蒙古漫游的普氏野马；它们的祖先都曾在动物园里生活，而它们目前都生活在以各种方式被管理着的"野外"。[75] 在过去的几个世纪里，也有许多动物从动物园逃脱，其中一些在被重新捕获或因各种原因死亡之前成功存活了相当长的一段时间。19 世纪末，一只美洲浣熊从哈根贝克的运输系统中逃脱，有人说看到它奔跑在德国北部的吕讷堡草原上长达数年，比浣熊通常的寿命还要长。一只以"平克·弗洛伊德"（Pink Floyd）之名为人所知的智利火烈鸟，从盐湖城的市立鸟舍飞走，整整 17 年中它一直在大盐湖和蒙大拿之间迁徙。[76] 然而，这些都是例外。在卡尔·埃克利到动物园射杀冈达的几个月后，他又带着猎象枪来了。来到纽约动物园的第二头大象刚果当时还很年轻，它一直受着前腿神经炎的折磨，剧痛难当，无法行走。1915 年 11 月 3 日星期三，埃克利射杀了

121

刚果，它的尸体被送到美国博物馆和内外科医学院（College of Physicians and Surgeons）。[77] 刚果的死讯没有被报纸报道。

冈达的死显然是个悲剧。最终，它被杀死是因为设施不够、资源不足以及彼此不相称的同情心和想象力。它的愤懑暴怒由其天性和生活条件导致。然而，公众来看它、挑衅它，让它的行为变得更糟。它的愤怒升级，然后不可避免地导致受到更多的控制。结果冈达更愤怒了，而公众对它的幽囚则愈发兴致盎然，也愈发直言不讳地回应。最终，冈达被处决。所有这些都为冈达的死亡增添了戏剧性的悲剧色彩，但悲剧不仅仅关乎它的死亡，还关乎它的生活。我讲述冈达的故事并不是为了谴责动物园、霍纳迪、格利森和图曼、霍斯、《纽约时报》的社论作者、埃克利、哈根贝克，或任何其他人。我讲述冈达的故事是因为这是现代人类与大象互动之现实的一部分。冈达并非每一天都在经受折磨。它经历过好日子。即使在它生命的最后几年，它也无疑度过了一些平静安宁的日子，能与其他大象和人类积极互动，有美好的气味、味道和声音让它舒心。当然，布朗克斯动物园中其他大象的生活，还有过去一个世纪全球各地数百家动物园中其他大象的生活，都没有像冈达的生活那样艰难。[78] 很遗憾，多年来动物园中用于大象的设施对于这些非凡动物的繁衍生息来说明显是不够的。但同样明显的是，更新、更大、更复杂、更有趣的大象展览近几十年来也纷纷涌现，这对动物、工作人员和公众来说都是显著的改善。

多年来，我有机会在动物园关门后、在白天的喧嚣沉寂后参观动物园。我也曾在看上去绝对称不上完美的日子里，在阴雨天或者寒冷刺骨的星期一早上参观动物园，那时游客较少。未开

大象的踪迹

放展览的空间也可以是非常平和安宁的区域。在我住处附近的一个动物园里有一个供非洲有蹄类动物居住的非开放区域，它们在那里度过夜晚和漫长的冬天。那里的笼舍宁静，光线柔和，空气中弥漫着新鲜干草的香味。在俄勒冈动物园旧大象馆的非开放区域，我花了很多时间，只是在聆听那座建筑的声音。大象可以是非常安静的动物，这是19世纪的猎人在回忆录中经常提到的。在俄勒冈的那座老建筑中，有一台收音机轻柔地播放着经典摇滚；大象用鼻子窸窸窣窣地将锯末聚拢，撒向背后；麻雀叽叽喳喳，在找寻着筑巢的材料。有时我会听到派克或其他大象发出的低沉的声音，或者是一声尖叫，更少见的是一声嘶鸣或咆哮。我会听到饲养员在随意交谈，谈论将大象移到不同的园区，或者只是聊聊过去的一天。所有这些声音都很令人安心。但其他感官也不可或缺。自19世纪出现大型公共动物园以来，游客就一直抱怨某些建筑有气味，尤其是猫舍。多年来，当我在公众视野之外造访大象馆时，我经常听到其他访客说那里的气味让人感到宽慰。大象馆传统上被称为"仓厩"（barns），即使是最新的馆舍，其家养氛围也唤起与动物共享居住空间的感觉。

　　我理解人们对动物园提出的一些批评，但我也认为动物园对人类世界和动物世界都是如此重要；若以为那与我们无关、过时因而不值得用心对待，则似乎只能说是没有看到问题的关键。的确，动物园中有很多哭闹的孩子，也有很多人似乎只是辗转于各种食品摊之间，除此之外几乎注意不到别的东西。但也有人花时间去尽力了解动物和它们的生活，有人乐此不疲地观看土拨鼠，还有人每次来动物园都会去看特定的动物，动物们也经常能认出

123

这些人。

在动物园直接与动物打交道的人从事这样的工作，是因为他们感到这是使命所在。这份工作薪水并不高，而且参观动物园的游客几乎不会注意他们。这不是一份朝九晚五的工作。这些人对自己的工作充满热情，对身体力行地照顾动物充满热情。这意味着清理园区、准备食物、与公众互动，还有微笑着一遍又一遍地回答相同的问题。就照顾大象而言，这项工作在智力、情感和体力上都具有挑战性。尽管这些饲养员经常成为批评的对象，但他们还是每天都会出现，在常常具有挑战性的环境中尽力维护动物的健康。我钦佩他们，对他们所做的工作心存感激。当然，动物园本身的影响范围，往往不止于对它们直接照顾的动物的关心。在这方面，值得认可的是，布朗克斯动物园的母机构——国际野生动物保护学会——年复一年地为野外研究和保护提供了巨大的支持。其中，所有美国动物园每年贡献的大约 2 亿美元中，一半以上被用于全球野生动物保护工作。只要大象继续生活在动物园里，我认为我们就应该支持那些致力于照顾动物的人的工作，同时也支持那些致力于改善动物生存环境的机构——他们的工作既涉及他们直接照顾的动物，也涉及野生动物。

注释

[1] 见 Dick Blau and Nigel Rothfels, *Elephant House* (State College: Penn State University Press, 2015)。

[2] H. L. Mencken, *Damn! A Book of Calumny* (New York: Goodman, 1918), 84.

[3] Mencken, *Damn!*, 80.

[4] Shana Alexander, "Belle's Baby—225 Pounds and All Elephant," *Life Magazine*, May

11, 1962, 104-20.

[5] 转引自 Herman Reichenbach, "Carl Hagenbeck's Tierpark and Modern Zoological Gardens," *Journal of the Society for the Bibliography of Natural History* 9, no. 4 (1980): 573; Gunter H. W. Niemeyer, *Hagenbeck: Geschichte und Geschichten* (Hamburg: Hans Christians, 1972), 7。关于哈根贝克的详细叙述，见 Nigel Rothfels, *Savages and Beasts: The Birth of the Modern Zoo* (Baltimore, MD: Johns Hopkins University Press, 2002), Lothar Dittrich and Annelore Rieke-Muller, *Carl Hagenbeck (1844-1913): Tierhandel und Schaustellungen im Deutschen Kaiserreich* (Frankfurt: Peter Lang, 1998)，及 Eric Ames, *Carl Hagenbeck's Empire of Entertainments* (Seattle: University of Washington Press, 2009)。我要感谢赫尔曼·赖兴巴赫 (Herman Reichenbach) 多年来给我的关于哈根贝克的指导。另请参见 Herman Reichenbach, "A Tale of Two Zoos: The Hamburg Zoological Garden and Carl Hagenbeck's Tierpark," in *New Worlds, New Animals: From Menagerie to Zoological Park in the Nineteenth Century*, ed. Robert J. Hoage and William A. Deiss (Baltimore, MD: Johns Hopkins University Press, 1996), 51-62。

[6] 霍纳迪的职业生涯开始于 1873 年他在纽约罗切斯特（Rochester）的沃德自然科学基地（Ward's Natural Science Establishment）任剥制师之时。1882 年他成为美国国家博物馆的首席剥制师。1889 年，他被任命为位于华盛顿特区的国家动物园（National Zoo）的创始园长。

[7] 不过，在树木问题上，纽约动物学会在 1919 年确实将其双月刊《简报》的一整期用于展示该学会在霍纳迪的密切伙伴麦迪逊·格兰特的领导下为保护最后的太平洋红木而进行的努力。参见 Madison Grant, "Saving the Redwoods: An Account of the Movement during 1919 to Preserve the Redwoods of California," *Zoological Society Bulletin* 22, no. 5 (1919): 90-106。

[8] 在《纽约动物学会第 12 次年报》（*Twelfth Annual Report of the New York Zoological Society* [New York: Office of the Society, 1908]）中，霍纳迪解释道："游客在我们的步道和场地上丢弃的垃圾和废纸，比任何欧洲公园里游客胆敢扔下的垃圾和废纸多 20 倍"，"最严重的违规者是那些下层阶级的外来移民，他们坚持在这里做一些在其母国从未敢做的事情。"（第 84 页）

关于移民对鸣禽种群造成破坏的想法源自霍纳迪为一份关于美国各地鸟类消失情况的报告所收集的未经证实的数据。他曾致函美国各州和领地的通讯员，并根据他收到的回复，得出结论认为美国鸟类消失的主要原因有四个："可食用鸟类的屠杀""为制帽而毁灭鸟类""收集鸟蛋的人造成的祸害"，以及"狩猎比赛"的参赛队——或者叫"各方"——竞争谁能在规定的时间内杀死更多的鸟兽。引人注意的是，尽管回复他的人最常提到的鸟类消亡原因是人们以打鸟为运动，霍纳迪却避免讨论狩猎，只是指出了特别糟糕的"附带射杀"的案例。与此同时，尽管只有 12 位回复者将"吃鸣禽的意大利人和其他人"列为鸟类衰亡的原因，霍纳迪却坚决主张严惩那些被发现其捕杀鸣禽为食的移民、"克里奥尔人"和其他人。霍纳迪的文章提到了一些信件，声称"意大利人开始杀害小型鸣禽""意大利人正在毁灭小型鸣禽""普罗维登斯（Providence）有一伙意大利人，任何鸟兽都被他们抓来吃掉""意大利人正在扫荡全国，特别是在周日"。（"The Destruction of Our Birds and Mammals: A Report on the Results of an Inquiry," *Second Annual Report of the New York Zoological Society* [New York: Office of the Society, 1899], 78, 85–86.）

[9] William T. Hornaday to Carl Hagenbeck, February 20, 1903, William T. Hornaday and W. Reid Blair Outgoing Correspondence 1895–1940（下文缩写为 OC），Wildlife Conservation Society Archives（下文缩写为 WCSA）。关于羚羊馆的更多信息，参见拙文"The Antelope Collectors," in *Zoo Studies and the New Humanities*, ed. Tracy McDonald and Daniel Vandersommers (Kingston, Ontario: McGill-Queen's University Press, 2019), 45–64。

[10] William T. Hornaday to Carl Hagenbeck, March 26, 1903, OC, WCSA.

[11] William T. Hornaday to Carl Hagenbeck, April 20, 1903, OC, WCSA.

[12] William T. Hornaday to Carl Hagenbeck, October 6, 1903, OC, WCSA.

[13] William T. Hornaday to Carl Hagenbeck, February 23, 1904, OC, WCSA.

[14] Carl Hagenbeck to William T. Hornaday, March 7, 1904, William T. Hornaday and W. Reid Blair Incoming Correspondence and Subject Files 1895–1940（此后缩写为 IC），WCSA。

[15] Carl Hagenbeck to William T. Hornaday, March 24, 1904, IC, WCSA.

[16] 同船还有运往圣路易斯动物园的动物。霍纳迪为其安排了转运，包括"一只母象和一头幼象；五只大型龟；四箱蛇；两到三箱蜥蜴；一箱天鹅共两只；一箱狒狒共三只；一箱猴子，包括黑猴、狨猴等；两箱黑猩猩共四只；一箱长臂猿共一只"。（Carl Hagenbeck to William T. Hornaday, June 9, 1904, IC, WCSA.）

[17] Carl Hagenbeck to William T. Hornaday, June 20, 1904, IC, WCSA.

[18] 大象冈达随后被分配给了看守弗兰克·格利森（Frank Gleason），他在 1904 年 8 月 1 日加薪后的月薪为 60 美元。我要感谢野生动物保护协会的玛德琳·汤普森，她找到了霍纳迪在 1904 年 7 月 29 日致麦迪逊·格兰特的信件（OC，WCSA），此信请求给格利森和其他四名饲养员以及一个管理员加薪。饲养员们经过调整后的月薪从 55 美元到 65 美元不等；管理员的加薪最多，从每月 40 美元增加到每月 50 美元。

[19] William T. Hornaday to Carl Hagenbeck, July 11, 1904, OC, WCSA.

大象的踪迹

[20] Carl Hagenbeck to William T. Hornaday, July 15, 1904, IC, WCSA. 在其 7 月 11 日
的信中，霍纳迪写道："我上周六与科达·巴克斯（Kodah Bux）交谈，他澄清
了上次谈话中他与口译员之间产生的误解。口译员误解了科达·巴克斯的话，
以为这只动物在来这里之前曾杀死过一个人。科达·巴克斯并没有这么说；相
反，他向我保证这只大象性情温和。因此，您不需要再就我上封信中提到的请
求采取任何行动了，对于这次误解给您造成的麻烦，我感到很抱歉。"

[21] William T. Hornaday to Heinrich Hagenbeck, August 17, 1904, OC, WCSA.

[22] William T. Hornaday, "Our First Elephant," *Zoological Society Bulletin* 15 (October
1904): 182−83.

[23] "这只大象充满活力，虽然性情相当温和且容易驾驭，但似乎认为它有责任摧
毁栏舍内外一切能够破坏的东西。"（William T. Hornaday, *Ninth Annual Report of
the New York Zoological Society* [New York: Office of the Society, 1905], 63.）

[24] "Gunda the Good Elephant," *Washington Post*, October 15, 1905.

[25] Ellen Velvin, "'Animals with a History'—Dear Old Gunda the Elephant," *New York
Times*, February 25, 1906. 维尔文（Velvin）并非《纽约时报》的员工，而是一位
独立作家，也是伦敦动物学会（Zoological Society of London）的成员。霍纳迪
经常请她撰写各种文章，甚至将她作为可能给哈根贝克回忆录当幕后作者的人
选推荐给哈根贝克。

[26] 那天拍照的还有第二个男孩，但在这张照片中被较小的那个女孩挡住了。

[27] 当时大多数分类学家认为至少存在两种非洲象，即现在被认为是布鲁门巴
赫（Blumenbach）1797 年所描述的非洲草原象（Loxodonta africana）和马奇
（Matschie）1900 年所描述的非洲森林象（Loxodonta cyclotis）。在整个 20 世纪，
关于是否应将非洲象区分为不同的物种存在着重大分歧，部分原因是它们的分
布区域存在重叠，另外其"杂交种"的保护状态也值得怀疑。这个问题至今仍
未完全解决。

[28] 佩恩是当时美国贵族阶层的一员。他以他母亲的亲戚、海军准将奥利弗·哈泽
德·佩里（Oliver Hazard Perry）的名字命名。佩恩毕业于耶鲁大学，是精英秘密
社团骷髅会（Skull and Bones）的成员。随后，他与美国烟草托拉斯（American
Tobacco Trust）、标准石油（Standard Oil）和美国钢铁公司（US Steel）建立了联
系。霍纳迪经常动员纽约动物学会的富裕会员——如佩恩和佩恩的妹夫威廉·C.
惠特尼（William C. Whitney）——购买较贵的动物供动物园收藏。在这种情况
下，他努力让动物的壮观程度与捐赠者的地位相当，确保动物配得上捐赠者的
名字。捐赠者的名字通常会被添加到对动物进行描述的搪瓷标牌上。

[29] Hornaday, *Ninth Annual Report of the New York Zoological Society*, 69−70.

[30] *Tenth Annual Report of the New York Zoological Society* (New York: Office of the

Society, 1906), 83.《动物学会简报》将"总净额"定为 1 375 美元，但我认为年度报告中的数据可能更准确。根据《简报》，整个夏季"小马和马车的门票销售了一万张，大象的门票销售了 2 500 张"。("The Riding Establishment," *Zoological Society Bulletin* 16 [January 1905]: 203.）

[31] 接下来的 1906 年，业绩也很好，收入达 1 503.32 美元。（*Eleventh Annual Report of the New York Zoological Society* [New York: Office of the Society, 1907], 77.）

[32] "Elephant Seizes Woman. 'Sweetheart' of Gunda in New York Has Close Call," *Chicago Daily Tribune*, August 12, 1906.

[33] 在《有历史的动物》一文中，维尔文描述了一项属于这一性质的相当友善的实验，她测试了冈达是否能用鼻子区分大小相近的硬币和纽扣。它能区分。

[34] 参见 "An Embezzling Elephant," *Youth's Companion Magazine*, April 25, 1907, 204。

[35] "Elephant Attacks Keeper. Gunda, Trick Animal of the Bronx Zoo, Crushes Hoffman's Ribs," *New York Times*, July 29, 1907.

[36] "Gunda to Be Let Off," *New York Times*, July 30, 1907.

[37] 参见 "Ardent Elephant Hugs Aged Woman," *Washington Post*, September 15, 1907。

[38] "Makes Pet of Big Indian Elephant: Aged Mrs. Hawes Feeds Him Cookies and Says She's Not a Bit Afraid," *New York Times*, September 15, 1907.

[39] "Captive Elephant's Love for a Frail Woman," *Washington Post*, October 20, 1907.

[40] William T. Hornaday, "The African Elephant," *Zoological Society Bulletin* 19 (October 1905): 237–38. 另参 "New African Elephants," *Zoological Society Bulletin* 26 (July 1907): 349–50. 霍纳迪指出他正在寻找捐助者支付这些动物的费用："顺便说一句，它们的款项还没有付清，这是一个捐出两笔大礼的好机会，每笔 2 500 美元，用以支付这些动物的费用。它们在今天的花费非常合理。几年后，它们将成为大纽约地区最巨大、最令人敬畏的动物，最终它们的价值将达到每只至少 8 000 美元。如果卡图姆没有遭遇什么不测，它的肩高应该达到 11 英尺，重达 12 000 磅。这样的礼物将给任何捐赠者带来光彩。首先支付 2 500 美元作为其购买费用的人将被认定为这头大象的捐赠者。其配偶费用相同，并且同样接受捐赠。"（第 350 页）

[41] 动物园似乎试图将爱丽丝改名为露娜（Luna），但它的旧名字仍然流传了下来。参见 William T. Hornaday, "A Sacred Elephant," *Zoological Society Bulletin* 31 (October 1908): 454–55。

[42] "Old Keeper Brings Elephant to Terms: Alice Greets Her Friend with Joy after Spreading Terror in Bronx Park," *New York Times*, September 20, 1908.

[43] *Thirteenth Annual Report of the New York Zoological Society* (New York: Office of the Society, 1909), 35.

[44] "The Elephant House," *Zoological Society Bulletin* 35 (October 1909): 563.

[45] William T. Hornaday, *Popular Official Guide to The New York Zoological Park*, 11th ed. (New York: Zoological Society, 1911), 91, 强调部分出自原文。

[46] "The Elephant House," *Zoological Society Bulletin* 31 (October 1908): 451.

[47] "From Jungle to Bronx Palace: Elephants in the Zoo Are Looking Forward to a Grand Moving Day This Month," *New York Times*, November 8, 1908.

[48] "The Elephant House," *Zoological Society Bulletin* 35 (October 1909): 563.

[49] William T. Hornaday, "The Zoological Park of Our Day," *Zoological Society Bulletin* 35 (October 1909): 544.

[50]《动物学会简报》第 24 期（1907 年 1 月）转载了一篇伦敦《观点》(*Outlook*) 杂志上刊登的对动物园的评论，题为《纽约动物园》，作者是 F. G. 阿弗拉罗 (F. G. Aflalo)。阿弗拉罗的文章结尾说："这个接近完工的公园已经是一个令人惊叹的成就。当霍纳迪先生停止工作时，户外动物科学的终极表达将在布朗克斯动物园的林地和山谷中呈现，其方式既通俗又人道。"

[51] William T. Hornaday, *Popular Official Guide to The New York Zoological Park*, 11th ed. (New York: New York Zoological Society, 1911), 89.

[52] William T. Hornaday, "The Zoological Park of Our Day," *Zoological Society Bulletin* 35 (1909): 543.

[53] Hornaday, *Popular Official Guide*, 91.

[54] "Gunda Tries to Kill Keeper. Bronx Zoo Elephant Barely Misses Crushing Walter Thuman," *New York Times,* July 29, 1909.

[55] "Zoo Elephant Tries to Kill Its Keeper. Knocks Him Down with Its Trunk and then Gores Him in the Leg," *New York Times*, July 13, 1912.

[56] "Zoo Elephant Tries to Kill Its Keeper."

[57] "Bronx Zoo Elephant Chained for 2 Years: Visitors Stirred to Pity for Gunda, Bound in His Cage after Attacking Keeper," *New York Times,* June 23, 1914.

[58] "Gunda's Exercise Is the One-Step. Bronx Keeper Says Big Elephant's 'Weaving' Keeps Him Contented," *New York Times*, June 25, 1914.

[59] "Gunda's Case Again Considered," *New York Times*, June 25, 1914.

[60] "To Chain the Elephant for Life Is Unpardonable," letter to the editor, *New York Times*, June 26, 1914.

[61] "Hornaday on Gunda," letter to the editor, *New York Times*, June 27, 1914.

[62] "Times Readers Protest against Gunda's Imprisonment," *New York Times*, July 19, 1914.

[63] "It's Now Up to Gunda. Elephant's Chains Will Be Removed as Soon as He Becomes Safe," *New York Times*, August 14, 1914.

[64] "Gunda Again Comes into View," *New York Times*, August 15, 1914.

[65] "Put Double Chains on Gunda Again. Bronx Zoo Elephant Is Condemned to Stand and 'Weave' All Day in His Pen. Keepers Say He Likes It." *New York Times*, January 12, 1915.

[66] "Bullet Ends Gunda, Bronx Zoo Elephant: Dr. Hornaday Ordered Execution Because Gunda Reverted to Murderous Traits," *New York Times*, June 23, 1915. 另参 Nigel Rothfels, "Trophies and Taxidermy," in *Gorgeous Beasts: Animal Bodies in Historical Perspective*, ed. Joan Landes, Paula Young Lee, and Paul Youngquist (State College: Penn State University Press, 2012), 117–36。

[67] "Bullet Ends Gunda, Bronx Zoo Elephant."

[68] Raymond L. Ditmars, "Individual Traits of Elephants," *Zoological Society Bulletin* 18, no. 1 (1915): 1187. 迪特马斯提到的图曼遇袭的日期有误，应是 1912 年。

[69] James Emerson Tennent, *The Wild Elephant and the Method of Capturing and Taming It in Ceylon* (London: Longmans, 1867), 21.

[70] *Twentieth Annual Report of the New York Zoological Society* (New York: New York Zoological Society, 1916), 67.

[71] "Bullet Ends Gunda, Bronx Zoo Elephant."

[72] "Gunda's Obituary," *New York Times*, June 24, 1915.

[73] "Bronx Zoo Elephant Chained for 2 Years."

[74] Elwin R. Sanborn, "The Case in Hand," *Zoological Society Bulletin* 53 (September 1912): 910–11.

[75] 这些动物有多"野生"仍然存在争议，至少它们都被仔细地监控着。对于"放归"动物的复杂意义，笔者曾进一步撰文讨论，参见 "Re(Introducing) the Przewalski's Horse," in *The Ark and Beyond: The Evolution of Zoo and Aquarium Conservation*, ed. Ben A. Minteer, Jane Maienschein, and James P. Collins (Chicago: University of Chicago Press, 2018), 77–89。

[76] 据估算，德国的野外现在生活着超过一百万只浣熊，其祖先是 20 世纪初被带到德国的浣熊。

[77] *Twentieth Annual Report of the New York Zoological Society* (New York: New York Zoological Society, 1916), 37.

[78] 在芝加哥布鲁克菲尔德动物园（Brookfield Zoo），从 1941 年到 1970 年的近 30 年间，公象吉格（Ziggy）的一条前腿和一条后腿一直被拴着。它被锁在栏舍里，就像冈达一样。

大象的踪迹

第五章

乳齿象的后代

　　1913 年初夏，堪萨斯、路易斯安那和密西西比的当地报纸相继报道了一件发生在墨西哥一个竞技场的不同寻常的事。[1]堪萨斯利昂斯（Lyons）的《利昂斯共和报》（*Lyons Republican*）1913 年 6 月 3 日讲述的故事版本以《公牛战大象——一位美国人描述的奇异战斗》（Bull in Fight with an Elephant: Queer Combat Is Described by an American）为题，充斥着人们在这类话题中已经习以为常了的误导性信息。文章援引了费城的一位 H. F. 朗（H. F. Lang）先生的描述，他声称自己正沿着埃尔帕索（El Paso）的梅萨大街（Mesa Street）向圣哈辛托广场（San Jacinto Plaza）走去，此时他听到一支正在走近的乐队演奏了苏萨（Sousa）创作的"熟悉旋律"——《战无不胜的鹰》（*Invincible Eagle*）。在游行队伍的最后，他回忆起，有一头裹着帆布的大象，帆布上写着："这头非洲象将于明天，即 2 月 10 日星期天，在华雷斯（Juarez）的斗牛场与来自奇丘查（Chicucha）的凶猛公牛搏斗至死。门票价格：包厢席 200 美元，遮阳席 150 美元，露天席 100 美元。"实际上，2 月 10 日是星期一，"奇丘查"可能是指奇瓦瓦（Chihuahua），而那些座席价格确实非常昂贵！华盛顿西雅图的市政档案中保留了一则广告，纠正了这篇文章的错误信息：公牛与一只名为"内德"（Ned）的亚洲象之间的战斗发生在 1913 年 2 月 2 日星期日，

第五章　乳齿象的后代

包厢席售价 1.50 美元，遮阳席售价 1.25 美元，普通席售价 1.00 美元（儿童半价）。[2]

　　据报纸报道，战斗开始时，内德被带进竞技场，一条后腿被链条拴在一根桩上，以防它靠近观众。一声号角响起，一头公牛由大门进入角斗场地。工作人员在最后一刻在公牛身上扎了一支短扎枪，即一种带倒钩的梭镖，这是在斗牛前激怒公牛的一种方法。公牛"在角斗场中跑了一两圈，最后看到了大象。它一动不动地站在那里，打量着大象先生。这时大象也看到了公牛先生，它们彼此对视着站在那里"。文章继续道，这时，公牛逃跑了；人群呼叫着，要求带入另一头公牛。这头公牛也逃开了，跃过了一道 5 英尺高的栅栏。工作人员赶上公牛，用梭镖戳着它回到角斗场。这次他们在它身上扎了一支"火箭短扎枪"，那是一种点燃的烟花，在牛背上噼啪作响。公牛看到大象脖子和尾巴上系着红色缎带，就冲了过来。内德蹲下来招架。当公牛撞到它时，它的力道"将公牛撞翻在地"。文章继续写道，在接下来的一个小时里，公牛继续冲锋，又试图跳出竞技场。然后，一位斗牛士拿着斗篷走进角斗场，用剑刺向公牛的心脏，将它杀死。最终，这场搏斗至死方休，尽管观众很可能希望看到杀死公牛的是大象而不是人类。[3]

　　这只是对这一事件之描述的一种。我看到的大多数版本是在大约 20 年后写的，当时故事中的大象已经去世了，各种文章开始出现在全美国的报纸上，述说它生命中"可圈可点"的事件。细节有所不同：日期和公牛的数量会变化，甚至是否有任何公牛真的冲向大象也存在争议。李·克拉克（Lee Clark）——就是 M. L. 克拉克父子马戏团（M. L. Clark & Son's Circus）中的那位"子"——声称有五头公牛被送进场与内德对峙，但没有一头公牛愿意战斗。观众愤怒异常，警方没收了有关事件的录影带，马戏团被罚款 500 美元，因为大象和公牛没有打起来。然而，克拉克说，他最终避免了牢狱之灾，因为得有人照顾大象。在半夜里，他带着内德悄悄地越过了边境，然后干脆没有回去支付罚款。[4] 最终，我们无法知道那天究竟发生了什么，我们所拥有的只是出于不同原因而讲述的不同版本的故事。然而，人们只要见过为那场角斗事先打出的广告，就能讲出朗讲的那种故事。事实上，"H. F. 朗"可能只是某个作家虚构的人物。作家听到了一个故事，想在报纸上报道，于是编造了一个"消息来源"来讲述这个故事。

说到底，这一事件的细节并没有那么重要。毕竟，这并不是第一次有动物被安排进行不同寻常的对抗；这种事几千年来一直吸引着大量的人。[5] 即使在今天，玩《动物园大亨》（Zoo Tycoon）这类电脑游戏的人也会把狮子投放到斑马当中，或者将大象引入人群，只是为了看看会发生什么。而程序员已经预见到人们有这种冲动，并开发了相应算法：狮子会开始杀死斑马，而人们会开始尖叫并四散逃离。无论那天在华雷斯发生了什么，至少可以确定的是，这场活动是经过组织和安排的。但是为什么呢？为什么人们会去观看这场牛象搏斗？又是什么让这件事成为值得见报的"故事"？去观看的人有的可能是因为对大象和公牛在竞技场里会如何互动感到好奇；有的可能是被与斗牛"艺术"相关的美学所吸引。我想大多数观众只是去看大象，还想看看它

126

是否会被公牛吓到。

　　报纸上刊登朗讲的故事时，常常会配一副插图（图 5.1），图中描绘了一头相当矮小、类似霍顿（Horton）的大象，对肩上插着短扎枪、鲜血淋漓、打着响鼻冲向它的公牛感到无比吃惊。这一形象与宣传中许诺的"怪兽大象"大相径庭；插图带有一种幽默的调调，部分是因为大象尾巴上系有缎带。这揭示了这类奇观的另一方面。人们的期待中也包括了笑声。一位插图作者可以同样容易地描绘一头巨大坚毅的大象看着一头公牛拼尽全力试图跳过栅栏、逃离竞技场，但人们想要见到的——似乎也是插图作者希望捕捉到的——是这两只动物直接接触的瞬间，这一刻成功昭示了整个事件的荒诞。搏斗的双方显然不对等，在画家笔下，这场竞赛本质上是一个惊讶的重量级冠军在对阵体格上明显逊色的新手，而这个新手还不知道自己并没有获胜的机会。1940年，迪士尼发行了《幻想曲》（Fantasia），其中演绎了蓬基耶利（Ponchielli）的《时光之舞》（Dance of the Hours）；1941 年，该公司又发行了《小飞象》。在这两部电影取得成功之际，1942 年，玲玲兄弟与巴纳姆贝利马戏团（Ringling Brothers and Barnum & Bailey Circus）推出了一场大象芭蕾，由伊戈尔·斯特拉文斯基（Igor Stravinsky）作曲，乔治·巴兰欣（George Balanchine）编舞，50 头大象穿着粉红色芭蕾舞裙与 50 名芭蕾舞女共同起舞。从某种程度上说，就像那场斗牛一样，大象芭蕾从训练到道具到宣传都是认真的，但表演的结果也无疑是滑稽可笑的。让大象跳舞，就如同让大象迎战冲过来的公牛一样，旨在引人发笑，同时也旨在吸引公众的注意。在某种程度上，二者的目标都以滑稽的方式失败了。

图 5.1　插图《蓄志冲锋》(Made a Deliberate Charge)，
　　　　出自《叙拉古日报》(*Syracuse (KS) Journal*)，
　　　　1913 年 6 月 6 日。

第五章　乳齿象的后代

泥土马戏团

到 1913 年，内德已经在克拉克马戏团工作了十多年，但其早年间的信息并不清晰。看起来它是在 1901 年或 1902 年被路易斯·鲁（Louis Ruhe）在纽约的动物贸易公司从如今的泰国进口到美国的。不过，当 1932 年有人询问这头大象的情况时，该公司的回复是：他们没有关于这头大象的任何记录，但这并不意味着这头大象不是他们进口的。[6] 也有一种广为流传的说法是，内德被进口时已经 12 岁了，尽管在 1958 年，马戏团历史学家霍默·沃尔顿（Homer Walton）根据包括李·克拉克在内的消息来源报告说，内德当时大约 5 英尺高，来到克拉克马戏团时只有五六岁——这意味着内德在最初被引进时可能只有三岁。这个时间线似乎是合理的，因为运输一头非常小的大象总是比运一头大的要容易。内德最初是由一位名叫威廉·F. 史密斯（William F. Smith）的人购买的，他拥有的表演团在 1901 年被称为大辛迪加马戏团（Great Syndicate Shows），在 1902 年叫作大东方马戏团（Great Eastern Shows）。1903 年，史密斯当时称之为豪伊的大伦敦马戏团（Howe's Great London Circus）歇演后，他决定将生意出售。他在堪萨斯城有产业，M. L. 克拉克（M. L. Clark）去那儿购买了这头大象和一些马。[7]

M. L. 克拉克马戏团的起源可以追溯到 19 世纪 80 年代中期。当时，1857 年出生的麦克·洛伦·克拉克（Mack Loren Clark）与他的哥哥威利（Wiley）共同组建了一个叫做克拉克兄弟秀

（Clark Bros. Shows）的马车表演。[8]这门生意在1891年结束，当时兄弟俩未能支付设备费用，但麦克·洛伦似乎又重起炉灶，组织了一个小型医学展览，穿城过镇，表演黑人脸谱滑稽戏，并为人们可能有的各种身体不适销售灵丹妙药。到了1895年，这个演出团显然已经发展壮大，麦克·洛伦决定从哈根贝克那里购买一头双峰驼和一头小亚洲象。传说这些动物是从汉堡运来的，并由麦克·洛伦在阿肯色州的明娜（Mena）接收，因此他给大象取名为"明娜"。[9]麦克·洛伦在路易斯安那州的亚历山大市（Alexandria）安了家，并以此为马戏团的冬季驻地，因为马戏团主要在美国东南部巡回演出，表演季从2月底或3月开始，一直延续到秋季尽可能晚的时候。1903年，马戏团只有一个表演场地，但1904年又增加了一个表演场地，还有更大的帐篷。到了1907年，马戏团已经改名为M. L. 克拉克父子公司综合表演和受训动物展览团（M. L. Clark and Son's Combined Shows and Trained Animal Exhibition），他的儿子李也加入了经营。

通常，在晚上最后一场演出结束后，马戏团会立即收拾行装离开，并在夜间或清晨抵达下一个城镇。如果需要整夜赶路，马车在路上可能会停下来；马匹、骆驼和大象会被拴住或用脚镣锁上，每个人都有机会小睡一会儿。先遣人员通常会提前到达要去的城镇，申请许可证，订房间，采购物品，还会张贴广告，以激发人们对马戏团的兴趣。当马戏团的马车最终到来时，整个城镇会渐渐兴奋起来。当地的男人和男孩会当场受雇，男孩的报酬是一张观看表演的门票。他们帮助准备场地、搭起帐篷，以及喂动物进食、饮水。不过大象基本上总是被带到有水源的地方去喝水，除非马戏团想逗当地的孩子开心，或者一个孩子拿着水桶喂大象的样子能够拍成一张不错的宣传照片。不久，游行的时间就到了，至少有一些动物——尤其是大象——会在城镇里穿行而过。然后到下午，马戏团将开演。即使是赶着马车旅行的马戏团也可能变得相当庞大。到 1910 年，M. L. 克拉克父子马戏团有 60 多辆马车、18 个装动物的笼子、200 多匹马和 8 头骆驼，有一个直径120 英尺的圆顶帐篷作为其主帐篷，还有一些大帐篷用于容纳表演和拉货的马骡，另有一个先遣团队，乘坐六辆马车和轻便马车。

大象内德和明娜会跟随马车和骆驼一起从一个城镇走到另一个城镇。[10] M. L. 克拉克父子马戏团被认为是最大且最后一个使用马车的马戏团之一，这种马戏团通常被称为"泥土马戏团"，因为他们走在土路上。尽管这种马戏团偶尔会使用卡车，也至少在一些演出季试过用铁路，但他们最后总是仍然赶着马匹和马车，在城镇之间的土路上行进。如果说火车可以让较大的马戏团前往更远的地方，到大城市去表演多日，那么 M. L. 克拉克父子马戏团的旅行方式意味着它每天都能到达一个新的小镇。马戏团总是在不停地旅行，人和动物都需要走很多路，做很多工作。在马戏团场地周围，明娜和内德充当拖拉机的角色，竖起帐篷柱，拉起帆布，还移动马车，要么用头推，要么用挽具拉。

有一张内德和明娜的照片，拍摄时间大约在 1915 年至 1921年之间，当时它们正与克拉克马戏团一同走在路上（图 5.2）。照片的背景中可以看到一些负轭的马、一辆马车和一头双峰驼。[11]这个时候内德还有一些成长的空间，但它显然已经是一头庞大的大象，有着强健的肩膀和修长的象牙。摄影师展示的画面是两头

图 5.2　内德和明娜。F. E. 哈勒克（F. E. Halek）摄。小威廉·"巴克尔斯"·伍德科克（William "Buckles" Woodcock Jr.）收藏集。http://bucklesw. blogspot.com。

大象跟一名马戏团工作人员站在一起，一旁是他拉着车的杂色畜牧马。照片有一种几乎是即兴而作的感觉，但显然是经过精心构图的——它呈现马戏团的旅行生活和那些漫步于美国南部乡间的非同寻常的动物与人，旨在引起人们对它们的好奇心。照片中的动物显得轻松平静，大象、年轻人和马的位置给人一种仿佛被拼贴在一起的印象。无论是否真的进行了拼贴，其意图都是展示马戏团整装待发去往下一个城镇时的模样，照片对此的呈现相当成功。内德伸出左前腿，好像在拉扯它的锁链，它被紧紧地拴在明娜旁边，两头大象的背上都洒满了土和稻草。当所有那些马车、马匹、装笼的动物、骆驼、大象和演员准备离开城镇时，我只能想象当时声音喧杂，尘土飞扬，人们大声呼喝，努力管理着数百匹并不总是很听话的马。然而，这张照片却有一种宁静的质感，动物们仿佛既满足又放松。

在克拉克马戏团的早年间，内德会做很多不同风格的表演。它会在移动的桩子或瓶子上行走，站到一个桶上然后转身，用后腿直立或用前腿倒立，躺下然后坐起。它能跳一点像华尔兹的舞，而根据沃尔顿的说法，它是早期能够用头倒立的大象之一。[12]明娜的表演跟内德没有太大不同。它能沿着圆形表演场跪地行走，用两只右脚或两只左脚站立。它能用后腿站立并坐到桶上。有了这些基本的"把戏"，驯兽师就可以组织一场小型的表演。他会讲一个故事，大象们则配合着故事的各部分情节沿着圆形场地行走。明娜一直在 M. L. 克拉克父子马戏团表演，直到 1930 年秋天马戏团的产业卖给了 E. E. 科尔曼马戏团（E. E. Coleman Shows），此时麦克·洛伦已经去世数年。在 20 世纪 20 年代末和 30 年代，它经常被宣传为"最大的圈养大象"。在 20 世纪 30 年代，它继续在与科尔曼马戏团有关联的各种卡车秀中表演，包括 1934 年在达根兄弟马戏团（Duggan Bros. Circus），1935年在贝利兄弟马戏团（Bailey Bros. Circus），1935 年和 1936 年在约翰尼·J. 琼斯马戏团（Johnny J. Jones Shows），1937 年在杰克·霍克西马戏团（Jack Hoxie Circus）。[13] 1940 年，科尔曼将明娜卖给了艾尔·G. 凯利和米勒兄弟马戏团（Al G. Kelly & Miller Bros. Circus）。她在那里度过了生命的最后几年，于 1943 年 10 月 25 日在表演季行将结束时去世，享年约 55 岁。明娜的一生中无疑有许多不同寻常的经历。一个引人注目的例子是，1934 年 7 月，达根兄弟马戏团的一辆卡车在宾夕法尼亚州多山的乡间行驶时失去了控制，司机在最后一刻成功跳出了驾驶室，但整辆卡车连同被锁在里面的明娜冲下了 40 英尺高的路堤。[14] 在为克拉克马戏团服务的三十多年中，它跋涉的路程想想就令人惊叹，更不用说很多人小时候来看过它，然后成年后带着自己的孩子去马戏团时看到它还在那儿。1928 年 5 月 31 日，密苏里州西普莱恩斯（West Plains）的《每日公报》（*Journal-Gazette*）的头版有一则报道，称"大象明娜走了超过 25 万英里"，这显然是夸张，但她确实走了非常多的路。

内德渐渐长大，变得越来越难管理。随着时间的推移，它的表演越来越少，它的演出把戏也未能持续，但它仍然是一个吸引人的亮点，因为它正迅速成长为北美最大的大象。当马戏团在城镇间赶路时，内德和明娜会被锁链锁在一起，以防内德走丢。在驻地，它会被拴在桩子上，有时会被戴上脚镣，尤其是在它发情期间。退休的大象驯养师和马戏团历史学家小威廉·"巴克尔斯"·伍德科克提出了一个合理的论点，认为像内德这样的大象在走过所有这些路以及做了其他的工作之后就不太会调皮捣蛋了。正如巴克尔斯曾经指出的，"通常那些被迫长途跋涉的公象更喜欢在白天找个好地方躺下来睡觉，而不是去烦扰别人。一旦它们由铁路运输，并且有大量的干草和谷物吃，情况就会不同"。[15]然而，随着岁月的流逝，这样一头巨大的公象变得越来越行为难测；再要带着它行走在得克萨斯、路易斯安那、阿肯色、堪萨斯等地的小路上就引起了严重的担忧。

最强壮的动物

正因如此，当内德在 1921 年的表演季中期被以 6 000 美元的价格卖给艾尔·G. 巴恩斯马戏团（Al G. Barnes Circus）时，也没什么令人惊讶的。该马戏团的总部当时位于加利福尼亚州卡尔弗城（Culver City）附近的一块未建制土地上，马戏团的主人称该地为巴恩斯城（Barnes City）。根据理查德·J. 雷诺兹（Richard J. Reynolds）的说法，1921 年 7 月 3 日，李·克拉克让内德匍匐进入火车的一节行李车厢，因为它太大了，无法站在里面。大象从密苏里州的塞利格曼（Seligman）起运，要交付给当时正在明尼苏达州旅行的巴恩斯马戏团。[16]巴恩斯随后为这头巨大的大象定制了一节特殊的火车车厢，车厢底部在车轮之间沉降，这样铁路运输时大象能够站在里面。无论是因为它不再步行穿城过镇，还

132

是因为它对马戏团的生活感到厌倦和沮丧，或者仅仅因为它正在成为一头激素和其他方面都在发生变化的成熟公象，总之从20世纪20年代开始，内德在马戏团中显然变得越来越危险和不可预测。正如雷诺兹所说："它变成了一头调皮、好斗的公象，横冲直撞，成为传奇。"[17]

尽管一些与内德一起工作的人无疑仍称它为内德，但巴恩斯也将这头大象的名字改成了图斯克。他肯定觉得这个名字更适合一头有着6英尺长象牙的动物。*巴恩斯马戏团很快开始推销他们的新大象，以之为"世界上最强壮的动物""文明与冰河时代之间最后的活纽带"，以及"史前猛犸象之巨大种族的最后一员"（图5.3）。巴恩斯声称图斯克到来时身高超过13英尺，重达2万磅，是有史以来最大的圈养大象。在炮制这些数字时，他最想做的似乎就是超过 P. T. 巴纳姆，后者曾称他著名的大象姜波（Jumbo，于1885年去世）是有史以来人们展出过的最大的大象。巴纳姆声称姜波高达12英尺，重达1.4万磅，所以巴恩斯确保图斯克更高更重——至少在纸面上是如此。[18]

图斯克传奇性的奔蹿始于1922年5月15日，就在巴恩斯购买它仅仅十个月后。当时马戏团正在华盛顿州斯卡吉特（Skagit River）河畔一个叫塞德罗－伍利（Sedro-Woolley）的小镇上演出，在西雅图北约60英里。就像华雷斯斗牛一样，关于这个故事有很多不同版本。在1931年打印成稿的回忆录中，巴恩斯描述道，早年间的图斯克在马戏团里是一个"身材高大、生性良善的小

---

* 图斯克（Tusko）之名源自"象牙"一词的英文 tusk。

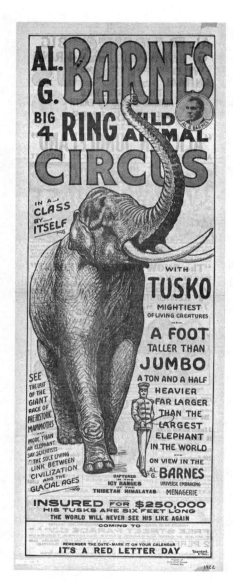

图 5.3　1922 年艾尔·G. 巴恩斯马戏团海报。威斯康星巴拉布市马戏园博物馆。

大象的踪迹

丑"，热爱聚光灯，喜欢被打扮。据巴恩斯说，"马戏团为它制作了奢华的行头，有貂皮的、绒布的、缎子的和丝绸的。它的毯子华丽夺目。图斯克老伙计每次'打扮起来'时总是愉快地哼唧，似乎很享受它所展现的壮丽排面"。巴恩斯提到，一个"适合东印度大君使用的花哨象舆"会被放在图斯克身上，用来驮载马戏团老板。他回忆说，"演出开始时，我坐在图斯克背上出场，主持人以洪亮、悠扬、令人印象深刻的语调介绍，'艾尔·G. 巴恩斯亲临现场'"。巴恩斯觉得图斯克"似乎知道自己是吸引观众的中心，它富有节奏感地缓缓而行，沉稳阔大的步伐庄重威严"。[19]

134

有一张宣传照片，巴恩斯坐在图斯克的象舆里。图斯克跟另一头大象露丝（Ruth）用链条锁在一起，而驯兽师"密西西比"南斯（"Mississippi" Nance）则用象鞭的钝端示意图斯克抬起鼻子（图5.4）。链条从图斯克的象牙处垂下，穿过它脚上的环，连接到另一根绕过它脊背在胸口锁住的链条。其他链条限制了它腿部的移动。这头大象在这次拍照时显然不会横冲直撞，巴恩斯端坐其上，希望显得轻松悠闲，仿佛坐在一头 10 英尺高的大象背上只是他宏伟生活中的一个日常细节。巴克尔斯·伍德科克的马戏团博客上有一篇文章描述过另一张图斯克和巴恩斯的照片，其中有一句话可以成为这张照片很好的说明："巴恩斯先生摆出一副好像知道些什么的样子。"[20]

在他 1931 年的回忆录中，巴恩斯认为，图斯克之所以在塞德罗-伍利惹上麻烦，只是因为他自己不得不去加利福尼亚出差，而图斯克想念他，便四处寻找他。据巴恩斯说，公众期望看到他坐在图斯克背上，所以当他被叫到加利福尼亚时，一位叫威

135

图 5.4　图斯克、露丝与"密西西比"南斯、艾尔·G.巴恩斯在一起，约 1923 年。威斯康星巴拉布市马戏园博物馆。

廉·K. 佩克（William K. Peck）的替身被指示坐在图斯克背上扮演巴恩斯。根据巴恩斯的说法，"在第四场表演开始时"，图斯克跪下，身上穿着所有的"行头"，一把梯子靠在它身侧，佩克开始爬上梯子。当他爬到一半左右时，"图斯克突然翻脸。它跳起身来，将佩克先生和梯子撞到一边，然后开始往后退，摇着头甩着鼻子"。图斯克发出怒吼声，"人们四散奔逃"。图斯克走到外面，将停车场里挡它路的汽车甩到一边，沿着街道向一个舞厅走去。然后它突然转身，冲破一道栅栏，将"乱叫乱跳的鸡"抛到空中。驯兽师骑着马，赶着别的大象，跟很多当地人一起追赶它。然后图斯克又将一座两层楼的房子从地基上推倒，冲破了另一座房子的车库，对一个猪圈审视了一番，然后朝着山上奔去。它"愤怒地嘶鸣着，全身都是泡沫，摧毁一切挡在它面前的东西"。它冲过一个苹果园，让其看起来像是被"龙卷风袭击过一样"，然后消失在一片松树林中。在那里，据巴恩斯说，图斯克发现了一个蒸馏器，并开始"吃威士忌酒糟"。一个为巴恩斯善后的人跟进了这件事，赔偿了居民的损失，让他们签了赔偿协议。巴恩斯说，图斯克"受到酒精的刺激，陶醉于它的自由"，享受了"美丽温暖的夜晚"，"像一头身形巨大的跳脱的小羊一样踢着后脚，倒立着，拗着各种扭曲的造型。这一幕颇具喜剧色彩，这个喝醉了的大家伙仍然驮着象舆，穿着花哨的行头，像小猫一样嬉戏，在微弱的天光下它看上去像一个盛装的洋娃娃的奇妙梦境。在它手舞足蹈丢人现眼的时候，周围几百英尺内的大地都在颤动"。第二天早上，图斯克被找回来。巴恩斯回忆说，当他最终回到图斯克身边时，"图斯克老伙计用鼻子将我紧紧搂住，咆哮着说话，好像是在向我保证为了找到我它曾愿意摧毁整个世界。我与它交谈，喂它葡萄干、花生、爆米花和糖果，它一边嚼着糖果，一边充满爱意和温情地拥抱我"。[21]

136

巴恩斯回忆图斯克的"奔蹿"时，事情已经过去将近十年，此时离他去世不到一年。与他在报纸和其他地方所说的很多话一样，他的回忆更像是编的，为的是创造一个传奇故事，同时强调他在这个世界上的重要性。一篇事发两天后出现在全国各地报纸上的文章更为简洁，《纽约时报》刊登它时的标题是《奔蹿的大象：它在华盛顿州留下 30 英里的一片狼藉》(Elephant on Rampage: He Leaves Thirty-Mile Trail of Destruction in Washington State)。文章写道：

华盛顿州，塔科马（TACOMA），5 月 17 日——据《纪事报》（*The Ledger*）今天的一份特别报道称，被描述为最大的圈养大象的图斯克，正在华盛顿州贝灵汉（Bellingham）的马戏团中安然吃着草料。此前的一个下午、一个晚上和一个上午它从华盛顿州的塞德罗-伍利出发，奔蹿了 30 英里。

图斯克将它的饲养员 H. 亨德里克森（H. Hendrickson）抛到 30 英尺高的地方，摔断了他的几根肋骨，然后穿过塞德罗-伍利的街道，推翻了三辆汽车，将一场舞会变成了骚乱。然后它朝着山上走去。

沿途，图斯克将篱笆和果园夷为平地，引得农民和伐木工激动地呼喊。数百名男人和男孩追着它。在一个伐木场，图斯克连根拔起了三根电话线杆。

一个农夫从楼上的窗户往外看，见到大象弓着强健的背，试图推翻他的房子，但未能成功。一个谷仓被证明不够牢固，图斯克闯入后饱餐一顿，然后继续前行。

　　周一天黑时，数百名追捕者在树林中扎营，昨天天亮时继续追踪。就在一个被称为伊甸园的山谷里，图斯克显然恢复了正常，就像奔蹿的冲动突然涌起一样，它的平静也是遽然而至。追赶它的队伍中有两头大象，图斯克信步走向它们，安然归队。[22]

　　实际情况更有可能是 3 英里而不是 30 英里，而且马戏团里也没有叫"亨德里克森"的雇员，但这个故事似乎具备大象奔蹿之传说的基本元素，几十年来被不断添油加醋，这在这类事件和相关故事中很常见。[23]例如，1922 年 6 月 25 日《盐湖电讯报》（*Salt Lake Telegram*）的周日杂志专栏刊登了一篇整版文章，标题为《大象"心血来潮"时发生了什么》（What Happened When the Elephant "Took a Notion"），该文也出现在其他地区的报纸上。一幅很大的插图相对准确地描绘了十几个人在图斯克前边奔逃，它身后则是满地狼藉的样子。故事吸引读者，但没有讲多少当天实际发生的情况，而这头大象的历史则讲得更少。文章说，"有些东西暗示圈养大象有一种神秘力量"，并描述了一头大象"年龄据信已有数百岁"，四年前在印度被捕获，花了 10 万美金订购——故事称这个数字只是将马戏团老板声称的已支付金额减半得出的——这头大象被称为"丛林之王，从孟买到勒克瑙，它都作为曾对抗大型动物猎手的最狂野人类杀手而知名"。

137

图斯克在塞德罗-伍利造成的损失最多可能只有几千美元，但到《盐湖电讯报》发表那篇文章时，这个数字已经被夸大到7.5万美元。[24]当然，这种宣传有助于增加门票收入。实际上，巴恩斯想方设法使他的马戏团出现在报纸上，他刊登广告，并且似乎向当地报纸提供现成的文章。[25]他也显然认识到一头危险的大象所具有的宣传潜力。1922年6月26日的《林肯星报》（Lincoln Journal Star）发表了一则简短的通知，标题为《游行中的大象明星：图斯克是艾尔·G. 巴恩斯马戏团星期一晚间表演的夺目好戏》（Elephant Star of Parade: Tusko a Drawing Card for Al G. Barnes' Circus that Shows Monday Evening），足以表明一头狂乱的大象有助于马戏团的营销。文章说："星期一中午，艾尔·G. 巴恩斯马戏团游行时，许多观众追随着游行队伍沿着O街走了好几个街区，看起来主要是被图斯克这头巨象所吸引。图斯克身形巨大，作为一名演员的名声很臭，但它引起了人们极大的兴趣。马戏团预告会在南街的场地上演出两场。"[26]

那年夏天大象奔蹿的城镇不止塞德罗-伍利。1922年8月9日，宾夕法尼亚州哈里斯堡（Harrisburg）的《晚间新闻》（Evening News）在该报头版头条的上方刊登了一个全大写的标题，《大象袭击饲养员》（ELEPHANT ATTACKS KEEPER）。报道称，马戏团工作人员——说的还是那个倒霉的"哈里·亨德里克森"——在火车站让图斯克从火车上下来时失去了对它的控制，又被摔到地上，断了更多的肋骨。工作人员一小时后才重新控制住大象，而此时它已经一头撞进过一节卧铺车厢，扯断了它曾经被拴在上面的部分铁轨，然后冲向了"惊慌失措的人群"，最后撞倒了一堵篱笆，在瑞斯街（Race Street）617 号 O. A. 纽曼（O. A. Newman）医生的家里吃掉了医生所有的甜菜。[27] 最后，巴恩斯希望图斯克跟马戏团一起旅行，走在游行队伍的最前面，并且在演出开始时的出场秀中闪亮登场，尽管他意识到这头大象正变得越来越难以驾驭。巴恩斯早期的宣传照片突出图斯克的身形和象牙。例如，1923 年，有一个系列的照片摄于巴恩斯城新落成的艾尔·G. 巴恩斯马戏团冬季之家动物园（Al G. Barnes Circus Winter Home and Zoo），图斯克站在桶上，扬起象鼻打招呼，而巴恩斯则站在大象的背上，用手扶着一旁建有动物笼舍的建筑物以保持平衡（图 5.5）。然后，桶和梯子被从照片里裁掉，笼舍则被替换为一排沿大街而建的三层楼房；最后得到的照片被用于宣传，图斯克已经非常巨大的身形被放得更大（图 5.6）。他们也放大了巴恩斯——既是字面意义上的放大，也是比喻意义上的放大；这也是展示这类形象的目的之一。显然还有很多大象跟图斯克一样，包括 19 世纪 80 年代的姜波，甚至还有 13 世纪亨利三世的大象和 9 世纪查理曼的大象，它们旨在彰显主人的权力，被养起来仅仅因为它们能给人留下深刻的印象。

138

确实，20 世纪初呈现和展出图斯克的方式明显呼应了 18 世纪末北美首次展出现代大象的方式。1796 年 4 月 13 日，马萨诸塞州塞勒姆（Salem）的雅各布·克劳宁希尔德（Jacob Crowninshield）将他的船"美利坚号"（America）停靠在曼哈顿，卸下了一头大象。[28] 他和他的四位兄弟都开展印度、非洲和欧洲间的航运业务。克劳宁希尔德以 450 美元购得这头"几乎跟一头巨型公牛一样大"的幼象，希望在船到达纽约后以 5 000 美元的价格卖出。[29]

图 5.5　图斯克站在桶上，巴恩斯站在图斯克的背上，1923 年。威斯康星巴拉布市马戏园博物馆。

　　　　　　　　　　　　　　　　　　　　　大象的踪迹

图 5.6　巴恩斯与强壮的图斯克，1923 年广告。威斯康星
　　　　巴拉布市马戏园博物馆。

尽管经过了四个月的航行，这头大象到达时似乎很健康。它被卖出，在数年间被成功地展览，沿着美国东海岸从一个城镇走到另一个城镇。[30] 一张宣传单打出广告，这头大象将于 1797 年秋天在波士顿露面。传单上方画了一只明显长相奇特的动物。虽然趾甲勉强画对了，但后腿像河马，大象特有的膝盖不见了，长长的尾巴莫名其妙，耳朵和头比例失调，身子显得有点像一头巨大的猪，鼻子像蚯蚓，象牙看起来仿佛野猪的獠牙（图 5.7）。

这幅插图看起来不太靠谱，但为了让展览显得可信，广告开头第一句话即引用布丰仅仅几十年前才出版的著作："大象，据赫赫有名的布丰说，是世界上最可敬的动物。"该文强调大象的智识，还讲了一件轶事，说这头大象在它的饲养员离开十个星期后还记得他。宣传单将大象描述为时年四岁，重 3 000 磅，指出它要等"30 岁到 40 岁时才会完全长成"。它显然每天要消耗 130 磅的食物，还"喝各种烈酒；有些日子它喝了 30 瓶波特啤酒，会用鼻子拔出软木瓶塞"。据说这头大象很温顺，从未试图伤害任何人。它还曾在费城的"新剧院"演出，"可敬的观众获得了极大满足"。广告明确了什么样的观众会受到欢迎，提醒大家"市场负责人瓦伦丁（Valentine）先生在他那儿准备了一个体面便捷的地方，接待愿意一览这个有史以来最伟大的自然奇观的女士们和先生们。除星期天外每天开放，从日出到日落"。成年人收取 25 美分，儿童 9 美分。所有参观者都被警告，不要带着"重要文件"靠近大象，因为大象似乎有抢夺并摧毁这类物品的习惯。[31]

日记作家伊丽莎白·桑德威斯·德林克（Elisabeth Sandwith Drinker）报告说，得知这头大象 1796 年 11 月 12 日在费城时，她

139

140

141

THE
Elephant,

ACCORDING to the account of the celebrated BUFFON, is the most respectable Animal in the world. In size he surpasses all other terrestrial creatures; and by his intelligence, he makes as near an approach to man, as matter can approach spirit. A sufficient proof that there is not too much said of the knowledge of this animal is, that the Proprietor having been absent for ten weeks, the moment he arrived at the door of his apartment, and spoke to the keeper, the animal's knowledge was beyond any doubt confirmed by the cries he uttered forth, till his Friend came within reach of his trunk, with which he careffed him, to the astonishment of all those who saw him. This most curious and surprising animal is just arrived in this town, from Philadelphia, where he will stay but a few weeks.———————He is only four years old, and weighs about 3000 weight, but will not have come to his full growth till he shall be between 30 and 40 years old. He measures from the end of his trunk to the tip of his tail 15 feet 8 inches, round the body 10 feet 6 inches, round his head 7 feet 2 inches, round his leg, above the knee, 3 feet 3 inches, round his ankle 2 feet 2 inches. He eats 130 weight a day, and drinks all kinds of spirituous liquors; some days he has drank 30 bottles of porter, drawing the corks with his trunk. He is so tame that he travels loose, and has never attempted to hurt any one. He appeared on the stage, at the New Theatre in Philadelphia, to the great satisfaction of a respectable audience.

A respectable and convenient place is fitted up at Mr. VALENTINE's, head of the Market, for the reception of those ladies and gentlemen who may be pleased to view the greatest natural curiosity ever presented to the curious, and is to be seen from sun-rise, 'till sun-down, every Day in the Week, Sundays excepted.

☞ The Elephant having destroyed many papers of consequence, it is recommended to visitors not to come near him with such papers.

☞ Admittance, ONE QUARTER OF A DOLLAR.——Children, NINE PENCE.

Boston, August 18th, 1797.

BOSTON: Printed by D. Bowen, at the COLUMBIAN MUSEUM Press, head of the Mall.

图 5.7　1797 年对克劳宁希尔德的大象的描述。见于弗兰克·卡曾斯（Frank Cousins），在美国展出的第一头大象的宣传广告，约 1865—1914 年。出自弗兰克·卡曾斯玻璃板底片收藏集。马萨诸塞州塞勒姆皮博迪埃塞克斯博物馆（Peabody Essex Museum），菲利普文库（Phillips Library）复制提供。

142

"立刻决定去看看它"。然而，结果发现这头大象最后并没有在栗树街剧院（Chestnut Street Theatre）展出，也就是波士顿广告中提到的"新剧院"。广告提到这个地方，仅仅是一种为了让展览显得高大上而通常会做的努力。事实上，德林克不得不沿着市场附近的一条巷子，走到了"一个又小又普通的房间，里面都是杂七杂八的东西和 c [原文如此]"。她写道："那只天真、善良又丑陋的动物就在那里，确实对大多数看到它的人来说是一种奇观，在世界的这个角落以前从未有过这样的动物。"根据德林克的说法，大象除了站在房间里喝人们给它的酒之外几乎什么都不做。"我禁不住为这可怜的动物感到慌惜，"她说，"他们总是让它处于亢奋之中，而且经常给它喝朗姆酒或白兰地——我想他们很快就会把它搞垮。"[32]尽管德林克有如此这般的报告，但除了显然总是令人喜闻乐见地爱开瓶饮酒之外，这头大象很可能还会一些别的本事。至少，它多半会摇手铃，会捡起扔给它的硬币递给饲养员，还会抬起象鼻打招呼，让人们把零食扔进它嘴里。

当然，自克劳宁希尔德引进他的大象以来，几百年间大象已经被教会了许多更为复杂的技艺。年轻的大象特别擅长学习，但老一些的也能学会很多本事，比如站在两根轨道之间的一个大球上保持平衡，后腿站立行走，用前腿倒立，站在桶顶上转圈，还有将前脚放在另一头大象的背上行走——即所谓的"搭背骑行"。它们被训练摆成金字塔的样子，即两只大象伏在地上，第三头大象站在它们背上，前后脚分别踩在一只大象的身上。它们还被教会了在"紧绷绳索"上行走——两根杆子穿过离地几英尺的桶，大象可以只用后脚或前脚走过去。有一种特殊三轮车是为大象专门制作的，它们可以骑着三轮车在表演场地里绕行。最后，大象被训练表演真正引人注目的"独脚站立"，即先在桶上用前脚站立，然后抬起一条前腿，只用一条腿保持平衡。[33] 当然，让大象穿上滑稽的、有时令人惊叹的服装，让它们用鼻子做各种事情，再配一个好的驯兽师，就可以进行很多戏剧性的表演。让大象表演"理发店"曲目、演奏音乐或向小丑喷水都成了经典节目。观众应该会对所有这些表演既感到惊奇又感到好笑。

尽管图斯克仅仅走在街上就给人留下很深的印象（图 5.8），但它随马戏团旅行的日子已经屈指可数。巴恩斯解释说："它对我的爱显然没有改变，但是曾经阳光的性情已经消失了。"图斯克"变得难以驾驭"，巴恩斯回忆说，"经常狂乱奔蹿，一有机143会就攻击它的驯兽师。险象环生的情形出现很多次，人们开始认为图斯克是一头'坏'大象。"[34] 它越来越频繁地被从演出中撤下，尤其是在发情期间。它被送回加利福尼亚的巴恩斯马戏团动物园，关在一个特制的围栏里，游客可以支付 25 美分来看它。[35] 据巴恩斯说，"围栏的柱子由巨大的槽铁做成，固定在混凝土里，彼此相距约 8 英尺，用铁轨作为横栏连接起来"。巴恩斯还为图斯克编造了另一个背景故事，这个故事仍然毫无事实依据。他表示图斯克的力量和暴力倾向部分源于它的身世："当我第一次在一名动物商人那儿听说它时，它还在西藏的一个木场里搬运原木。这名商人发来的大象身体数据表明它是有史以来人类捕获的最大的大象，据说也是人类见过的最大的大象。它比著名的姜波还高，还比它重 2 吨。从它的总体特征来看，它不是一

图 5.8　图斯克引领巴恩斯的大象，约 1923—1925 年。威斯康星巴拉布市马
　　　　戏园博物馆。

大象的踪迹

头普通的大象，而属于乳齿象品种，对此我很满意。"毫不奇怪，
当这只"乳齿象"被放进围栏后，"它立即开始测试柱子和铁轨
横栏的强度，不费什么力就将后者弄弯"[36]。尽管巴恩斯一如既
往地夸大其词，但 20 世纪 20 年代中期的一张照片确实显示了图
斯克在它的围栏里，脚上带着链子，这样它可以在打扫场地或者
有其他事情时来回走动，而围栏上的铁轨和铁柱子确实被弄弯了
（图 5.9）。在关在围栏里的这些年间，它的象牙断了。巴恩斯的
说法是，一天，来了一名动物福利检查协会的官员；他走进了围
栏，但图斯克不愿意这个不受欢迎的客人侵犯它的领地。它冲过
来时，象牙撞在铁轨横杠上，磕断了。[37]

然而，图斯克并非总是被关在的围栏里。在 1927 年和 1928
年演出季的大部分时间里，它都随马戏团巡回演出；1929 年和
1930 年的演出季同样如此，那时巴恩斯的产业已经先被卖给了
美国马戏公司（American Circus Corporation），然后在约翰·玲玲
（John Ringling）购买该公司时又被转让给了他。[38]正是在这个
时期，图斯克成了一种完全不同的展品。它不再是那头会表演几
种技艺的年轻大象，也不再是有着美丽的象牙、走在马车秀游
行队伍最前边以及前往墨西哥竞技场的巨型大象，甚至不再是一
个希望被视为国王的人的骑乘大象；相反，图斯克成了一场危险
和锁链的奇观。从风险管理和大象管理的角度来看，锁链是必要
的——几乎没有疑问的是，图斯克可能是一只难以驾驭且非常危
险的大象。但是这些锁链本身也成了一种展品。图斯克 1927 年在
其围栏外的一张正面照片清楚地表明，尽管这些锁链旨在约束这
只动物，但它们仍难免成为这头大象的一种独特特征（图 5.10）。

第五章　乳齿象的后代

图 5.9　图斯克在围栏中，象牙已经磕断。威斯康星巴拉布市马戏园博物馆。

图 5.10　图斯克在加利福尼亚鲍德温公园（Baldwin Park）的围栏
　　　　外。威斯康星巴拉布市马戏园博物馆。

图斯克在塞德罗-伍利"失控"的故事，猎人在非洲和印度跟最危险的猎物对峙的传奇，还有其他大象的一系列故事——包括 1903 年科尼岛的托普西（Topsy）、1916 年南达科他州的海罗（Hero）和田纳西州的"杀人"玛丽（"Murderous" Mary），以及 1929 年得克萨斯州的戴尔蒙德（Diamond）——都使公众渴望看到图斯克被链条锁住（也许锁链越多越好）。[39] 在严重擦伤大象皮肉的部位，这些锁链会被包上橡胶管。它们将图斯克束缚起来，使它只能很缓慢地移动，无法用头、象牙或腿攻击别人（图 5.11）。图斯克成为马戏团壮观和危险特质的象征，二者是 20 世纪上半叶人们在美国马戏团能够获得的典型体验。如果说 19 世纪的马戏团是一个充满奇迹和非凡壮举的地方，观众可以在那里看到河马、长颈鹿等奇特的动物，并因助兴演出的"怪胎"和舞女而胆寒、惊叹或着迷，那么，到 20 世纪，因为有了被链缚的图斯克和新的"玩命表演"之类的展出，马戏团迅速演变成了一个新的奇迹之地，人们可能既害怕又希望看到大象发狂，或者更直接地说，甚至是看到有人被杀死。

过去一个世纪，人们热衷于参加各种明显带有危险性的猎奇活动，上述对发狂大象爱恨交织的心态当然是其中的黑暗面，也可以解释图斯克在链缚中的表演以及马戏团为其打广告的方式（图 5.12）。用沃尔顿的话说，"图斯克被锁链束缚的方式是其他被展出的大象从未经历过的"。锁链是图斯克在充满挑战的环境中发挥意志的结果，但也是特定历史时刻人们对大象的认知的产物。因为一系列原因，我们不会再在西方看到这样的大象展览。

图 5.11　图斯克走出火车车厢。威斯康星巴拉布市马戏园博物馆。

图 5.12　图斯克在链缚中的展览。伍德兰动物园历史行政档案（Woodland Park Zoo Historical and Administrative Records），record series 8601-01, box 15, folder 1。西雅图市档案馆收藏。

234　　　　　　　　　　　　　　　　　　　　　　　　　　　大象的踪迹

解除锁链

 然而，在马戏团中作为危险动物被链缚展出的图斯克，其生命并未就此终结。它在巴恩斯马戏团的最后一个演出季是在 1930 年。先是 3 月底，巴恩斯马戏团在加利福尼亚进行了一系列的演出，5 月和 6 月则去了俄勒冈和华盛顿州。马戏团在爱达荷和蒙大拿停留了几次，然后于 6 月 18 日在加拿大的艾伯塔省开演，又开始一路向东，7 月 1 日到了安大略省的萨德伯里（Sudbury）。7 月中旬，他们抵达新不伦瑞克省，7 月底和 8 月初在新斯科舍省的温莎（Windsor）、迪格比（Digby）、雅茅斯（Yarmouth）、布里奇沃特（Bridgewater）、哈利法克斯（Halifax）和特鲁罗（Truro）演出。然后，巴恩斯马戏团回到新不伦瑞克省，又经过缅因、新罕布什尔、马萨诸塞、纽约、宾夕法尼亚、俄亥俄、印第安纳、伊利诺伊、密苏里、堪萨斯、俄克拉荷马、阿肯色、得克萨斯、新墨西哥和亚利桑那的各个城镇，最后于 10 月中旬回到加利福尼亚，结束了演出季。[40]

 1931 年初，随着大萧条的加剧，马戏团开始陷入困境，图斯克被一次次转卖，买家有的是广告策划人，还有的想向人们展示这头著名的大象，收取门票以赚钱。第一个买家叫阿尔·佩因特（Al Painter），人们将他描述为"一位衣冠楚楚的绅士，穿着护脚，以给各种活动做推广为生"。当时，佩因特正在推广"步行马拉松"——参赛者昼夜不停地绕圈行走，直到只剩一个人坚持到最后。赢得比赛的人将获得现金奖励，佩因特也会大赚

一笔。[41] 在巴恩斯的大象管理员杰克·奥格雷迪（Jack O'Grady）

148　和货车司机贝亚德·"瞌睡虫"格雷（Bayard "Sleepy" Gray）的
帮助下，佩因特将图斯克展出了几个月，先是在波特兰，然后在
西雅图的极乐游艺园（Playland Amusement）。图斯克不再乘火车
旅行，也不再步行穿梭于城镇之间。它接下来的旅行都是用卡
车进行的，通常用链条将它的脚锁在平板卡车上，就像一辆大拖
拉机一样。在西雅图展出之后，图斯克出现在亚基马（Yakima）
和皮阿拉普（Puyallup）的集市上，又去了俄勒冈州希尔斯伯勒
（Hillsboro）和塞勒姆的集市。当佩因特突然消失时，图斯克正被
关在塞勒姆集市的谷仓里。塞勒姆市获得了图斯克的所有权，然
后试着在拍卖会上将它卖掉。第一次尝试未能成功，最高出价
仅为 12 美元。在第二次拍卖中，一位名叫哈里·普兰特（Harry
Plant）的拳击推广人出价 200 美元，买下了图斯克。这仍然比塞
勒姆市政当局的底价低 100 美元，但他们也只能接受了，因为
200 美元显然比一头大象要好。[42] 另一位大象管理员乔治·"瘦
子"刘易斯（George "Slim" Lewis）在塞勒姆加入了奥格雷迪、格
雷和普兰特。他们认为是时候离开了，因为"钱赚得越来越慢
了"。[43] 他们决定前往波特兰，并在城市东边租了一幢房子，离

149　市中心的沃特街（Water Street）很近，租金为每月 20 美元。11 月
29 日，全国各地的报纸上出现了相关公告，其中有一则说"过去
几个月里命运多舛的图斯克有了一个新的家"。[44]

　　远方的人们仍然关注着图斯克。比如，盐湖城曾希望能买
下图斯克，作为盐湖城动物学会的大象"爱丽丝公主"（Princess
Alice）的配偶。当月晚些时候，人们听到消息，图斯克感冒了，

已经被喂了一份巨量的托迪酒——10加仑土制散酒兑一桶水。这显然对它的"乖戾举止"有所助益。[45]然后在1931年圣诞节，据报纸报道，图斯克又一次"奔蹿"了。整个事情是在前一天下午开始的，当时工作人员注意到图斯克正在摆弄拴着它前腿的链条销子。据刘易斯讲，通常情况下，当图斯克进入发情期时，销子会被敲平，这样大象就无法将其拧开。然而这一次，饲养员没有及时去敲平销子，此时已经无法接近图斯克了。最终，它设法把链条从前腿上取了下来。接下来它的注意力转向了房子的一面墙，用头将其撞倒。警察得到警报，手持大火力步枪站在外面，然后更多的警察带着冲锋枪赶来待命。然而，图斯克仍然被它后腿上的长链条拴着。市长闻讯后指示警察，除非大象将腿上的最后一根链条也挣脱掉，否则不要开枪。最后，刘易斯和奥格雷迪把一根铸铁水管推到图斯克身边，从水管中爬过去，设法将缆索固定到图斯克的前腿上。缆索连接到卡车上，将图斯克固定住。又一波报道文章出现了，标题各异，诸如《图斯克再次奔蹿：它躲过了处决》（Tusko on Rampage, Again: Dodges Firing Squad）、《激斗中大象被重新链缚》（Big Elephant Rechained in Wild Battle）、《巨兽未被处决：大象发狂，市长制止开火，安抚野兽》（Huge Animal Saved from Firing Squad: Elephant Goes Berserk, but Mayor Steps in to Halt Guns and Quiet Beast）之类。[46]如往常一样，这些新闻增加了门票收入。刘易斯在其回忆录中称，在接下来的几周里有五万人来看图斯克，每人每次付费10美分。这似乎是一个不太可能的数字，但哪怕只有一万人，也能获得1 000美元，在一个赚钱很难的时代里是一笔不菲的收入。[47]

1932 年春天，图斯克在华盛顿州的伍德兰（Woodland），然后他们一行到奇黑利斯（Chehalis）待了大约一个月，又去奥林匹亚（Olympia）和塔科马停留了一阵。最终，奥格雷迪、格雷和普兰特因为收入太少退出了，只剩刘易斯一人照顾大象。一人一象随处栖身，住在帐篷或谷仓里。刘易斯回忆说，有一段时间，他们在一位马戏团旧友的谷仓里度过，这位朋友在西雅图和塔科马之间的 99 号公路沿线有一处住所。刘易斯称，在那里，"图斯克度过了它一生中最愉快的日子"，"能够在附近的田野和树林中随意行走"。[48] 夏末，刘易斯和图斯克回到西雅图参加舰队周活动，之后图斯克被运到第八大道（8th Avenue）和斯图尔特街（Stewart Street）交会的一处地方。当时，冬天即将来临，刘易斯几乎没有什么选择，于是他和市长约翰·多尔（John Dore）、伍德兰动物园（Woodland Park Zoo）园长格斯·克努森（Gus Knudson）和动物保护协会的哈里·爱尔兰（Harry Ireland）开了一次会。他们得出结论，最好的做法是宣布图斯克为"公共困扰"，由公家获得对它的所有权，并将其移送到西雅图动物园。10 月 8 日，刘易斯将站立的图斯克锁在平板拖车上，将它送到西雅图伍德兰动物园。那里成为它最后的家园。

公众对图斯克不尽如人意的生活环境似乎越来越感到不满。例如，它在塞勒姆的时候，一群担心它的市民显然成立了一项基金，希望将它送回"暹罗"，在那里它将"不再受到在拍卖市场上被认为只值 12 美元的羞辱"，并且可以摆脱"3 倍强度的钢链"的束缚。[49] 在波特兰所谓的奔跑之后，《阿斯托里亚预算报》（Astoria Budget）的一名社论作家提出疑问：要不要让图斯克被警方击毙，而不是继续过着悲惨的生活？社论认为："图斯克能够耐心地拧开螺帽来除下它腿上沉重的铁镣铐。有着如此头脑的动物完全可能突然对生命产生可怕的厌倦感，因为它身处寒冷、黑暗、漏风的陋室之中，偶尔会在喝下劣质土酒后宿醉头痛，还一直被沉重的枷锁禁锢。"[50]萝丝·赫尔曼（Rose Hellman）写给动物园园长克努森的两封信可能代表了很多人的心声。第一封信写于图斯克抵达动物园的第二天，赫尔曼表达了欣慰之意，认为图斯克终于被交到了"能妥善照顾它的主管手里"："我真希望您能找到一种方法，让它不用再被链条五花大绑。与同类隔绝、被幽囚、半饥半饱——它要忍受的这些已经够残忍了，但将动物的四脚都锁起来简直是虐待，比死还不如。"11月25日，赫尔曼又追加了一封信，表达她对图斯克被送回马戏团的担忧："我害怕看到这巨大的血肉之躯、这智慧的老者——图斯克，再次落入那些残忍、愚昧的粗人手里。那庞大的身躯会经受很多痛苦。太难说了。请您尽一切努力留住它，容忍它的脾气。抛弃它太残忍了。"[51]

至于刘易斯，他留在了图斯克身边，克努森聘他做了大象饲养员。[52]动物园确实面临了来自各方的诉讼，很多人主张对图斯克的所有权，而这些主张似乎使动物园最大限度地了解了这头大象的历史。但公园管理部门、动物保护协会、市长和克努森似乎都决心将图斯克留在伍德兰动物园。他们可能只是意识到这头基本上是免费得来的大象会成为动物园的一大看点。这的确是事实，至少最初是。然而，必须承认，被送到动物园很可能改善了大象的处境。图斯克最终住在一个真正意义上的房子里，有取暖设施，还有一个院子，它可以在那里走动，不用被链条禁锢。但也应注意到，那个时期图斯克在院子里拍的大多数照片都显示它的前脚被链条锁着，它站在一块木板上，被固定在那上面，木板被干草覆盖，没有拍进照片。在这些照片中，看起来它只是在院子里平静地站着，但实际上它无法移动。尽管如此，动物园似乎没有尝试用土酒来安抚图斯克；那里甚至还有另一头大象，名叫"清醒"（Wide Awake），它是在 1921 年来到动物园的。与此同时，不得不承认图斯克仍然很难管理。尽管在刘易斯笔下他和图斯克是互相关爱的关系，但有记录清楚表明，刘易斯不得不始终以残酷的方式强化对图斯克的支配地位，这样才能管理它。1933年春季的一份报告详细记载了人们如何用两辆卡车奋力将图斯克拉到它笼舍的一侧。报告说，图斯克"直立起来，猛力挣扎，拉扯锁着它脚的链条，以此抗拒，但卡车承受住了它抵抗的力道。它使尽浑身解数击打瘦子刘易斯，一会儿踢他，一会儿用尾巴打他，刘易斯一边忙着躲闪，一边用象钩惩罚它。最终，图斯克认输了，停止了反抗。那天晚上，刘易斯再次开始训练图斯克，图斯克最终屈服"。报告最后写道："没有办法使图斯克长久地臣服或稳定下来，制服它都是暂时的，必须一次又一次地对它施加控制。"[53]

在抵达动物园七个月后，即 1933 年 6 月 9 日星期五中午时分，图斯克在院子里倒下了。它一度重新站了起来，下午 3 点又再次倒下。人们给它吃了 50 片水杨酸钠片止痛。下午 6 点，它的后腿出现了虚弱无力的症状。晚上 11 点，它靠在墙上，但似乎难以控制它的肌肉，转过身又倒下了。刘易斯开始解开图斯克的锁链。在关于此事的正式报告中，刘易斯写道，晚上 11 点后不久，园长赶到了。"我已经把所有的链子都解开了，也取下了

它右后腿上的镣铐。现在完全没有锁链束缚它了。每隔几分钟，
它都努力想站起来，但它的后腿无法支撑它。他能够很好地控制
他的前腿。"[54]刘易斯和其他人整夜都陪着图斯克。次日早上，
即 1933 年 6 月 10 日，快到 10 点的时候，图斯克去世。在生命的
最后 11 个小时左右的时间里，它没有被锁链束缚。人们在它心
脏中发现了一个大血块。它当时大约 35 岁，大多数人似乎认为
它已经老了，但实际上它仍然是一头相对年轻的成年象。

马戏团和动物园

2003 年春，我参加了一场为期三天的有关大象和伦理的
工作坊，地点是当时被称为保护与研究中心（Conservation and
Research Center）的地方，那里现在是史密森尼保护生物学研究
所（Smithsonian Conservation Biology Institute），位于弗吉尼亚的弗
朗特罗亚尔（Front Royal）。此次活动汇聚了野外科学家、动物园
专业人士、动物权利活动家、马戏产业代表和学者，共同探讨有
关大象的议题。这些讨论内容后来结集为《大象与伦理：走向共
存的道德》（Elephants and Ethics: Toward a Morality of Coexistence），
由工作坊的组织者克里斯滕·韦默（Christen Wemmer）和凯瑟
琳·A. 克里斯滕（Catherine A. Christen）编辑。[55]工作坊的一个
关键环节是，每天结束时与会者都会分组讨论，试图就当天演讲
中涉及的人象互动的概括性声明达成共识。值得注意的是，当工
作坊结束时，与会者整理出共识声明的最终清单，但其中没有任

何一条涉及马戏团中的大象。当涉及动物园时，与会者可以达成一些共识，例如并非每个动物园都有高质量的大象饲养设施，也并不指望每个动物园都能够饲养大象，以及保护大象应主要在它们的自然栖息地进行而不是在动物园里。然而，当涉及马戏团时，人们立刻分为截然不同的两派，一方认为马戏团对大象来说是最糟糕的地方，另一方认为大象在马戏团中可以茁壮成长，任何的妥协或共识都不可能达成。

　　根据第一种观点，马戏团、骑大象以及其他的大象表演和娱乐项目显然都是残忍的，是对大象的剥削。对于这些批评者来说，讨论在马戏团里表演的大象的未来时，唯一能接受的结果就是达成一项共识，呼吁禁止仅仅为了人类娱乐的目的而饲养大象，或者将这种行为入刑。而持第二种观点的都是毕生跟大象相处的人，他们自认为把大象照顾得很好，却几十年来一直被批评者诋毁。如果用文氏图的圆圈来表示在场人员的不同主张，那么马戏行业的代表和动保人士所占的圆圈没有任何有实质意义的交集。而对于这两个群体来说，这是一个完全可以接受的结果。

　　关于马戏团无法达成共识可能是不可避免的，或许应该早就被预料到。工作坊的组织者一个是保护生物学家，一个是环境史学家，他们已经能跟与会的每个人找到共同点。我认为从他们的角度来看，工作坊的目标是聚焦于改善大象的处境，从而建立理解，消除敌意。我发现自己与组织者有着类似的立场。多年来，我认识了来自动物园、马戏团和动物权利组织的人，他们对大象以及人类跟大象打交道的历史有着非常不同的看法，我仔细聆听了他们的想法，并钦佩他们。有时我曾对活动人士感到沮丧，因

153

为在大喇叭里大声呼喊既不能促使人们进行深思熟虑的讨论，也不能传达大象可能置身其中的特定情况的微妙之处。我觉得，广告口号、电视片段、脸书（facebook）帖子或在线请愿都不能很好地体现任何个体动物的生活起伏和喜怒哀乐。然而，我也曾对马戏团和动物园的相关人士感到沮丧，他们太容易将任何批评他们做法的人都视为激进的极端分子，拒绝接受这样一个事实：过去一个世纪里的批评实际上已经改善了动物的处境，即使受益的不一定直接是批评者为之奔走呼号的特定动物。例如，"释放鲸鱼凯歌（Keiko）"的运动导致这头鲸鱼死亡，因为事实证明它在被人工圈养后无法在野外独自生存；但即便如此，这一运动还是让公众对被囚鲸鱼所面临的挑战有了更多的认识，这已经改善了一些圈养虎鲸的境况，也延缓了人们从野外捕捉更多鲸鱼进行圈养的做法。[56]

2015 年，玲玲兄弟与巴纳姆贝利马戏团决定逐步取消大象表演，这一举措似乎导致整个马戏团在 2017 年关闭。仅仅为了娱乐目的而使用大象的日子在美国似乎已经屈指可数。然而，大象仍身不由己地被作为"奇观"展出，展出者以此标榜自己正在做的事情比前人更伟大、更重要、更令人印象深刻。这种古老的历史仍在延续，清楚地表明只要这些动物继续存在，它们就将继续被用来吸引人们的注意力。[57] 当然，大象仍然参加较小马戏团的巡演，被租用来参加特殊活动和电影拍摄，并在美国各地的各种集市上提供骑乘服务，此类营生在可预见的未来可能会继续存在。然而，还有其他使用大象的场合。事实上，即便大象不再被用来骑乘或者以其他方式供人娱乐，它们也似乎仍在其他很多语

154

境中被使用。当人们坐下来享用"巨大份"*的法式薯条或者在汽车经销商那儿期待一场"大型"**促销活动时，即便他们并没有注意这些词语跟大象作为某种奇观之间的联系，这种奇观也远未从我们的经验中消失。

威廉·霍纳迪想要一头成年雄性亚洲象，它还得长着象牙，因为在一个壮观的大象馆里拥有这样一只动物（连同其他大象、犀牛、河马和貘），将证明纽约动物园是世界上最令人印象深刻的动物园。当人们去布朗克斯动物园看被锁在墙边的冈达时，显然不是出于霍纳迪所标榜的科学或教育原因，也不是出于对大象保护的关切。他们是去看北美最大、据说也是最危险的动物拉扯它的锁链。他们是去看一场表演。人们去大象馆是为了娱乐，当大象不能满足他们的期望时，他们用言语挑逗它，喊它的名字，假装扔吃的给它。所有这一切都是丑陋的，这种丑陋无疑对冈达的饲养员和动物园管理层显而易见，令他们光火，对今天回顾冈达生活的人可能也是如此。但公众要在动物园和马戏团中找乐子的需求一直是动物园建设的核心原因之一。16世纪末鲁道夫二世（Rudolf II）在布拉格建造的非凡动物园是他对哈布斯堡王朝更大野心的一部分，他渴望使其成为当时最值得留意的景观，体现最引人注目的思想。同时，他著名的动物园和其中的动物当然也为访客提供了极大的乐趣。同样，对成立于1828年的伦敦动物学会而言，即便其收藏品最初只供学会会员和访问学者做科学研究

---

* 原文 jumbo 英文中表示巨大，最初是一头大象的名字"姜波"。
** 原文 mammoth 英文中表示巨大，原意为猛犸象。

大象的踪迹

之用，其园区作为社交场所的重要性最后也超过了科学用途。不久之后，伦敦动物园向任何购买门票的人开放，因为正如 1869 年的歌曲《在动物园漫步》（Walking in the Zoo）所说："星期天到动物园漫步可不赖。"对于 16 世纪的鲁道夫二世、19 世纪的伦敦动物园和 20 世纪的布朗克斯动物园而言，大象的存在是使其收藏变得显然更有趣或更"不赖"的关键。

　　然而，尽管娱乐一直是动物园历史的核心，大多数人仍然将动物园跟马戏团等用动物娱乐的场所区别看待。很明显，人们去动物园主要因为他们认为那里很"有趣"；但是动物园，或者至少是那些通常被称为"好的动物园"或"更好的动物园"的机构，往往与各种博物馆一样，被视为具有广泛的教育功能。一些动物园让人相信它们是更大范围内动物保护运动的一部分，从而成功地使自己与纯粹的动物娱乐场所进一步区别开来。许多人明显认为，这些更好的动物园既能帮助公众了解动物保护的紧迫性，又能成为在野外濒危甚至已经灭绝的物种的庇护所和繁育中心。当然，正如冈达的故事清楚表明的，动物园与其他类型的动物娱乐场所之间的区别可能会比较模糊，但大多数人所做的直观区分并不仅仅是因为对事实有所误解。

　　在 19 世纪和 20 世纪大部分时间里，动物园和马戏团中大象的生活显然没有太大的不同。管理这些动物的技术本质相同，大多数动物被训练以为公众进行各种表演；不论是在动物园还是马戏团，它们被绝大多数公众（和经营者）视为娱乐对象。马戏团的大象最显著的特点是，旅行是它们生活的一部分，这对大象的身体、心智或情感未必有害。图斯克在生命的最后阶段终于去了动物园，这样的事例也并不罕见。冬天，马戏团的大象经常被安置在动物园里，而马戏团中变得难以管理或在某些演出季需要找地方暂时存身的大象也常常会被转移或卖到动物园，有时在那里度过余生。此外，从游客的角度来看，到马戏团展览动物的帐篷中走走——那里通常有很多不同寻常的动物——在实际操作上其实与那时候参观小型动物园没有太大区别。食肉动物和其他各种动物被关在笼子里，别的动物则在栏舍里，还有相当多的动物可以喂食和抚摸。

简而言之，在整个 19 世纪和 20 世纪的上半叶，动物园与马戏团之间的界限并不清晰。但动物园和马戏团终究是不同的。在这一时期，动物园通常被视为宁静、清洁、有序、充满思想的所在，受过教育的人可以漫步其中，在完全受控的空间里看到动物——这正是霍纳迪所想象的那种地方——而人们眼里的马戏团总是更加刺激，是冒险的场所，人们希望在那里至少能感受到一丝危险——即使危险只是对表演者而言。对这种危险因素的期待在 20 世纪表达得更加清楚，正如人们也越来越直白地要求更加壮观的表演。在动物园和马戏团的世界里，推动变革的关键因素之一是不断努力超越竞争对手。对于动物园来说，这往往意味着每个动物园都希望通过更宏伟的建筑、更大规模的展示、更稀有的动物和更强烈的"个人"体验使自己脱颖而出；对于马戏团来说，这意味着以更加壮观的形式来进行表演，至少表面上看起来风险更大，也更危险。

图斯克在美国马戏团里的那些岁月正是马戏团中的大象生活发生变化的一个关键时期。一开始只是几头大象在偏远镇甸表

156

　　　　　　　　　　　　　　　　　　　大象的踪迹

演相对简单有趣的把戏，然后发展到在大城市之间铁路旅行，进行更大规模的巡回演出。这些演出之所以叫座，在于它们形式夸张，充满危险，观众也需要越来越壮观的娱乐形式。对于图斯克来说，这意味着在短短二十多年的时间里，它从一头能表演几个把戏的小象变成了被锁链束缚的怪物，最后又成为一头不受欢迎的"老"象，幸运地在西雅图动物园找到了一个家。这些描述并不能完全或准确地反映它的生活，但确实有助于揭示马戏团的历史，以及大象在这段历史中如何扮演了一种关键的角色。

注释

[1] 同一篇文章面目稍变，还出现在其他许多报纸上，其中一些现在已经停刊了，包括路易斯安那州圣约瑟夫（Saint Joseph）的《坦萨斯公报》（*Tensas Gazette*）、堪萨斯州阿尔图纳（Altoona）的《阿尔图纳论坛》（*Altoona Tribune*）、堪萨斯州巴克林（Bucklin）的《巴克林旗帜报》（*Bucklin Banner*）、路易斯安那州塔卢拉（Tallulah）的《麦迪逊日报》（*Madison Journal*）和密西西比州路易斯维尔（Louisville）的《温斯顿郡日报》（*Winston County Journal*）。

[2] 1913 年 2 月 4 日的得克萨斯《阿马里洛每日新闻》（*Amarillo Daily News*）将这一事件看作是其读者已经广泛讨论过的，在其《晨间头条》栏目中简单而神秘地写道："华雷斯竞技场内一场公牛与大象的战斗表明美国政治的方式方法已经传布到国境之外。"广告副本参见 Tusko the elephant, news clippings, 1933, 152, Woodland Park Zoo Historical and Administrative Records, Record Series 8601-01, box 15, file 2, Seattle Municipal Archives。

[3] "Bull in a Fight with an Elephant," *Lyons (KA) Republican*, June 3, 1913.

[4] 参见 Homer C. Walton, "The M. L. Clark Wagon Show," *Bandwagon* 9, no. 2 (1965): 4–11。

[5] 这个故事实际上与西尔维奥·贝迪尼（Silvio Bedini）在《教皇的大象》（*The Pope's Elephant* [Manchester, UK: Carcanet, 1997]）中所述的类似。贝迪尼讲述的是 16 世纪初一头大象和一头犀牛进行的一场被预先设计好了的搏斗。这个故事中的许多特点也呼应 1907 年在华雷斯的同一竞技场中发生的一场美洲水牛和公牛之间的战斗，这场战斗也是被预先设计好的。据阿尔伯克基

（Albuquerque）的一份报纸报道，这两种动物之间的冲撞声"几个街区之外都能听到"。参见"Big Buffalo Defeats Bull Sunday: In the Ring at Juarez, before an Immense Crowd of People," *Albuquerque (NM) Evening Citizen*, January 29, 1907.

[6] 鲁这个名字出现在内德的历史中，可能仅仅是因为这家公司本身就很有名。

[7] 我很高兴有机会感谢理查德·J. 雷诺兹三世（Richard J. Reynolds III），感谢他多年来与我的通信往来和对我的热情支持。2019 年 1 月我们开始讨论图斯克时，他很快给我寄来了他 40 年前（即 1979 年）在田纳西诺克斯维尔（Knoxville）美国动物园和水族馆协会地区工作坊（Regional Workshop of the American Association of Zoological Parks and Aquarium）讲演的一篇论文的摘录，论文题为《勒住你的马，大象来了！》（Hold Your Horses, Here Come the Elephants!）。能够迅速找到自己 40 年前写的东西，题目如此有趣，并且如此慷慨地分享——这些都是理查德的典型风格。

[8] Walton, "The M. L. Clark Wagon Show."

[9] 其他资料将明娜到达美国的时间列为 1890 年，但 1895 年似乎更可信。2019 年春，我询问了汉堡哈根贝克动物园的档案管理员，是否有记录显示克拉克马戏团在 19 世纪 90 年代购买过大象。档案记录并不完整，但他找不到任何关于向马戏团出售大象的文件。

[10] M. L. 克拉克父子马戏团 1908 年还引进过两头很年幼的大象，托尼（Tony）和贝比（Babe），但它们最初是由马车运输的。托尼 1909 年被卖给了艾尔·G. 巴恩斯马戏团。

[11] 克拉克在 1904 年的圣路易斯世界博览会行将结束时买入了六匹骆驼，包括当地很有名的莫斯（Mose），照片中这头骆驼可能也是其中之一。参见 Homer C. Walton, "Ned and Mena, Famous Elephants," *Bandwagon* 2, no. 6 (1958): 7。

[12] Walton, "Ned and Mena, Famous Elephants," 7.

[13] 例如，可参见 1934 年 7 月 16 日印第安纳州格林菲尔德《每日报道》（*Daily Reporter* [Greenfield, IN]）关于达根兄弟马戏团的报道，1935 年 6 月 6 日密苏里州《莫伯力新闻索隐报》[*Moberly (MO) Monitor-Index*] 关于贝利兄弟马戏团的报道，以及 1935 年 10 月 8 日南卡罗来纳州《佛罗伦萨晨间新闻》[*Florence (SC) Morning News*] 关于约翰尼·J. 琼斯马戏团的报道。

[14] *Daily Reporter* (Greenfield, Indiana), July 12, 1934.

[15] 霍默·沃尔顿也有类似的观察："在克拉克马戏团期间，内德还没有像后来那样声名不佳。但这可能是因为它每天要在南方的崎岖道路上穿城过镇，要将马车推出泥坑以及在泥地上推进推出，还要参加演出，这些都让它无暇去惹麻烦。"（"Ned and Mena, Famous Elephants," 7.）"巴克尔斯"·伍德科克多年来在其巴克尔斯博客上也多次提及这张相对来说较为人所知的内德和明娜的照片。

例如，可参见他 2005 年 10 月 11 日的博文和后续评论，https://buckdesw.blogspot.com/2005/10/ml-clark-circus-c1919-ned-and--mena.html。

[16] Richard J. Reynolds, "Hold Your Horses, Here Come the Elephants!" 雷诺兹所述的日期、地点、目的地与沃尔顿在 "The M. L. Clark Wagon Show" 中的论述一致。但据 Alexander Haufellner, Jurgen Schilfarth, and Georg Schweiger, *Elefanten in Zoo und Circus*, vol. 2: *200 Jahre Elefantenhaltung in Nordamerika 1796−1996* (Munster: Schuling, 1997)，内德在克拉马戏团的时间只到 1916 年，之后被转让给其他几个马戏团，包括惠勒兄弟马戏团（Wheeler Bros. Circus）和 R. T. 理查德马戏团（R. T. Richard Shows）。我无法由其他关于内德的记述或这些马戏团的记录来证实上述转让发生过。因此，我仍然采用长期以来关于内德的传说——克拉克马戏团在 1921 年将它卖给了巴恩斯。

[17] Reynolds, "Hold Your Horses, Here Come the Elephants!"

[18] 1932 年，一个马戏团爱好者团体最终仔细称量了图斯克，得出的数字给人留下深刻印象：它身高 10 英尺 2 英寸，体重 14 313 磅。但值得注意的是，在得到这一体重数字前的数年间，图斯克的处境相当不妙，其饲养员要费很大劲才能养得起它。我认为，当它在巴恩斯马戏团时，内德的体重可能要重得多，尽管显然不会达到 2 万磅。

[19] "What Happened When Tusko Went on a Rampage," as told to Dave Roberson by Al G. Barnes, typescript, 1. Woodland Park Zoo Historical and Administrative Records, Record Series 8601−01, box 15, folder 3, Seattle Municipal Archives.

[20] 巴克尔斯的博客是马戏团大象历史的极佳资料来源之一。该篇博文发表于 2016 年 10 月 23 日。见 https://bucklesw.blogspot.com/2016/10/7-tusko.html。

[21] "What Happened When Tusko Went on a Rampage," 3.

[22] "Elephant on the Rampage: He Leaves Thirty-Mile Trail of Destruction in Washington State," *New York Times*, May 18, 1922.

[23] 1922 年的巴恩斯马戏团中并没有叫 "亨德里克森" 的人。该人名未出现在《官方演出季路线行程手册》中，该手册列出了当年所有马戏团工作人员的名单，以及所有演出的日期。威斯康星州巴拉布市马戏园博物馆图书部（Circus World Museum Library）的罗伯特·L. 帕金森藏书和研究中心（Robert L. Parkinson Library and Research Center）藏有一份 1922 年的路线手册。

[24] "What Happened When the Elephant 'Took a Notion,'" *Salt Lake Telegram*, magazine section, 29.

[25] 巴恩斯马戏团的广告人员似乎在全国各地的地方报纸上大讲特讲他们的故事，不过追踪这些故事可能会很困难。本质上相同的文章（细节在各地有所更改）出现在全国各地的报纸上。通常，在马戏团到达一个市镇后，这种文章会刊发

在当天报纸的下午版，鼓励人们晚上去看演出。例如，1922 年 3 月 30 日，当马戏团在加利福尼亚州维塞利亚（Visalia）时，当地报纸刊登了一篇名为《艾尔·G. 巴恩斯马戏团莅临，请来参加游行和首演》（Al G. Barnes Circus Here; Parade, First Show Please）的文章，描述了游行和下午的表演。几乎相同的文章 1922 年 5 月 5 日刊发在俄勒冈州的《尤金卫报》[Eugene (OR) Guard] 上，标题为《马戏团游行老少咸宜》（Circus Parade Delights Kids, Older Folks）；1922 年 10 月 18 日又出现在得克萨斯州的《科西卡纳太阳日报》[Corsicana (TX) Daily Sun] 上，标题为《艾尔·G. 巴恩斯马戏团的游行人气满满》（Great Crowds Delight in Al G. Barnes Circus Parade）。

[26] "Elephant Star of Parade: Tusko a Drawing Card for Al G. Barnes' Circus That Shows Monday Evening," *Lincoln (NE) Journal Star*, June 26, 1922.

[27] "'Tusko,' of the Circus Escapes and Is Caught on P.R.R. Tracks," *Evening News* (Harrisburg, PA), August 9, 1922.

[28] 航行日志的第一页记录了该船于四个多月前的 1795 年 12 月 3 日从加尔各答出发。乔治·吉尔伯特·古德温（George Gilbert Goodwin）是美国自然历史博物馆的哺乳动物策展人，其 1925 年对上述日志和大象的描述指出，航行日志首次提到大象是出发两个月后的 2 月 17 日，当时船只正停靠南大西洋的圣赫勒拿岛（St. Helena）补充给养。两个月后，大象在纽约下船。（"The First Living Elephant in America," *Journal of Mammalogy* 6, no. 4 [1925]: 256–63.）

[29] Goodwin, "The First Living Elephant in America," 259.

[30] 这头大象活了多久并不清楚。哈卡莱亚·贝利（Hachaliah Bailey）1808 年买了一头大象，并称之为 "老贝特"（Old Bet），这很可能就是克劳宁希尔德的那头。贝利的 "老贝特" 似乎去世于 1816 年。

[31] 广告复制版见于 Goodwin, "The First Living Elephant in America," pl. 24.

[32] Elizabeth Sandwith Drinker, *Diary of Elizabeth Sandwith Drinker*, vol. 2 (Boston: Northeastern University Press, 1991), 860.

[33] 我在文章中对 "独脚站立" 进行过论述，见 "Why Look at Elephants?" *Worldviews Environment, Culture, Religion* 9, no. 2 (2005): 166–83。

[34] "What Happened When Tusko Went on a Rampage," 3.

[35] 这个 25 美分的数字出自伍德兰动物园园长格斯·克努森 1932 年秋天编写的一份手稿，题为《图斯克的历史》（History of Tusko）。克努森在动物园于当年 10 月收购图斯克时曾尝试通过问询和去信的方式追溯图斯克的过去。其叙述中的许多日期是不正确的（例如，他以 1922 年为图斯克被转让给巴恩斯的年份，而塞德罗-伍利 "奔蹿" 的日期被说成是 1924 年），但其总体轮廓是正确的。（Woodland Park Zoo Historical and Administrative Records, Record Series 8601-01,

大象的踪迹

box 15, folder 3, Seattle Municipal Archives.）

[36] "What Happened When Tusko Went on a Rampage," 4.

[37] 我之所以使用"围栏"（pen）一词，部分原因是马戏园博物馆所藏的一张图斯克的照片背面的说明。照片摄于 1930 年，当时图斯克在巴恩斯马戏团新的冬季驻地鲍德温公园。那里给图斯克设立了一个类似的围栏，但外边还搭建了木头棚。围栏里有一个栏舍，四面都有铁栅栏，可以将图斯克固定得完全动弹不得。照片显示图斯克被固定在栏舍中，其背面有人写道："图斯克在它的第一个牢笼里，挽具刚被调试或试用过。卡尔弗城。设计挽具和牢笼的福布斯先生站在大象背上。""福布斯"是巴恩斯马戏团的铁匠雷德·福布斯（Red Forbes），他还为图斯克设计了锁链。

[38] 被收购后，马戏团改名为艾尔·G. 巴恩斯马戏团，20 世纪 30 年代继续巡回演出。1928 年和 1929 年，图斯克与另一头硕大的雄性亚洲象一起展出，后者名叫戴尔蒙德（Diamond），是巴恩斯 1928 年收购的，作为图斯克太过危险而无法演出时的替身。因此，当图斯克被关在加利福尼亚的围栏里时，戴尔蒙德（现在通常称为黑戴尔蒙德，这是老威廉·伍德科克 [William Woodcock Sr.] 给他取的名字）会被称为图斯克；如果它俩同时出现在一个节目中，那么戴尔蒙德就会被称为图斯克，而图斯克则会被称为"强壮的图斯克"。1929 年 10 月 12 日，它俩都跟着马戏团在得克萨斯州的科西卡纳市（Corsicana），戴尔蒙德杀死了当地一名叫埃娃·斯皮德·多纽胡（Eva Speed Donohoo）的女子。参见 Homer C. Walton, "The Story of Black Diamond," *Bandwagon* 3, no. 3 (1959): 17–18。

[39] 作为表达方式，"失控"（running amok）跟"离群象"（rogue）一样，似乎跟西方人与印度、马来西亚和大象的相遇有着不可分割的联系。关于海罗和戴尔蒙德我写过文章，分别是 "A Hero's Death," *Animal Acts: Performing Species Now*, ed. Una Chaudhuri and Holly Hughes (Ann Arbor: University of Michigan Press, 2013), 182–88, 和 "Touching Animals: The Search for a 'Deeper Understanding' of Animals," in *Beastly Natures: Animals, Humans, and the Study of History*, ed. Dorothee Brantz (Charlottesville: University of Virginia Press, 2010), 38–58。

[40] 关于马戏团路线簿，马戏团历史学会（Circus Historical Society）有一个庞大的数据项目。以上日期来自其数据库，见 https://circushistory.org/archive/routes。

[41] "Elephant Derby Next Item on Sports List," *Oakland (CA) Tribune*, December 21, 1931.

[42] 参见 "Tusko Is Sold," *Bend (OR) Bulletin*, November 5, 1931。在与拜伦·费舍（Byron Fish）合写的回忆录《我爱离群象：与马戏团大象为伴的人生》（*I Loved Rogues: The Life of an Elephant Tramp* [Seattle: Superior Publishing, 1978]）中，乔治·"瘦子"刘易斯称，奥格雷迪和格雷花 1 美元搞定了所有权。（第 117 页）

[43] Lewis, *I Loved Rogues*, 118.

[44] "Owners Make New Home for Huge Elephant," *Salt Lake Tribune*, November 29, 1931.

[45] 参见 "Tusko Sale Falls Through," *Bend (OR) Bulletin*, December 9, 1931, 和 "World's Biggest Toddy Given Tusko," *Victoria (TX) Advocate*, December 21, 1931。

[46] "Tusko on Rampage, Again: Dodges Firing Squad," *Press Democrat* (Santa Rosa, CA), December 26, 1931; "Big Elephant Rechained in Wild Battle," *Salt Lake Telegram*, December 26, 1931; "Huge Animal Saved from Firing Squad: Elephant Goes Berserk, but Mayor Steps in to Halt Guns and Quiet Beast," *Abilene (TX) Reporter-News*, December 27, 1931.

[47] 1931 年 12 月 27 日俄勒冈州的《克拉马斯新闻》[Klamath (OR) News] 有一篇题为《波特兰民众观赏 6 吨重的图斯克，大象生意蓬勃兴隆》（Elephant Business Booms as Six Tons of Tusko Are Viewed by Portland People）的文章声称，"奔蹿"事件发生后的第二天，有 600 人付费来看图斯克，"图斯克大象无限公司"又开始有了给人留下深刻印象的生意。

[48] Lewis, *I Loved Rogues*, 129.

[49] "Salem May Send Elephant Abroad: Citizens of Capital City Start Fund to Send Tusko to Siam," *Eugene (OR) Guard*, November 4, 1931.

[50] "Was It a Mercy?," in the "What Other Editors Think" column in the *Eugene (OR) Guard*, December 30, 1931.

[51] Rose Hellman to Gus Knudson, October 9, 1932, and November 25, 1932. Woodland Park Zoo Historical and Administrative Records, Record Series 8601−01, box 15, folder 4, Seattle Municipal Archives.

[52] Lewis, *I Loved Rogues*, 143.

[53] Report on Tusko, April 1933, Woodland Park Zoo Historical and Administrative Records, Record Series 8601−01, box 15, folder 8, Seattle Municipal Archives.

[54] George W. Lewis, report on Tusko, Woodland Park Zoo Historical and Administrative Records, Record Series 8601−01, box 15, folder 8, Seattle Municipal Archives. 其他饲养员和动物园官员的报告印证了刘易斯的叙述。

[55] Christen Wemmer and Catherine A. Christen, eds., *Elephants and Ethics: Toward a Morality of Coexistence* (Baltimore, MD: Johns Hopkins University Press, 2008). 感谢克里斯（Chris）和凯特（Kate）邀我参加这一重要项目。

[56] 关于凯歌的更多论述，见 Jason Colby, *Orca: How We Came to Know and Love the Ocean's Greatest Predator* (New York: Oxford University Press, 2018)。

[57] 值得记住的是，正如马戏产业利用大象来增加其娱乐效果一样，善待动物组织（People for the Ethical Treatment of Animals [PETA]）——以及动物园、旅游局和各种各样的公司——也在利用大象来放大他们传达的信息。

第六章

最后的同类

在伦敦贮藏设施中的一排大象头骨的尽头，放着一头巨大公象的头骨，是狩猎的战利品。这番景象既引人注目又令人不安。这个标本乍一看就很不寻常，不仅因为它体积巨大，还因为其下颚由一个定制的铁架支撑着，骨骼的颜色很深。深色是很久以前这个头骨被刷了清漆留下的痕迹，似乎是为了使其作为家居装饰更具吸引力（图 6.1）。头骨上的标签注明，此标本来自一个不再被承认的亚种——孟加拉亚洲象（*Elephas maximus bengalensis*），1888 年由乔治·P. 桑德森（George P. Sanderson）在阿萨姆的加罗丘陵（Garo Hills）猎得。这些骨骼再次引导我去图书馆和档案库查阅资料。很快，一段更为丰富的历史开始显现。

到 1902 年他去世时，桑德森的名字已经跟英帝国对印度的统治联系在一起，不可分离。部分原因是他似乎是鲁德亚德·吉卜林的短篇小说《大象的图迈》（*Toomai of the Elephants*）中彼得森·萨希卜（Peterson Sahib）这一角色的原型——这个故事也被改编成了多部电影。桑德森出生于印度，父母都是传教士，他本人是在英国受的教育。1864 年，时年 16 岁的他来到迈索尔（Mysore），学会了当地的卡纳达语（Kannada），最后被任命为一段古老运河的管理者。他写道，"由于上级军官的晋升"，他最终于 1868 年被任命管理整个长达 716 英里的运河系统。桑德森认为，

图 6.1　桑德森 1888 年射杀的大象的骨骼。海伦·J. 布拉德摄。伦敦自然历史博物馆授权使用。

对于一个对狩猎而不是公务员工作更感兴趣的年轻人来说，这个任命很理想。正如他在 1878 年的回忆录《十三年：在印度与野兽为伍》（*Thirteen Years among the Wild Beasts of India*）中写道的："在工作中，我会穿越……广阔的土地，包括几片美丽的丛林。我有足够的薪水购买好的武器，并且有足够的钱来好好打猎；我把大部分的假期和所有的现金都花在了这上面。"[1] 1873 年，他获准在迈索尔附近的森林中尝试捕捉几群大象。他的努力取得了成功。1875 年，他被任命为孟加拉捕象所（Bengal Elephant-Catching Establishment）的临时负责人，负责在加罗和吉大港（Chittagong）山区的工作。桑德森在吉大港捕获了 85 头大象，然后回到迈索尔，被任命负责那里的捕象工作。他们在那儿使用的围栏系统跟坦南特笔下锡兰所用的围栏差不多。

《十三年：在印度与野兽为伍》很大程度上体现了塞缪尔·怀特·贝克的精神。[2] 比如，桑德森对大象冲击的描述，完全可以出自贝克之手："野生大象的袭击是狩猎中最壮阔的景象之一。几乎无法想象有比全速冲击的野生大象更宏伟的活物。"他将老虎的冲击描述为"一场不体面的四肢乱动和唾飞沫溅"，而将大象的冲击比作"火车沿着轨道快速前进"。[3] 对于桑德森和贝克来说——对于西奥多·罗斯福来说也是一样——追逐几乎任何猎物都是激动人心、文明并且"有男子气概"的，而追猎大象则是狩猎之最，几乎天然带有崇高感。对于这些人来讲，追踪大象并在其疾冲而至时对其迎面开上最后一枪是勇气、狩猎技术和丛林生存能力的考验。而且，在这些人活动的帝国语境中，猎象也是其特权的理想表达。为获得食物而狩猎，出于商业目的而狩猎，或者鼓励当地土著去狩猎，都几乎总是受到这类猎人的反感。但是独自狩猎（或他们所谓的"独自"，这通常是指由当地的背枪人、搬运工和私人"童仆"陪同的情况）总是被视为一种高度"文明"的活动。

即使他们无可辩驳地跟丢了猎物，这些人也会几乎下意识地指责他人是问题之所在。他们坚信通过设立保护区、要求狩猎许可证、禁止商业目的的狩猎，以及禁止当地人狩猎，就能将猎物保留给那些为更为高远的目的而狩猎的人，比如为了求知，或者为了挑战自我。例如，桑德森的回忆录中有一章关于大象狩猎，即他所称的"最壮阔的野外运动"；在着笔此章之前，他曾特别稍作停顿，思考写这个主题是否有意义，因为在印度和锡兰，猎象已被禁止，以保护剩余的野生象群。[4]然而，在停下来对这种状态进行思考后，桑德森摒弃了"猎象主题不值得写"的想法，并坚信猎象必将再次兴起——这被事实证明是正确的。不过，桑德森写作此书时并不知道，狩猎，尤其是猎象，当时正开始受到越来越广泛的批评。19世纪末20世纪初，别的作家，包括猎人，开始思考的问题不仅有狩猎是否应该继续被允许，甚至还有大象是否能有未来。如果说像贝克、桑德森和罗斯福这样以狩猎为运动的人能说服自己他们并不是问题之所在，那么其他人则开始考虑大象的消失——在他们看来，大象不可避免地会灭绝。

磊磊树的魔咒

这位旅人可能只看到了一种像树一样的灌木。它覆盖了许多山岭，还有草原上的孤寂平原；其辛香播于远方。

——卡尔·乔治·希林斯：《磊磊树的魔咒》（1906 年）

1904 年底，德国猎人、探险家卡尔·乔治·希林斯（Carl Georg Schillings）出版了一本开创性的书，题为《带着手电和步枪——赤道东非洲的狩猎冒险和野生动物研究纪行》（*Mit Blitzlicht und Büchse: Neue Beobachtungen und Erlebnisse in der Wildnis inmitten der Tierwelt Äquatorial-Ostafrika*），1906 年由弗雷德里克·怀特（Frederic Whyte）翻译成英文（*With Flashlight and Rifle: A Record of Hunting Adventures and of Studies in Wild Life in Equatorial East Africa*）。[5] 此书一出版就几乎马上成为经典，这部分得益于西奥多·罗斯福的推荐。在其 1905 年出版的《一个美国猎人的户外消遣》（*Outdoor Pastimes of an American Hunter*）中，罗斯福力主将《带着手电和步枪》立即翻译成英文，称其为"近来关于荒野世界的最佳书籍"。罗斯福称，希林斯是"一位伟大的野外博物学家，一位训练有素的科学观察家，同时也是一位强大的猎人"；他得出结论称"普通猎人"无法像希林斯在这本书中做到的那样为知识做出贡献。他主张，每位现代大型动物狩猎者都应该像希林斯一样，成为"热爱冒险的野外博物学家和观察家"。[6] 希林斯拍的照片给罗斯福留下很深的印象，而几年后他自己的《非洲猎踪》中的插图显示了这部德国作品的影响。该书的写作也受到罗斯福的赞赏。正如他在讨论狩猎书籍时曾经指出的："即使是最激动人心的事件，如果只是简单地按时间排列，记录为'射杀了三只犀牛和两只水牛；第一只犀牛和两只水牛都曾冲过来',那么其动人程度就会变得和贝德克(Baedeker)的文字一样"——"贝德克"是当时流行的系列旅行指南。[7] 罗斯福坚称:"真正好的狩猎书籍像其他任何好书一样,一定会包含如逝去的宠物那般令人难忘的描写。"他认为,希林斯写了一本好书。人们谈论此书,其在德国、英国和法国获得的总体反响跟罗斯福表现出来的热情相互印证。[8] 1905年1月,罗斯福写信给威廉·霍纳迪说:"关于大型猎物的自然史,还有多少工作得由乔治来完成!在这方面,大型动物猎手的成就是多么有限!你知道希林斯的书,对吧!"[9]

乍一看,《带着手电和步枪》这本书之所以非同寻常,在于其中有300多张照片,其拍摄使用了当时最先进的户外摄影技术,包括长焦摄影和新的夜间摄影技术等。别的作者之前写的书通常是复制已经死去的动物的照片,但希林斯不同,他试图在照片中捕捉到活的动物及其行为场景。他想要拍摄活动的动物、人类和景观。[10] 作为一组作品,这些照片颇具开创性;柏林动物园园长在该书德文版的引言中将其描述为"自然的文献"。

161　　　这些照片非同凡响。但希林斯的文字也常常不落俗套,跟人们预期从一本以倒地大象为封面图案的书中会读到的不同。[11] 在书的第一章《文明的悲剧》(The Tragedy of Civilisation)中,希林斯明确表示,这本书不仅仅是狩猎冒险的故事。他的潜台词是,文明的传播正在结束地球上的许多生命。希林斯写道:"文明的中心烟霾弥漫,喧嚣,躁动,机器轰鸣呼啸。远离那里,一场庄严感人的独特悲剧此刻正在上演。"希林斯解释说,随着探险家深入非洲和全球其他地区,原住民被赶出,随之消失的还有

"当地丰富多彩的动物"，几千年来原住民赖其为生。探险家和殖民者将任何能够让他们获利的动物杀戮殆尽，还将别的动物也杀戮殆尽，仅仅因为它们造成了某些不便。他说："在世界历史上，从未有整个的动物群体被人类如此之快地赶尽杀绝过——尤其是那些体型庞大、身强力壮的动物。"而且，不仅是当地的人和动物消失了。树木和森林也被欧洲人带来的入侵植物所替代。他观察到，殖民者最终"将毁掉一切对他们无用或有碍的东西，只会留下满足他们需要或趣味的动植物"。[12]

在《带着手电和步枪》中反复出现一种紧迫感。特别是大型猎物，它们已经时日无多。希林斯提到美洲野牛的灭绝作为例子。他注意到，就在几十年前，还有数百万头野牛"在宽阔的大草原上漫游"。令他惋惜的是，它们现在"已经和曾与它们比邻而居的印第安部落一样走上了绝迹的不归路"。他接着写道："很快，就会有其他很多美洲动物中的高贵物种步它们的后尘。"他还赞扬了罗斯福总统"为阻止这场不可避免的灾难"所付出的努力。[13]

与当时有关非洲的其他热门狩猎书籍相比，《带着手电和步枪》因其对猎物消失的关切而独树一帜。然而，它仍然可以被视为一部狩猎回忆录，按照通常的方式组织其篇章，各章节讨论不同物种的狩猎——大象、犀牛、河马、水牛、鳄鱼、长颈鹿、斑马、狮子等。不出所料，书中有扣人心弦的追踪，还有对各种野兽的最后一击。毕竟，希林斯是来非洲狩猎和制备标本的。经过两次探险，他返回欧洲时携带了大量的收藏品。虽然希林斯曾经批评坦噶尼喀（Tanganyika）的传教士在四年内用土的宁毒杀了37只狮子，但他自己一个人带回德国的标本就有"大约 40 只狮

162

子，约 35 只豹，以及大量的鬣狗、胡狼和其他猛兽”[14]。他还带回了一批鸟类收藏品，有 1 000 多个标本。柏林皇家动物博物馆策展员保罗·马切（Paul Matschie）说他“收集的物种数量比他之前的任何旅行者都多”。[15]这是一本像罗斯福这样的猎人可以欣赏的书；同时，它也是一本像罗斯福这样的保护主义者可以欣赏的书。世界正失去很多非同一般的动物，有鉴于此，这本书敦促猎人们率先行动保护动物，并且在所有动物最终似乎不可避免地走向毁灭之前为科学目的收集好标本。希林斯主张，必须制止或至少是放缓由农民、殖民者、土著、食物猎人和市场猎人所造成的屠杀。尽管从他的观点来看，进步和文明将不可避免地无法与野生动物共存，但希林斯还是希望思虑周到的猎人和明智的政府能保护至少一些土地，在那里建立狩猎保护区，让野生动物过去的辉煌仍能多少残存一些。

《带着手电和步枪》是 20 世纪初兴起的动物保护运动的重要里程碑。然而，希林斯在其第二本回忆录《磊磊树的魔咒》（*Der Zauber des Elelescho*）中走得更远。该书于两年后的 1906 年出版，英译本面世于 1907 年。[16]可能如历史学家伯恩哈德·吉西布尔（Bernhard Gissibl）所说，此书只是想从《带着手电和步枪》的成功中沾光，但也呈现出一种截然不同的感觉。这种差异甚至在封面上就体现得很明显：一头栩栩如生的长颈鹿安然卧在草地上，诗意文字组成的标题则在这个引人注目的图案下方（图 6.2）。从书中的第一句话开始，就可以明显感觉到这本书不会简单地重复《带着手电和步枪》。英文翻译本《狂野非洲》（*In Wildest Africa*）开篇如下：“1897 年 1 月 14 日下午，一支由大约 50 名土著搬运

图 6.2 希林斯《磊磊树的魔咒》的封面。

工组成的小队，正在疲惫地穿越辽阔的平原，朝他们梦寐以求的目的地进发。"[17] 希林斯在维多利亚湖高烧病重，队伍从那儿出发，一直行进到纳库鲁湖（Lake Nakuru）周围的高海拔地区，那里终于能够看到纳库鲁湖了。这个咸水湖的岸边在那个季节遍布新的草场，希林斯呼吸着新鲜空气，注视着"成千上万"只汤氏瞪羚，它们正在"绿草如茵的湖边觅食，或散落在由黑曜石、辉石和浮岩组成的石滩上"[18]。

163

回想起在湖边的日子，希林斯追忆道："关于那些日子的诸多记忆仍然像魔法一样影响着我，其中有一样东西对我有特殊的意义：磊磊树（Elelescho）！"[19] 这种野生樟树的叶子呈银灰色，在当地被称为"乐乐树"（leleshwa）。对希林斯来说，这种树的样子和气味连接着"独自投身于人迹罕至的荒野，将自己从现代文明的压力及其所有的急迫匆忙中解放出来"的感觉。[20] 希林斯想象，这种植物在当地无疑仍然可以找到，但由于欧洲文明的推进，由于铁路的修建及随之而来的一切变化，磊磊树香气的古老魔力可能已经被摧毁。曾几何时，"荒野的魔咒"和"夜晚的情绪""揪紧人的感官，如某位伟大的交响诗人创作的夜曲"；回忆及此，希林斯伤悼一个旧时代的消逝。[21]

164

到20世纪20年代，交响诗已成明日黄花，但在希林斯写这本书的时候，交响诗仍是一种流行的管弦乐作曲形式，且已经流行了超过四分之三个世纪。它以单一乐章结纂，将音乐主题与戏剧性的画作、著名故事或传说联系在一起，鼓励听众在听音乐的同时也想起这些传奇。[22] 希林斯的哥哥马克斯（Max）是一位交响诗作曲家，回忆录就是献给他的。希林斯显然打算让他的书具有抒情或音乐的特质。虽然这本书仍然非常接地气地聚焦于非洲，但书里写到的许多时刻似乎要在更审美的层面上协奏共鸣。例如，在第一章中，有一段文字详尽描述了一个梦，这在《带着手电和步枪》中永远不可能有一席之地。无论是主题还是美学风格，希林斯的写作在几年后都得到了罗斯福的回应：

> 我似乎见到眼前出现了太古时代发生的事情——奇异可怕、漫无边际的火山力量曾经建立并赋形于我周围的土地，毁灭了所有生命，同时又为以后脉动不止的一波波生命创造着条件。过去的动物奇妙而强大，它们已灭绝多时，但在我的脑海中，我见到它们从我眼前经过。

梦境继续，一群有数百头之众的大象走到湖边饮水，在泥里打滚；"领头的是一头巨大无比的年迈母象"。在这些巨兽的庞大身影中，还有刚出生几周的小象，由年长的大象照顾，保护它们免受伤害。接着，希林斯看到"几百头长颈鹿下到湖边"。然后，他看到各种羚羊伴随着"无数的水牛""来洗一个清凉的澡"。[23]在梦中，希林斯能够在动物中穿行，它们并不感到害怕。最终，他遇到了一队阿拉伯商人，一边听一个男人谈论象牙贸易，一边悄然睡去。当他醒来时，他意识到他所见的一切都是梦境，是由"磊磊树的魔咒"引起的——这种植物的芬芳使他得以目睹非洲的遥远过去。他在结尾处写道："从现在算起，一百年后，曾经是最黑暗非洲的广大地区都多少会受到文明的濡染，而今天在那里依然生活着的那个令人愉悦的动物世界，将屈服于文明人的力

165

量。"他指出，在未来的那个时代，那些拥有已消失的非洲动物的犄角、兽皮、象牙、头骨和其他标本的人会出售他们的藏品，要价是同等重量的黄金。他说，"那时没人能够理解"，"因为追求贸易利益，因为那些土地上新移民的鲁莽行为"，这一切怎么就完全消失了。[24]

在《狂野非洲》中，希林斯的目标是让读者感受非洲的野生动物、文化和土地是如何毁灭的，也试图说服读者在思想层面接受这一切正在发生。他相信，将来的某个时候，大多数非洲大型动物将会灭绝。其中最重要的损失当然是大象。在希林斯看来，问题的所在很明显：商业。因为人们愿意为用来制造台球的象牙付费，贸易商就有动力去获取尽可能多的象牙。[25]其结果是"火药和子弹在黑暗大陆昼夜不息"。然而，对大部分破坏负有主要责任的并不是欧洲猎人。相反，他认为，是当地土著杀死了大多数动物以供应欧洲市场。他与其他猎人一样，坚称除非欧洲政府采取措施制止当地土著猎杀大象，"否则很快，除了在最难以到达、最不健康的区域，大象将销声匿迹"。他认为，结局是不可避免的；不管这发生在"三十年、四十年还是五十年"以后，这数十年都无法与"这些美妙动物进化的无尽岁月"相比。[26]他写道："再一次，文明将在一个世纪内消灭整个物种。"[27]

对于希林斯来说，大象面临灭绝的威胁并不是因为有人以狩猎为体育运动、屠杀大象作为战利品，而是因为对象牙的需求导致所有人都尽量去寻找大象，并将其杀害。虽然他并不认为运动狩猎有什么问题，但他确实相信狩猎应该是为了更高尚的目的，即收集科学标本，建立关于动物的收藏。当这些动物最终从野外消失时，这些收藏将成为对过去的记录。[28]有一个关于为两头公象拍照的特别故事在两本回忆录中都出现了，但内容大相径庭，突显出希林斯一方面连结着猎象的悠久历史，另一方面又反映出人们近来对大象的观感。在他的第一本书《带着手电和步枪》中，希林斯写道，他永远忘不了，曾在一个小山上"徒劳地等待阳光"达数天之久，希望能够拍到一些好的大象照片。他回忆道："一旦我成功地拍了照片，这一刻就似乎终于来临了，我可以杀死这两头公象了。"[29]希林斯拿起枪，追赶这两头大象，但尽管他付出了种种努力，大象还是逃脱了。然而，两天后，他又遇到了它们。狩猎再次开始。追寻公象一个多小时后，希林斯看到它们在一个深谷中洗完泥水浴走出谷来，进入一片密集的灌木丛。"真是让人心碎！"他惊叹道。"我再早到一小会儿，这两头大象就会倒在泥里死去。长着200磅象牙的动物！在整个非洲的广阔地区，几乎没有哪个欧洲猎人曾经捕获过这样的大象！"[30]他跟着两头大象进入灌木丛，但它们逃跑了。

第二部回忆录中的故事版本明显不同。希林斯写道，他一直想拍摄在野外自由活动的大象。然而，由于技术的限制，这次拍摄将会困难重重；不过有一个山谷里有水源，大象常去，希林斯觉得如果他到一座俯瞰这个山谷的山上去，可能会有拍摄的机会。[31]他解释说，从他的营地到山顶，每天早上要走五个小时，大部分时候天都还没亮；等最后到达山顶时，由于暴露在湿草和灌木丛中太长时间，他觉得很冷，"皮肤都湿透了"，但他不敢生火，以免惊扰大象。希林斯接着花了几周时间希望用相机的长焦镜头拍到照片。[32]终于有一天，云散开了，他看到两头巨大的大

图 6.3　两头大象和一只长颈鹿。出自希林斯《磊磊树的魔咒》。

　　　　　　　　　　　　　　　　　　　　大象的踪迹

象和一头长颈鹿在山谷中移动（图6.3）。他写道："我永远不会忘记，两头公象雄伟的白色象牙在谷底熠熠生辉，只有亲眼见到才能理解这一非凡景象。"[33]他承认，拍照的时候，他想用枪射杀至少其中一头大象，然而他还是决定放弃。他写道："我做过艰难的自我斗争，但是要拍到照片的愿望胜利了。世界上没有任何博物馆拥有过这样的图片。这是最终具有决定性的想法。"[34]第二部回忆录包括四张这两头公象的照片，每张都占一整页，拍摄距离超过400码，但希林斯没有提到他在接下来的几天里试图杀死这两头公象。在思索这些照片和这一关键经历时，希林斯得出结论："这两头大象毫无疑问早已被杀死，在未来很多年里它们将活在我的照片中。"[35]当然，这些照片也是战利品，但希林斯叙述有关故事的方式发生了根本性的变化。在《带着手电和步枪》中，希林斯明确表示他确实想要拍摄这样的照片，但同样明确的是，这并不是他的优先考虑，他优先要获得的实际上是数百磅的象牙。而在两年后发表的第二个版本的叙述中，试图杀死公象的整个故事都消失了；而这些非凡的照片成了故事的焦点。

这让我们回到第二部回忆录德文版封面的话题，封面图案是一只静静卧在草地上的长颈鹿。这一形象来自专门介绍长颈鹿的一章，题为《消失的草原特色》，相关照片出现在该章的结尾段落之前（图6.4）。希林斯在这一章的最后写道："带着悲伤、忧郁、不解的眼神，长颈鹿似乎在凝视着现在的世界，这个世界已经没有它的容身之地了。这双眼睛中的表情因千百年来诗人在歌曲民谣中的吟咏，已成为不朽。任何见过这种表情的人都不会轻易忘记它。""这一天离我们不远了，"他总结道，"最后一只"长

第六章 最后的同类

图 6.4　长颈鹿。出自希林斯《磊磊树的魔咒》。

　　　　　　　　　　　　　　　　　　　大象的踪迹

颈鹿"美丽的眼睛将在沙漠中永远闭上。"[36] 这张照片之所以引人注目，一个特别的原因是，与书中所有其他长颈鹿的照片不同，这一张是在极近的距离拍摄的。回想当时落后的摄影技术，我们被迫接受这样一个事实，即这张照片——它也是使书籍封面出彩的形象——是在长颈鹿被射击致残后拍摄的。这只长颈鹿并不是安静地躺在草地上；希林斯之所以能拍到这张照片，只是因为这只动物无法站起来逃跑。这张照片描绘的并非与世无争、不受西方猎人和他们的猎枪威胁的大草原。这是一张垂死的长颈鹿的照片。尽管希林斯有他自己的说法，但最终这张照片就像他的许多"自然文献"一样，还是关乎死亡，关乎灭绝。

警报

> 人们述说过最黑暗的非洲，但非洲历史最黑暗的篇章只有现在才被文明的进程书写。
>
> ——卡尔·E. 埃克利：《非洲之光》（1920 年）

描述我们现在通常称之为第六次大灭绝的绝不止希林斯一人。实际上，至少从 19 世纪中叶甚至 18 世纪末开始，人们就认识到世界上的野生动物正在消失。1796 年，居维叶宣布猛犸象是一种灭绝的物种，这无疑是一个关键的时刻。此后人们很快就发现了其他许多已灭绝的动物种类，包括各种犀牛、河马、熊、狮子、老虎、鬣狗、大地懒和爱尔兰驼鹿。[37] 然后，在 19 世纪 20 年代和 30 年代，在英格兰发现了第一批恐龙化石，包括斑龙（Megalosaurus）和禽龙（Iguanodon）。然而，即使人们开始接受先前存在过的物种如今不再存活于地球上，大家仍在激烈争论整个物种是如何消失的。一些人，包括居维叶在内，认为关于物种灭绝唯一可接受的解释是像《圣经》中的洪水那样的灾难性事件（或一系列这样的事件）。另一些人则援引英国地质学家查尔斯·赖尔（Charles Lyell）的思想。在他的《地质学原理》（*Principles of Geology*，1830—1833）中，赖尔认为世界的年代远比人们普遍想象的要古老得多，地球的地质、温度和环境随时间而变化。据赖尔说，物种自然迁徙到它们以前未曾踏足的地区，并在那里找到了容易捕食的猎物，导致后者的灭绝。他认为地球的历史更多是渐进、均匀的变化，而不是一个或多个大灾难造成的突变。考虑到人们发现了已灭绝的四足动物，更主要的是考虑到化石记录中有不同种类的海贝，赖尔认为物种消失的原因千差万别。其中之一就是人类。赖尔说，"如果我们想到好几百万平方英里最肥沃的土地"已经"被人类征服"，我们就必须接受"大量的物种已经灭绝"。而且，随着"高度文明国家的殖民地扩展到未有人烟的土地上"，更多的物种会自然消失。[38] 赖尔的观点对许多人来讲是有说服力的，但其他一些人，特别是那些笃信基督教教义的人，仍然坚信造物的完美和稳定。尽管在物种灭绝的原因上存在争论，但到 19 世纪中叶，大多数知名自然学家都同意，物种过去在消失，如今也在消失。

希林斯的第二本回忆录中有一章写大象的毁灭，题为《垂死的巨型种群》（A Dying Race of Giants）。当他写作此章时，自然学

170

家积极讨论物种灭绝问题已有一个世纪。当希林斯用长焦镜头拍摄下两头最后的巨象时——他觉得它们几乎属于另一个时代——他无疑感到一场灭绝正在他面前上演，他正在见证这场灭绝的尾声。当赖尔写作他的《地质学原理》时，他描述的现代灭绝最引人注目的例子是渡渡鸟，这是一种17世纪初在毛里求斯岛上彻底灭绝的鸟类，当时距该岛被发现仅几十年。蓝马羚在1800年左右永远消失。大海牛在1741年被欧洲人发现，可能在1800年前后就已经灭绝。南非斑驴在19世纪80年代消失。到了20世纪初，旅鸽在野外灭绝，美洲野牛几乎被彻底消灭，大型动物也在整个非洲成片地消失。

数百万只鸟类因制帽业和食品业被屠戮，渔业导致一些物种急剧崩溃，海狮、海獭和几种鲸类的数量也在下降——由此，希林斯和许多跟他同时代的人相信他们正在目睹自然界的很多物种走向终结。1910年，威廉·霍纳迪注意到，鉴于"世界上的大型动物正在无可救药地消失"，有一项至关重要的任务，即"立即收集有充分代表性的动物"，传之后世。[39] 他的结论是："如今，是时候让关心未来之人利益的人们行动起来、去收集动物了，使其在一百年后能够公正、充分地再现这个正在消失的野生动物的世界。"[40]

卡尔·埃克利显然关心"未来之人的利益"。他是霍纳迪在纽约美国自然历史博物馆的熟人，也是去布朗克斯动物园射杀冈达和刚果的人。当希林斯的第二部回忆录在德国出版时，埃克利已经开始了他的第二次非洲动物收集探险；他像希林斯一样，相信留给他的时间不多了。埃克利在纽约罗切斯特的沃德自然科学基地（Ward's Natural Science Establishment）开始其职业生涯，担任剥制师，然后在19世纪80年代末和90年代任职于密尔沃基公共博物馆（Milwaukee Public Museum），之后于1896年去了芝加哥的菲尔德博物馆。之后埃克利进行了他的第一次非洲之行，前往当时被称为英属索马里兰（British Somaliland）的地方收集标本。[41] 1905至1906年间，他又返回非洲，收集了东非的动物标本，包括大象。[42] 1909年，埃克利离开了菲尔德博物馆，开始在纽约美国自然历史博物馆工作，并在那里度过了他剩下的职业生涯。他于1926年在进行第五次非洲探险时去世。1920年，他出版了一本回忆录，题为《非洲之光》（*In Brightest Africa*），部分目的是为了鼓吹在纽约博物馆建立一个非比寻常的非洲栖息地情景模型展厅。他希望该展厅将用来纪念西奥多·罗斯福，但最终这个展厅被命名为埃克利非洲哺乳动物大厅，至今仍是博物馆的中心。

和希林斯的著述一样，《非洲之光》也是按照狩猎回忆录的传统撰写的。埃克利叙述了他为制作标本而搜寻、射杀和收集动物的冒险经历，有的动物很危险，有的不那么危险。他的很多关于极端危险的叙述成了经典，但是他也跟希林斯一样，在某些时刻会退后一步，思考非洲正在发生的变化，反思对动物的毁灭和西方文明对非洲的侵犯——在他和其他许多观察者眼里，非洲本是时间停滞、亘古不变的。例如，在回忆录前边的章节，他写到在乌干达的布东戈森林（Budongo Forest）猎象的一次经历，其表达的情感与希林斯和罗斯福相呼应。埃克利描述了大象群在晨光熹微时进入森林的场景，猴子的声音在树间回响："我回到了一百万年前；鸟儿前后和鸣，猴子们互相呼喊，一群黑猩猩在空地上尖叫，它们的叫声得到了森林中另一群猩猩的回应。"大象们或单独走动或成群结队。埃克利写道："一阵响声悠久不绝，所有的野生动物都加入其中，但在所有声音之上是树木折断的声音和大象嘶鸣的声音，它们正一道走入森林，队伍至少有 1 英里宽。这是我在非洲看过的最壮观的一幕。"[43]观看了一阵后，埃克利终于"看到了一头漂亮的大象"——他认为这头公象将会是纽约博物馆的一件完美的标本。他无法毫无障碍地瞄准头部，所以决定射击大象的心脏。[44]他的猎枪双管齐发；整群大象，包括那头公象，都飞奔而逃。不过，公象没跑多远就倒下了。然后，埃克利看到了他以前听说过但从未亲眼见过的场景："我那年迈的公象侧躺着倒在地上。10 头到 12 头大象围着它，用象鼻和象牙拼命地试图让它重新站起来。它们正在尽最大努力营救它们受伤的同伴。"[45]最终，大象们继续前行，留下了死去的公象。埃克利失望地发现，尽管这头大象的象牙很大，却不对称；右边象牙重 110 磅，而左边象牙只有 95 磅。左边象牙的根部显示，在其生命早期，那里明显受过伤，导致象牙生长较慢，沿着整根象牙还长了一根"多瘤的肋骨"。[46]很明显，由于左右象牙不对称以及其中一根象牙上长出的多瘤肋骨，这个标本无法满足埃克利设想的展示标准。他当场决定不再费事去将这头动物做成标本，只是挖出象牙，并以 500 美元的价格卖掉了它们。

　　尽管结果令人失望，但由于大象们曾试图扶起倒下的公象，这个故事对埃克利仍然很重要。他觉得这种行为代表了他所谓的大象之间的同志情谊，呼应了他多年前从一位叫哈里森（Harrison）的少校那里听到的一个故事。故事中，两头大象试图

172

扶起被枪击的第三头大象。认识到这一形象的戏剧性潜力后，埃克利于 1913 年创作了一座小型青铜雕塑，名为《受伤的同伴》（*The Wounded Comrade*），描绘了两头大象支持着一头受伤的大象；他希望这个雕塑能够说服美国自然历史博物馆的潜在支持者，让其相信全尺寸动物标本在艺术上深具潜力。数年后，当埃克利最终开始考虑为纽约博物馆制作一组大象标本时，他仍然使用了同伴关系的概念。不过，他没有继续挖掘受伤同伴的构思，而是塑造了一家子大象的形象，它们感知到了危险，紧挨在一起。作品展示了一头硕大强壮的公象，鼻子伸向前方——这种姿势让人想起伊恩·道格拉斯-汉密尔顿描述的意识到有大象死亡的克吕泰姆内斯特拉；另一头公象在后方守卫，中间则是一头母象和它的幼崽（图 6.5）。埃克利称这件作品为《警报》（*The Alarm*）。[47] 为了吸引公众的注意，埃克利热衷于让罗斯福也参与到作品的制作中来；当他们两支狩猎队都在非洲的时候，他与这位前总统及前总统的儿子见了面。他们回到罗斯福一行曾经观察并拍摄到一群大象的地方，找到了大象，然后开始密集射击，三头成年母象被打死。一头小公象仍然站在死去的母亲旁边，被科密特用较小口径的步枪击毙。[48]

《警报》描绘的是一个经典的核心家庭，与人们预期会在野外见到的"大象家庭"不尽相同，但它很好地捕捉到了我们关于大象的观念史上的一个特定时刻。这些大象因其是"完美的标本"而被杀死，在这里被呈现为感知到危险但仍直面危险的状态；它们感知到猎人，也许还感知到自己将遭毁灭。这件作品纪念的不仅是大象，更是大象在人类手中的灭绝。在其《非洲之

图 6.5　卡尔·埃克利的标本作品《警报》，1914—1917 年。美国自然历史博物馆图书馆，图像编号 310463。

光》中——这个标题试图表达埃克利对非洲的观感，他的同代人更典型地将非洲想象为"最黑暗"的地方——埃克利哀叹道："也许不久之后，这样的博物馆展示将是我那些丛林中的朋友们留下的唯一记录。"他与希林斯指涉的是同一段历史，总结道："随着非洲的文明进步，大象的灭绝正在慢慢地成为现实。这是确定无疑的，就像两代人之前美洲野牛的灭绝一样。"[49]埃克利再次呼应了希林斯，明确表示他一直对《警报》感到失望，因为他根本找不到有更大象牙的大象。1912年，他叙述了对这些动物的收集，提到："在我们目前的展品中，能用于这组作品的最好的公象是一只年轻的成年象，肩高11英尺3英寸，象牙分别重100磅和102磅。"他坚称："世界上对大象生活的永久记录中，应该有一件标本展示这一非洲物种最充分发展的样子，这是这一动物族类中现存最美丽的代表。这样一头大象现在还能获得，但很快就会为时已晚，因为剩下的那些庞然大物会因其象牙而被屠戮殆尽。"[50]埃克利似乎没有意识到，他自己也正是在为了象牙而猎杀大象。

大象云亡

1902年，偶尔为《森林与溪流——垂钓狩猎周刊》（*Forest and Stream: A Weekly Journal of Rod and Gun*）撰稿的 T. J. 查普曼（T. J. Chapman）在一篇题为《天注定》（*Doomed*）的文章中观察到："无论白人入侵的脚步走到哪里，其身后似乎都会留下一条血腥和毁灭之路。他们走过的地方以后可能会涌现出改良和进步，但在他们面前，当地的人类和动物族群纷纷让路，从此消失。在这个国家，事情显然就是如此；而在非洲，同样的灭绝过程也已经开始。"[51]查普曼引用了他认为是非洲大象狩猎的典型例子，出自弗朗克·文森特（Frank Vincent）1895年出版的《真实非洲》（*Actual Africa*）一书，讲的是在刚果河的支流卡萨伊河（Kassai River）上从一条船中射杀大型动物。文森特说，一天早晨，当船沿着河道转过一个弯时，他们一行人看到一头大象"正静静地蹚过河流，一半的身体浸在水中"。他们抓起枪，在一分钟内"向它开了五枪，其中三枪生了效，让它跪倒在地"。大象重新站起来，"但很快又摔倒了，疯狂地踢腿、翻滚"。它设法再次站起来，走了"几步"，然后再次跌倒，"残存的最后一点生命淹死在了水中"。[52]他们的记录显示，在接下来的几天里，他们朝另外11头大象开了枪，只有4头死在离船够近的地方，能被打捞上来。援引我们已经一再看到的观点，查普曼说："这当然是不可避免的，这被大书于命运之书上。人们需要象牙，而且，一个文明人居住的国度没有给大型动物——特别是大象族群——留下足够的空间。"他指出，就像在北美一样，森林不得不为农田腾地方，"红种人被迫为白种人让路"，而牧场上的牛群取代了野牛。在文章结尾处，查普曼认为："同样的结局一定也会降临在非洲。当地族群的生存空间肯定会被挤压，他们最终会消失。非洲森林中伟大的野兽们命运已定。大象云亡。"[53]阿瑟·诺伊曼在其书的前言中得出了类似的结论："无论如何，应尽量保护大象和其他野生动物。但不幸的是，它们的继续生存不见容于文明的演进。唯一能成功让它们存活下去的办法是设立保护区，那里会对土著和欧洲人实施相同的有效控制。"[54]诺伊曼认为，我们或许可以在保护区拯救一些大象；至于其余的大象，我们还是不妨在可能的时候收集它们的象牙。

在19世纪70年代晚期出版的《插图动物生活》第二版中，布雷姆如是结束关于大象的条目："未来是明确的：它们将从生灵名单上被划去。"[55]到20世纪初，布雷姆预测的持续屠杀大象的结果已经得到验证，以至于希林斯的第二部回忆录和埃克利的著述感觉更像是对过去生命的挽歌，而不是对当下状况的描述。这些作品讲述的是终结。确实，它们经常传达出那种我们今天更为熟悉的对未来的焦虑，焦虑于气候变化、民粹政治兴起、人们对于动物保护的价值和环境修复的重要性不再有共识。他们的作品是在象牙贸易和体育狩猎陷入危机时写成的，那时大象被当作帝国机器的一部分，只是被视为帝国成功和富余的最引人注目的标志之一——它们是最适合文明世界的孩子在某个城市精英的崭新动物园中骑乘的动物。对于埃克利、希林斯和其他人来说，大象故事的结局最多只在几十年之后。自他们以降，我们一直在目睹大象的消失。大象云亡（*sic transit elephantus*），这就是大象的命运。

注释

[1] George Peress Sanderson, *Thirteen Years among the Wild Beasts of India*, 2nd. ed. (London: William H. Allen, 1879), 2.

[2] 虽然桑德森欣赏贝克，但他对坦南特的工作持批评态度，称其作品"充满了一个人写作其并不熟悉的主题时不可避免的错误"（《十三年：在印度与野兽

为伍》，第 65 页）。确实，坦南特似乎经常依赖别人告诉他的关于大象的故事，但令桑德森更为沮丧的似乎是坦南特关于大象的整体描绘，认为它们是和平、胆小、无害且内向的动物，对猎人其实并不构成真正的挑战："埃默森·坦南特爵士明显不是个从事运动狩猎的人，可能从未见过长着长牙的野生大象"，"他一生中从未遇到过被激怒的大象，在接受他的观点时这一点必须考虑进去"（第 193 页）。

[3] Sanderson, *Thirteen Years among the Wild Beasts of India*, 189.

[4] 桑德森指出："可以肯定的是，几年后，禁令将不得不放松，因为大象正在被保护，但还没有采取相应的措施来应对捕猎导致的大象数量减少。"（《十三年：在印度与野兽为伍》，第 187 页）

[5] 见 Carl Georg Schillings, *Mit Blitzlicht und Büchse: Neue Beobachtungen und Erlebnisse in der Wildnis inmitten der Tierwelt Äquatorial-Ostafrika* (Leipzig: Voigtlander, 1904)。

[6] Theodore Roosevelt, *Outdoor Pastimes of an American Hunter* (New York: Scribner's, 1905), 336.

[7] Roosevelt, *Outdoor Pastimes*, 328.

[8] 更多关于希林斯及其思想，特别是其在德国的思想，参见 Bernhard Gissibl, *The Nature of German Imperialism: Conservation and the Politics of Wildlife in Colonial East Africa* (New York: Berghahn, 2016), 特别是第 270—278 页。

[9] Theodore Roosevelt to William T. Hornaday, January 17, 1906, Theodore Roosevelt Papers, Library of Congress Manuscript Division，该信复本见 Theodore Roosevelt Digital Library, Dickinson State University，https://www.theodorerooseveltcenter.org/Research/Digital-Library/Record?libID=o194007。

[10] 希林斯对景观的描述还经常集中在光线造成的奇特视觉效果上："离我们很远的地方有一些颜色更深的点，我们以为是更大的野生动物。从望远镜中可以看到，那是狷羚和很多水羚。更远处有一大群移动的动物在闪光，在晨曦中半隐半现。那是斑马，更多的斑马，移动如活动的墙壁！光线产生奇异的效果，实际上给了我们一种印象，有些东西如墙垣壁垒。造成这种效果的是活生生的斑马——它们投下的深影呈现为黑色，它们的侧面被耀眼的阳光照亮。它们闪烁着各种颜色，变幻莫测。"（*In Wildest Africa*, trans. Frederic Whyte [New York: Harper, 1907], 20.）

[11]《带着手电和步枪》1906 年版的电子版见于互联网档案馆（archive.org）：https://archive.org/details/withflashlightri01schiiala。扫描件的原件藏于加州大学圣芭芭拉分校（University of California, Santa Barbara），最早出自另一位以非洲为写作主题的著名作家埃尔斯佩思·赫胥黎（Elspeth Huxley）的个人藏书。其封面照

片题为《巨象倒地死亡》（The Huge Elephant Fell Dead），又见该版本第 189 页。大象是"竖直着"倒毙的，没有向一侧倒毙。

[12] Carl Georg Schillings, *With Flashlight and Rifle: A Record of Hunting Adventures and of Studies in Wild Life in Equatorial East Africa*, trans. Frederic Whyte (London: Hutchinson, 1906), 1–2.

[13] Schillings, *With Flashlight and Rifle*, 4–5.

[14] Schillings, *With Flashlight and Rifle*, 388, 736. 希林斯的叙述有一个附录，题为《关于 C. G. 希林斯先生之东非哺乳动物收藏的几句话》，柏林分类学家保罗·马切在其中指出，希林斯不但带回一百多个种类的哺乳动物标本，而且每种动物的标本通常会带回很多很多个。他指出这位猎人"带回了相当数量的长颈鹿、水牛、犀牛和大象，很多大型羚羊，还有各种动物数以百计的皮革、兽皮和骨骼标本。所有这些都被妥善保存，适合在博物馆展出"。（第 730 页）

[15] Schillings, *With Flashlight and Rifle*, 741.

[16] Carl Georg, *Der Zauber des Elelescho* (Leipzig: Voigtlander, 1906).

[17] Schillings, *In Wildest Africa*, 1.

[18] Schillings, *In Wildest Africa*, 19.

[19] Schillings, *In Wildest Africa*, 44.

[20] Schillings, *In Wildest Africa*, 48.

[21] Schillings, *In Wildest Africa*, 56.

[22] 交响诗有时被称为"交响乐诗"，与多乐章交响乐——如柏辽兹（Berlioz）1830 年的《幻想交响曲》（*Symphonie fantastique*）——有关。主要作曲家包括弗朗茨·李斯特（Franz Liszt）、克劳德·德彪西（Claude Debussy）、让·西贝柳斯（Jean Sibelius）和理查德·施特劳斯（Richard Strauss）。一些今天较为著名的作品包括施特劳斯 1915 年的作品《阿尔卑斯交响曲》（*An Alpine Symphonie*），保罗·迪卡斯（Paul Dukas）1897 年基于歌德诗歌的作品《巫术学徒》（*The Sorcerer's Apprentice*），以及莫杰斯特·穆索尔斯基（Modest Mussorgsky）作于 1867 年的《荒山之夜》（*Night on Bald Mountain*）。后两者均在迪士尼的《幻想曲》中出现。

[23] Schillings, *In Wildest Africa*, 52–61.

[24] Schillings, *In Wildest Africa*, 114.

[25] Schillings, *In Wildest Africa*, 516.

[26] Schillings, *In Wildest Africa*, 519.

[27] Schillings, *In Wildest Africa*, 536.

[28] 在其为《带着手电和步枪》所做的附录中，马切说得很清楚，从科学角度来看，像希林斯这样的猎人也并不是问题之所在。马切指出，批评家指责希林

大象的踪迹

斯"帮助灭绝了其所到之处的野生动物"是错误的（第 735—736 页），他坚称一直以来希林斯只是致力于增加知识。事实上，马切指出，希林斯为科学做出的贡献如此之巨，有几个新物种都是以他的名字命名的，包括希林长颈鹿（Giraffa schillingsi）、希氏鬣狗（Hyena schillingsi）以及一种被叫作"希氏山羚"（Oreotragus schillingsi）的新山羚品种（741 页）。这些名称后来已经被取消，但一种蜱虫（Ixodes schillingsi, Neumann, 1901）、一种天牛（Prionotoma schillingsi, Lameere, 1903）、一种蛰蝇（Haematobia schillingsi, Grunberg, 1906）和一种扇尾莺的亚种（Cisticola cinereolus schillingsi, Reichenow, 1905）仍然以希林斯的名字命名。

[29] Schillings, *With Flashlight and Rifle*, 194.

[30] Schillings, *With Flashlight and Rifle*, 198.

[31] 希林斯称那个地方为奇乐坡（Kilepo Hill），其在马赛语（Maa）中有"水源地"之意。（译者按，马赛人 [Maasai] 是东非的游牧民族，主要活动范围在肯尼亚南部及坦桑尼亚北部。）

[32] Schillings, *In Wildest Africa*, 541.

[33] Schillings, *In Wildest Africa*, 542.

[34] Schillings, *In Wildest Africa*, 547.

[35] Schillings, *In Wildest Africa*, 549.

[36] Schillings, *In Wildest Africa*, 572-77.

[37] 参见 Mark V. Barrow, *Nature's Ghosts: Confronting Extinction from the Age of Jefferson to the Age of Ecology* (Chicago: University of Chicago Press, 2009)。

[38] Charles Lyell, *Principles of Geology, Being an Attempt to Explain the Former Changes of the Earth's Surface, by Reference to Causes Now in Operation*, vol. 2 (London: Murray, 1832), 155-56. 但人类并非导致动物灭绝的唯一因素。赖尔写道："每一种最微不足道、最微小的物种在全球范围内传播时，都进行过成千上万的屠戮。"（第 156 页）

[39] William T. Hornaday, "National Collection of Heads and Horns," *Zoological Society Bulletin* 40 (1910): 667.

[40] Hornaday, "National Collection of Heads and Horns," 668.

[41] 笔者撰文讨论过埃克利的索马里兰之行，见 "Trophies and Taxidermy," in *Gorgeous Beasts: Animal Bodies in Historical Perspective*, ed. Joan Landes, Paula Young Lee, and Paul Youngquist (State College: Penn State University Press, 2012), 117-36。

[42] 他和他妻子收集到的两头大象后来成了他 1909 年的巨作《相斗的公象》（*The Fighting Bulls*），现在仍在菲尔德博物馆的主厅中。更多关于《相斗的公象》的信息，见 Nigel Rothfels, "Preserving History: Collecting and Displaying in Carl

Akeley's *In Brightest Africa,"* in *Animals on Display: The Creaturely in Museums, Zoos, and Natural History*, ed. Karen Rader, Liv Emma Thorsen, and Adam Dodd (State College: Penn State University Press, 2013), 58–73。

[43] Carl E. Akeley, *In Brightest Africa* (Garden City, NY: Garden City Publishing, 1920), 23–24.

[44] Akeley, *In Brightest Africa*, 26.

[45] Akeley, *In Brightest Africa*, 27.

[46] Carl E. Akeley, "Elephant Hunting in Equatorial Africa with Rifle and Camera," *National Geographic Magazine*, August 1912, 797.

[47] Akeley, *In Brightest Africa*, 55.

[48] 关于这次狩猎的描述，见 Darrin Lunde, *The Naturalist: Theodore Roosevelt, A Lifetime of Exploration, and the Triumph of American Natural History* (New York: Broadway Books, 2016), 240–43。20 世纪 30 年代，埃克利已去世，又有四头大象被加入其中，使这件作品扩展到八头大象，即人们今天能够看到的样子。那四头大象由 F. 特鲁比·戴维森（F. Trubee Davidson）及其妻子多萝西·皮博迪（Dorothy Peabody）于 1933 年收集。见 Steven Christopher Quinn, *Windows on Nature: The Great Habitat Dioramas of the American Museum of Natural History* (New York: Abrams and American Museum of Natural History, 2006)。

[49] Akeley, *In Brightest Africa*, 55.

[50] Akeley, "Elephant Hunting in Equatorial Africa with Rifle and Camera," 810.

[51] T. J. Chapman, "Doomed," *Forest and Stream: A Weekly Journal of Rod and Gun* 59, no. 2 (1902): 22.

[52] Chapman, "Doomed"; see also Frank Vincent, *Actual Africa: Or, the Coming Continent* (New York: Appleton, 1895), 472.

[53] Chapman, "Doomed."

[54] Arthur H. Neumann, *Elephant Hunting in East Equatorial Africa: Being an Account of Three Years' Ivory-Hunting Under Mount Kenia and among the Ndorobo Savages of the Lorogi Mountains, including a Trip to the North End of Lake Rudolph* (London: Rowland Ward, 1898), viii.

[55] Alfred Edmund Brehm, *Brehms Thierleben: Allgemeine Kunde des Thierreichs*, 2nd ed., vol. 3 (Leipzig: Verlag des Bibliographischen Instituts, 1877), 501, 翻译由笔者提供。

大象的踪迹

第七章

历史的踪迹

这动物经过的地方，大道朝天。

——贝托尔特·布莱希特：《K 先生最喜欢的动物》

从 20 世纪 20 年代在魏玛共和国，到 1933 年逃离德国，辗转丹麦、瑞典、芬兰、美国，再到战后在好莱坞被列入黑名单，直至在东柏林度过他最后的岁月，剧作家、戏剧导演贝托尔特·布莱希特（Bertolt Brecht）创作了一些短小的格言故事，主人公是一个名叫肯纳先生（Herr Keuner）的人，这个名字可以被译为"无名先生"。多年来，这些作品中有一些是单独出版的，但其中有 85 篇，在布莱希特去世的 1956 年被集结成书，题为《肯纳先生的故事》（*Die Geschichten von Herrn Keuner*；英文版 *The Stories of Mr. Keuner* 2001 年出版）。其中一则故事有关肯纳最喜欢的动物——大象。肯纳描述大象时列举了它们的一些特点，呼应了几个世纪以来人们关于大象的观念，而其幽默的描述方式则颇具现代性。据肯纳说，大象兼具力量和智慧，因此成就不俗。它性情善良，既可以是很好的朋友，也可以是很强的敌人。虽然它又大又重，但也很敏捷。它的鼻子能找到最不起眼的食物，还能移动耳朵，从而只听取它想要听到的声音。它可以长到很大的年纪。它是群居动物，人们对它既喜爱又畏惧。它的皮非常厚，刀子砍上去都会断在里面，但是它的性情很温和。它可以变得很悲伤，很愤怒。它在丛林中死去，爱幼崽和其他小动物。它是灰色的，尽管身形庞大但很难被发现。它不能作为人类的食物。它很喜欢喝水，因此显得欢乐。象牙则为艺术做出贡献。除此之外，肯纳先生观察到："这动物经过的地方，大道朝天。"[1]

对 18 世纪和 19 世纪欧洲和美国的探险家、自然学家、传教士和猎人来说，穿越非洲和亚洲的旅行总是困难重重。携带行李以及运输或保障食物和水都是问题，而天气和疾病可能又带来更多的麻烦；而且，旅行队伍掌握的关于其经过地区的信息常常只是臆想推测。那些国家在地图上通常都没有标注细节。正如乔纳森·斯威夫特（Jonathan Swift）在他 1733 年的《论诗歌：狂想曲》（*On Poetry: A Rhapsody*）中既幽默又准确地观察到的那样：

> 所以，在非洲地图上，
> 地理学家们用野蛮的插图填补其空白；
> 在无法居住的荒原上，
> 他们画上大象，代替缺失的城镇。[2]

斯威夫特提到的是一种古老的做法，可以追溯到中世纪，即在非洲地图上画大象来表示未知地区。[3]大象标记了未被探索、未被测绘的神秘之地；这些地方既隐含着巨大的风险，也蕴藏着丰富的财富。在斯威夫特之后的几个世纪里，风险和财富都在大象身上应验了。这些动物的象牙、肉、皮和尾巴都有价值，而且沿着一群大象留下的足迹前行还可以更快捷地穿越高草、森林，甚至山道。卡尔·埃克利指出："在森林中，到处都有大象走过的路径。事实上，如果不是因为有这些大象走过的路径，穿越森林几乎是不可能的，在竹林中也同样如此。人们几乎一直都在沿着大象的踪迹行进。"[4]有些踪迹，他确信已经"被人们使用了几个世纪"。例如，他曾在基南戈普高原（Kinangop Plateau）上跟随一群大象，沿着一条"比大象的脚稍宽、在坚硬的岩石中深达6英寸"的小道行进。"大象在岩石中踩出这么一条小径，肯定花费了数百年的时间。"他解释道。[5]简而言之，探险的成功可能就取决于沿着其走过的道路去追寻一头大象，或者尽可能多的大象。

然而，肯纳谈论的不仅仅是字面上的路径。对我而言，大象留下的踪迹还包括一位退休的马戏团驯象师发给我的一封电子邮件，描述了一队大象优雅地排成长长的一列，鱼贯而行，每头大象都小心翼翼地将前脚搭在前一头大象的身上。其他的踪迹还包括博物馆里一只大象脸部的标本，我之前对其一无所知；还有经过数代传承到我手中的象牙柄餐具，我一直在想该如何处理它们。当我看着布列塔尼（Brittany）用鼻子给我儿子画画时，我是在追随大象的足迹。当我帮派克洗澡时，我是行走在大象曾经走过的路上；当我在伦敦的咖啡馆里与一位动物园历史学家一起看他的大象照相簿、度过了一个美妙的下午时，我是行走在另一条大象之路上。当海伦和我在芝加哥菲尔德博物馆拍摄大象的骨骼、我抚摸着吉格（Ziggy）的头骨时，当我在犹因塔（Uintah）山脉中跋涉、寻找并发现被称为大象之首（*Pedicularis groenlandica*）的小型被子植物时，我也是在追随大象的踪迹。当我参观一个大象保护区、见到那里的人跟动物园和马戏团中的人一样致力于照顾大象时，我是在追寻大象的道路。我厨房的冰箱上也有一条大象的踪迹：一张关于大象记忆的《纽约客》漫画，几年前我姐姐将其剪下并寄给了我。当亲爱的小莉莉咬住我的手、我笑起来时，我也是在追随一条踪迹。在几千年前撰述的自然史中，在中世纪的动物志中，在百科全书、想象文学、游戏和网络迷因中，我也找到了大象的踪迹。踪迹还存在于动物权益倡导者的呼声中，存在于孩子们越过动物园的护栏投喂大象时所表达的无聊、害怕、惊奇等一系列情感中。[6] 我经常与这些踪迹不期而遇。有一次，我去拜访一位朋友，发现一台巨大的等离子电视安放在一只象脚的标本上——其皮肤、趾甲、脚掌一应俱全。标本几十年前得自一头被杀的大象，但那头大象与现在我见到的这只脚相距似乎如此遥远。这本书努力寻找、追随大象的踪迹，它本身也是大象的踪迹之一。

《非洲之光》第一版的扉页是一张埃克利拍的照片，其说明文字为："森林中大象留下的典型踪迹。"（On a Typical Elephant Trail in the Forest，图 7.1）对于一本关于狩猎冒险的书来说，这样的选择在某种意义上可能看上去出人意料，因为这不是一张猎人肖像，拍的也不是死去的大象、狮子或大猩猩等战利品，而是森林中大象的踪迹。这踪迹让人很难理解，看上去也不太像一条踪迹。远处有三个人——他们是埃克利的向导——在照片中难以辨认，埃克利将他们呈现得几乎和森林融为一体。在其回忆录中，埃克利似乎不断追随着森林中大象的实际踪迹，但他似乎也在追寻那些讲述更深层次历史故事的抽象踪迹。当他描写"大象的脚

图 7.1 《非洲之光》的扉页照片。

步"几个世纪以来在坚硬的岩石上踩出了 6 英寸深的印迹时，他指向了大象生活的历史维度之一——知识的代代相传。历史不仅仅是人类独有的经历。生活在印度或非洲森林中的大象，或者在动物园或马戏团中的大象，都是社会性动物，它们可以过上漫长的一生。它们分享各种经历和做事的方式，这些经历和做事方式能够传递给他者，包括其他世代。

接苹果，照镜子，知大象

大象并不记得每一件事情。尽管我们继承了关于大象的千年智慧，但大象确实时常会忘记事情——就像我们一样。我曾经和动物园的一位大象饲养员聊过，他讲述了一个关于大象记忆的感人故事。几年前，动物园有一头大象年纪已经很大，身体也不好。园方做出了一个艰难的决定，准备对这头大象实施安乐死。饲养员向多年来照顾过它的人发出消息，请他们过来花些时间陪伴它。有一位曾经的饲养员来了，他拿起一个苹果扔进大象张开的嘴巴，而大象则满怀期待地举起鼻子等着。这位曾经的饲养员提到，他很高兴来，但他确信大象并不记得他，而邀请他的饲养员则简单地回答说，很难知道大象在想什么。不过，几年后当我们再次交谈时，他告诉我，他们在十多年前就停止了给大象投食，而这头大象在前饲养员出现的瞬间就举起鼻子张开嘴巴，让他非常清楚地知道它的确认出了这位前饲养员。它只是未能以访客希望或期待的方式展示它的记忆。我认为这个故事很重要，因为它突显出，我们对大象的看法——我们认为它们是怎样的，我们认为它们在想什么——一直在建构我们所相信的关于大象的事情，甚至建构我们所以为的关于它们的知识。

　　例如，近年来关于大象最流行的观点之一就是它们是少数能够在镜子中认出自己的动物之一。这一说法出现在各种场合，包括动物权利请愿书、自然历史杂志、电视节目、动物园标识，甚至野生动物观光网站。此说滥觞于 1970 年小戈登·G. 盖洛普（Gordon G. Gallup Jr.）发表的题为《黑猩猩：自我认知》（Chimpanzees: Self-Recognition）的论文。此文的摘要只有两句话："有证据表明，在长时间面对它们在镜子中的影像后，被红色染料标识的黑猩猩能认出自己。猴子似乎没有这种能力。"[7]盖洛普把两只野外出生的年轻黑猩猩关在笼子里，笼子置于一个空房间中，每天 8 小时，连续两天。然后他在房间里放了一个全身镜。在接下来 8 天里的 80 个小时中，黑猩猩似乎开始以不同的方式来看待镜子。起初，年幼的黑猩猩似乎认为镜中影像是其他动物，但随着时间的推移，它们似乎开始利用镜子进行由它们自己主导的活动，比如清洁牙齿、吹泡泡、做鬼脸，或检查身体的一些部位，这些部位不用镜子是看不到的。然后，盖洛普将这些动物麻醉，并在它们身上标上只有在镜子中才能看到的红点。黑猩猩醒来后，又让它们照镜子。盖洛普发现，"重新照镜子后，它们做出的跟标记有关的反应数量激增，照镜子的时间也增加了"。换句话说，黑猩猩照镜子时似乎看到了身体上的红色染料标记。[8]作为对照，盖洛普对另外两只背景相似的黑猩猩也进行了最后一步的标记测试，但它们此前未曾有时间适应镜子；结果它们就没有用镜子来检视身上的标记。他还用不同品种和年龄的八只猕猴重复了整个实验。所有的猴子似乎都继续将镜子中的影像视为别的动物。盖洛普得出结论说，这一后来被称为镜中自我识别测试的实验显示了猴子和黑猩猩之间的"明显差异"，并且"首次以实验展现了亚人类形态的自我概念"。[9]

在盖洛普发布了最初的实验结果后，更多的科学家开始想知道其他动物是否也能"通过"这个测试，是否也可以因此被纳入"自知生物"这个新的、独一无二的认知分类中。最初，其他几种灵长类动物通过了测试，表明灵长类动物（包括人类）彼此接近的进化史或系统发育史再一次使其从其他动物中脱颖而出。但是，又有研究发表，认为海豚、虎鲸、大象，然后是欧洲喜鹊都能在镜子中认出自己。这清楚地表明，那种显然是通过镜中自我识别测试测得的自我意识并不仅限于灵长类动物，甚至不仅限于哺乳动物。闸门打开了，现在各种各样的动物，从章鱼和慈鲷到鸽子、狗和蚂蚁，都参加过镜中自我识别测试，或者该测试的衍生形式。这些衍生形式之所以被设计出来，是因为对有的动物来说视觉刺激不如其他感官重要。

我给上一段开头的"通过"一词加了引号，因为不管这些测试通常呈现的方式如何，几乎所有实验常常都得满足重要的限制条件才能得出结果。例如，在最初的实验中，盖洛普使用的是前青少年期的黑猩猩。事实证明，年龄更小或更大的黑猩猩在镜中自我识别测试中的表现都没有那么好，而且黑猩猩充其量只有大约 75% 的概率能"通过"测试。当涉及大象时，结果更加模糊。到目前为止，总共有两篇科学论文发表。第一篇文章发表于 1989

年，丹尼尔·波维内利（Daniel Povinelli）报告了在华盛顿特区国家动物园给两头野外出生的亚洲象做盖洛普测试的结果。其方法是将一面镜子放在两个相邻的大象笼舍之外。实验对象是两头在野外出生的雌性亚洲象，当时 12 岁的珊蒂（Shanti）和 39 岁的安比卡（Ambika）。[10] 波维内利发现，在"几乎持续两周接触镜子"后，"两头大象都没有显示认出自己的任何迹象"。[11] 尽管大象和一些猴子一样，能够利用镜子摆放的位置来获取它们在其他情况下无法看到的食物——这被称为"镜子引导的获取"——但它们没有显示出"导向自我的反应，即利用镜子获取在其他情况下无法获取的关于自己的信息"。[12] 它们在标记测试中也未通过自我识别的正式测试，未表现出标记导向的活动。

第二个实验的结果于 2006 年发表在《美国国家科学院院刊》（*Proceedings of the National Academy of Sciences*）上，标题为《一头亚洲象的自我识别》（Self-Recognition in an Asian Elephant）。实验在纽约布朗克斯动物园一个不对外开放的户外围场内进行，三头亚洲象，哈皮（Happy）、玛克辛（Maxine）和派蒂（Patty）面对墙上的一面 8 英尺见方的镜子。大象们成对地居住着，玛克辛和派蒂住在一起，哈皮则和一头年轻的雌性亚洲象桑米（Sammy）在一起。桑米没参加这个实验，发表的论文未说明具体原因。[13] 大象们有充分的时间来熟悉镜子。据研究人员说，所有三头大象都明显表现出探索镜子的兴趣。派蒂和玛克辛都试着把鼻子伸到镜子的后边和下方，以穿过围墙。没有一头大象表现出在观察者看来是跟镜中影像社交互动的行为。然而，随着时间的推移，与珊蒂和安比卡不同的是，这三头大象显然都

182

表现出了自我导向的行为，比如拿来食物并在镜子前进食。而至关重要的标记测试则进行了三天。其中一头大象哈皮在第一天通过了测试。玛克辛和帕蒂没有任何一天对标记表现出兴趣，而哈皮在第二天和第三天也没有对标记表现出兴趣。[14] 尽管大象们的测试结果并不一致，但研究人员约书亚·普洛特尼克（Joshua Plotnik）、弗兰斯·德·瓦尔（Frans de Waal）和戴安娜·赖斯（Diana Reiss）还是得出结论："有一头大象去摸索自己身上的标记，这令人信服地证明，这个物种有能力在镜子中认出自己。"[15] 作者指出，"在行为阶段的演进和对镜子的实际反应方面，猿、海豚和大象之间存在强烈的相似之处"，并坚持认为这个实验"为不同动物认知演化的趋同性提供了令人信服的证据"。[16]

《一头亚洲象的自我识别》这一标题的微妙之处是用了不定冠词"一（头）"（an）。普洛特尼克、德·瓦尔和赖斯的论文称，三头亚洲象中只有一头似乎通过了镜中自我识别测试，但埃默里大学（Emory University）发布的新闻稿在阐释实验的意义时却毫无保留。德·瓦尔是埃默里大学的教师，普洛特尼克是该校的研究员。新闻稿说，大象已经"加入了一个包括人类、猩猩科和海豚在内的精英物种小群体，它们能在镜子中认出自己"，并声称"新发现的大象能认出镜子中的自己的现象"被认为与"同理心倾向和区分自己与他者的能力"有关，"这一特征在几个动物分支中各自独立进化，包括像人类这样的灵长类动物"。在新闻稿中，德·瓦尔向前跳跃了一大步，对大象的一般情况进行了总结。"由于这项研究结果，"他说道，"大象现在加入了动物认知精英的行列，与其众所周知的复杂社会生活和高水平智商相称。"[17]

大象的踪迹

整件事被媒体报道。自从该实验得出其喜人结果后，就有人不断声称，大象应该被跟其他动物区别看待，因为它们有自我意识。然而，正如戈登·盖洛普在当时对该研究的回应中所说的，"重复验证是科学的基石"。呜呼，十多年过去了，至今还没有任何研究得出跟布朗克斯动物园的研究相同的结果。因此，对大象进行更概括性的陈述仍然显得为时过早。[18]

在19世纪的博物馆展览、20世纪的自然史书籍、卡尔·埃克利的《警报》甚至21世纪的电子游戏《动物园大亨》中，大象的家庭生活都未被想象成一个包括多代成员、由母象领导的群体，而是被想象为一个核心家庭——一头成年公象（通常被描绘为领导者）、一头成年母象，还有它们的后代。这种对大象家庭生活的想象再次清楚地表明，我们关于大象的想法不光取决于大象的实际生活，还取决于我们是谁以及我们的价值观。大象显然是聪明的，但在某些认知测试中，乌鸦的表现可能同样出色，甚至更好；而关于大象的许多研究结果可能并不明确，原因有很多，其中之一是很难区分什么是个体的独特行为，什么是整个物种的典型特征。那么，为什么在有人开发出测试大象智商的任何方法之前，许多世纪以来我们一直将大象想象为几乎是独一无二的智者呢？我经常想，橡树在许多方面都跟大象很相似：它们体形都很大，寿命都很长，但它们看起来经常比它们的实际年龄要老得多，它们有深深的皱纹，几个世纪以来，人们一直以为它们特别聪明，带着某种庄重感。我并不是说橡树和大象实际上不聪明或不庄重；我只是想问，为什么我们长久以来一直有这样的想法，以及这种想法与人类文化是什么样的关系。

第七章　历史的踪迹

几个世纪以来我们以为我们了解的关于大象的事情——它们害怕老鼠并与龙相斗，它们对施于它们的恩惠和伤害都不会忘却，它们哀悼死掉的同类——很显然与大象的实际生活没什么关系。那么，我们是否应该接受这样的观点，即我们现在以为的对大象的了解，在五十年、一百年或五百年后也会显得纰缪百出？例如，近几十年来许多关于大象的研究都集中在认知和沟通方面，但目前有很多工作只能说是有一些令人着迷的启发。当然，人们无法在实验室里对这些动物进行精确的可重复实验，研究大象的这些现象面临着巨大的障碍。此外，用于研究认知和沟通现象的模型通常是基于一些特定物种开发的，诸如各种灵长类动物，它们与大象非常不同。从简单的进化观点来看，我们值得提醒自己，灵长类动物（包括人类）更接近老鼠、蝙蝠和鲸鱼，而不是大象。大象认知的世界很可能非常不同，我们显然只是刚开始了解皮毛，尽管几十年来我们已经做了大量的工作。[19]

　　我们现在关于大象之间的沟通所下的论断，未来的研究者会作何想？大象通过次声波交流，保持联络，距离可达数公里——这样的认识显然很重要；但是，关于大象的交流网络，关于其远距离互动，以及关于其对数百公里外各种各样的非生物声音（如雷暴）的感知，更大的论断又是怎样的呢？诸如此类的想法当然也是科学的一部分，是学习的一部分。有想法的研究者提出如"大象能否从很远的地方'听到'雷暴"这样的问题，然后设计实验来验证。但正如我们经常看到的，对大象的思想、情感、记忆、能力等的猜测往往远超我们的认知范围，而公众（而且通常还包括研究者）经常抓取关于大象的某些观念，视之为已经确立

184

的事实。

　　我回想起 2006 年发生的一起事件，当时美国一处大象保护区的护理人员被一头大象袭击致死。在这场悲剧之后，保护区解释称（据称得到科学家和一位心理学家的支持，这位心理学家主张以跨物种方法来理解动物行为和心理），这次袭击是因为这头大象直到几年前一直在另一家动物园，它在那里遭受过数十年的虐待，导致了创伤后应激障碍。这个"创伤后应激障碍"的诊断在后"9·11"时代的媒体世界中大行其道。具有讽刺意味的是，尽管精神障碍实际上非常复杂，但声称大象患有创伤后应激障碍似乎为大象的行为提供了一个简单的解释，即便还有其他已知和未知的因素可能也在事件中起到了作用。我并不是说那头大象在生活中没有经历过创伤，也不是主张过去的创伤不会对它那天的行为起作用。我只想指出，相比于告诉我们大象本身的情况，保护区对这一事件的解释所告诉我们的更多是我们对大象的想象，我们不可避免地仰赖我们当前关于人类的观念来解释动物的行为。

　　理查德·伯恩（Richard Byrne）和露西·贝茨（Lucy Bates）指出，大象似乎有辨识方位的卓越认知能力，能帮助它们在不寻常的地理环境中规划路线；它们能很好地分辨数量；有迹象表明它们能理解同类的想法；它们可能比人类拥有更多的有效记忆。与此同时，二位学者明确表示，这个领域的研究才刚刚起步，"数据的局限性"在任何地方都是显而易见的。[20] 这些结论显然加深了我们对这些动物的了解。科学研究推进的方式就是验证我们认为可能是真实的东西（假设）。在科学中，想法总是先于知识。因此，当前关于大象的科学研究验证了（要么证伪，要么进一步证实）我们关于这些动物的想法——但无法做得比这更多。它们不能解释为什么我们对这些动物作如是观，不能解释当我们在马戏团、野生动物纪录片或野生动物观赏之旅中看到大象时为什么会提出我们提出的那些问题。然而，一旦我们意识到我们对大象的观念总是在一定程度上基于我们的文化，便可见过去五十多年对大象的科学研究只是我们对大象持续数千年迷恋的最新篇章罢了。但是说我们的知识一直是不完整的，且总是基于我们的文化，并不是说我们真的对大象一无所知，或者我们当前对大象的观念真的不比布丰或老普林尼的记述更胜一筹。的确，我们对大象的了解是（并将始终是）不完整的，我们永远无法了解这些动物的全部生活，但事实上，今天我们对它们的了解比以往任何时候都要多得多。

在本书开头，我说我想探讨伦敦博物馆一个木箱的标签上两个词的含义："没有历史"。对于博物馆而言，这两个词只是意味着它没有关于这个标本来源的关键信息。而对本书而言，最重要的是我希望读者能得出一个结论："没有历史"是不可能的。大象有它们自己的历史；除此之外，我们对它们的理解中充斥着我们的历史、我们的身份、我们的愿景和梦想。要说博物馆里的那些骨头绝对"有"什么，那就是历史。这意味着当我们现在或过去看待大象时，当我们试图理解它们的生活——以及它们对我们的意义——时，我们必须意识到，我们所处的位置是锚定在特定的时代、地点和文化中的。对于这样的认识，科学家有时会有所挣扎。然而，假设、实验和理论的世界也是历史和文化的世界。科学家今天提出的许多问题与滥觞于古代的关于动物的思想

　　　　　　　　　　　　　　　　　　大象的踪迹

有关，这并不意味着科学不好或科学家提出的问题不重要。这意味着几千年来，大象以一种其他动物很少能做到的方式吸引了人类的想象。艺术家查尔斯·R.奈特于1908年为纽约动物园的大象馆雕刻了两个非洲象头，1920年还为美国自然历史博物馆绘制了一幅克罗马侬人（Cro-Magnon）的壁画（图7.2），画中有一群人在洞穴的石壁上描绘猛犸象的形象。对于奈特和美国自然历史博物馆当时的馆长亨利·费尔菲尔德·奥斯本（Henry Fairfield Osborn）来说，突出克罗马侬文化的艺术成就是合理的；同样合理的是，要表现洞穴居民中的那些史前艺术家们在画猛犸象，而不是野牛、马或犀牛。[21]奈特画的猛犸象还出现在美国自然历史博物馆的其他地方以及芝加哥菲尔德博物馆。对他来说，思考猛犸象及其灭绝是一种深刻的艺术体验，他觉得这种体验使他与史前艺术家产生了联系。[22]

很长时间以来，我们对大象有一些总体的看法，认为它们聪明、有思想、有判断力，并且有着深刻的精神生活。然而，普林尼和埃利安笔下的大象与出现在中世纪动物志中的大象并不相同，与乔治·克里斯托弗·彼得里·冯·哈滕费尔斯、威廉·康沃利斯·哈里斯、阿尔弗雷德·布雷姆、西奥多·罗斯福、埃尔温·桑伯恩或道格拉斯-汉密尔顿夫妇作品中的大象也不同。我认为每一种对大象的描绘都揭示了关于大象的一些东西，但它们同样告诉我们有关人类文化的不同信息。当辛西娅·莫斯谈到大象墓地时，她从一个与珀西·鲍威尔-科顿截然不同的角度写作，但大象在临近死亡时会退到一个隐秘宁静的山谷的观点对他们两人来说都是成立的，对他们的读者来说也是如此。在与世界互动

图 7.2　查尔斯·R. 奈特，莱塞济德塔亚克（Les Eyzies-de-Tayac）方德高姆洞穴（Font-de-Gaume Grotto），克罗马侬人在洞穴中创作艺术品的壁画。美国自然历史博物馆图书馆，图像编号 5375。

　　　　　　　　　　　　　　　　　大象的踪迹

时，我们不可避免地将我们的文化背景带入其中，但当我们思考大象，思考它们的过去、现在和未来时，我认为我们必须努力意识到，我们对大象的观念可能会影响我们实事求是地看待它们的能力。通过关注我们周围大象的踪迹，我们可以开始区分，关于大象什么是我们知道的，什么是我们认为我们知道的，或者仅仅是希望知道的。

我们对生活、历史、"自然"和动物的看法彼此矛盾；对此我们常常未能细究，因此一再接受各种表面看来甚至是莫名其妙的观念。例如，近年来有一种观点大行其道，认为人类与大象之间的冲突是一种新的历史现象，是大象文化瓦解的结果。查尔斯·西伯特（Charles Siebert）在 2006 年《纽约时报杂志》的一篇封面报道中即主张这一观点，他指出了大象的一系列"异常"行为，包括"强奸和杀害犀牛"。西伯特主要的根据是，科学家有一种共识，即"人类和大象几个世纪以来相对和平共处的地方，现在却充满了敌意和暴力"。[23] 我不知道是哪些科学家形成了这一共识，但是人所共知的是，将某种行为定性为"异常"是一种令人担忧的尝试。在这种情况下，"正常"的数据非常匮乏。尽管我们几千年来一直在想象大象的生活，但我们理解大象的科学基础是野外调查，这样的调查才进行了半个多世纪（相当于一头大象的寿命），并且是基于小规模的种群。而且，就像在人类中一样，"病态"行为的识别经常带有政治色彩——不符合我们预期的行为最终就会被称为"异常"的。在这个例子里，我们确实知道，只要对人类与大象互动的历史稍作检视，就会发现这两个物种一直彼此暴力相向。西方思想相信，曾经有一个时期人类

第七章　历史的踪迹

和动物是和平相处的，包括大象；这么讲的不只是《圣经》。与此相对的是，大象与人类互动的历史始终以相互躲避和彼此施暴为特征。即使大象可能表面上与人类和平共处，为人类工作，但对大象的训练要么是通过剥夺其基本需求、使用强力，以使其崩溃、将其驯服，要么是通过反复使用暴力，对大象进行约束和胁迫。在拉曼·苏库马尔（Raman Sukumar）2003 年的重要作品《活着的大象：进化生态学、行为学和动物保护》(*The Living Elephants: Evolutionary Ecology, Behaviour, and Conservation*) 中，他证实，大象和人类的历史一直充斥着激烈的冲突，这种冲突甚至在象头神迦尼萨（Ganesha）的崇拜史中也显而易见——作为神灵，迦尼萨亦正亦邪。[24] 最终，我们倾向于在神祇面前乞讨邀宠，因为我们对他们感到既敬畏又害怕——我们对他们祈祷，向他们献祭，否则就可能被他们杀死。换言之，我们的祖先在史前洞穴的岩壁上画猛犸象，并不只是因为他们发现这些庞大的长鼻目动物生性温和良善，且是肉食的巨大来源。我很高兴的是，在写作本书时，我有机会邂逅一些大象，在它们的帮助下，我对大象崇拜中的可怕和光辉的方面都能欣然接受。

　　本书没有回答为什么我们对大象如此感兴趣的问题。卡尔·荣格（Carl Jung）似乎对这个问题有一些想法，但我不知道我们是否真的会有答案。也许答案跟大象巨大的身形、灰色的外表、身上的褶皱或者它们的面孔有关。我们的大脑可能有一种机制，让我们去关注像大象那样身形庞大、具有潜在危险性而且神秘的动物。不过，我希望我们更多地了解我们周围大象的踪迹，从而能够开始更谨慎地思考这些动物。我们关于大象的论点很多以"大象是……"这样的句式开头。这个省略号中包含的思想只能被理解为来自论者特定的、有限的（盲目的）世界观。我相信，如果我们对这些动物下论断时更谦卑一些，我们会做得更好。当我们宣称自己对大象了解些什么以及什么对它们最有益时，我们思考这些非凡个体的历史应该使我们更为审慎。

眼泪

在某种意义上，本书追踪的所有大象都是"最后的大象"。19世纪末20世纪初的几十年间，人们初步认识到有的物种脆弱不堪，可能会完全走向灭绝；这标志着人们开始更广泛地理解地质时代，理解人类活动最近对地球的影响。作家、科学家，甚至一般受众都越来越感到无奈；对许多人来说，这不再是大象和地球上的其他动植物是否会灭绝的问题，而是何时灭绝的问题。写作本书时，我也经常发现很难避免一种哀叹的语调——似乎无论到哪里，我发现的都是死亡和痛苦。在更大的时间维度上从事研究的另一类历史学家可能会言之成理地指出，曾在这个星球上漫步的许多长鼻目动物都已灭绝。除猛犸象和乳齿象之外，还有磷灰兽、恐象、铲齿象、互棱齿象等几百种类似大象的动物，其遗踪如今都只存在于化石中。[25] 在整个地球史上，今天存活着的非洲象和亚洲象都是新物种；从其可辨识的成员最早出现到现在，只是经过了地球最近0.1%的历史。话虽如此，现代大象已经有500万年的存活历史，仍然比智人思考它们、尊崇它们和杀

189

害它们的历史长了 14 倍。

如果有人在最近几十年间看过较多的自然纪录片，他们可能已经习惯见到，纪录片的制作者在结束其叙述时常常会勉力表现出一种乐观的态度。也许在本书结束时，我们也可以有一些那样的乐观情绪。毕竟我们预言大象的灭绝已有一个多世纪，而它们仍然存在。确实，在一些地区，可供大象栖居的土地日渐逼仄，显然无法承受生活在那里的大象的数量；在其他地方，大象的数量不可避免地加剧了人象冲突。尽管经过几十年的警示后，大象还没有灭绝，但是很遗憾，这一事实并不能让我们对它们的未来感到乐观。像大象这样体型巨大、能在大范围内移动迁徙的动物，其灭绝可能是一个缓慢的过程。受气候变化的影响，受人类及其家畜还有老鼠等其他入侵者的冲击，生活范围限制在一个岛上且无法飞翔的鸟类——如渡渡鸟——可能会在几年内消失，而披毛犀和猛犸象在经历几个世纪的巨变和猎杀后才永远灭绝。然而，如果我们有意愿在世界上保留一些"野生"的大象——同时监控它们，用围栏将其限制在一定范围之内，或采取其他方式控制它们，那么，我们多半能够调用足够的资源，在可预见的未来保护数千头大象。尽管每天都有物种灭绝，而人类几乎都不会注意到它们，但大象在人类中已经形成了深刻的概念，且在各种环境中度过漫长的一生。它们在这个世界上具有优势，有望在未来一段时间内继续存在下去。

2001 年，大约在我刚开始这个研究项目时，我去了住处附近的一家动物园。当时动物园已经结束一天的营业，我和一位策展员一起去看一头大象，它相伴近 40 年的同伴最近刚刚去世。在铁栅栏的那一边，这头大象看起来彻底崩溃了，无法自拔。自从另一头大象一周前去世后，它就没有睡过觉，也几乎没有吃什么东西。我们试图理解它的意识活动——无疑有深深的失落感，有对同伴的思念，可能还有相当的困惑。那时是冬天，在这个季节，两头大象几乎一直都待在小小的象馆里，非常亲近。这头大象曾经目睹过死亡，那是很久以前在非洲，当时它还很小。它站在我面前，我注视着它的眼睛，它再次经历了改变它世界的一些事。虽然照顾它的人每天 24 小时陪护着它，但这对它的帮助还是不够。一头年轻的新大象来到了动物园，年长大象的生活也慢慢地重新恢复正常。然而它也在五年后去世，享年 46 岁。

190

那天，那位策展员和我聊起了大象的哀伤。[26] 我们都读过死亡对大象之重要性的记述，关于大象的哀悼，关于所谓的大象死亡仪式，以及关于大象的情感生活。我们读过伊恩和奥丽亚·道格拉斯-汉密尔顿以及辛西娅·莫斯的著作。我们也知道一些被描述为"哭喊啜泣之作"的大象史著作。杰弗里·穆萨伊夫·马森（Jeffrey Moussaieff Masson）和苏珊·麦卡锡（Susan McCarthy）的《当大象哭泣时——动物的情感生活》（*When Elephants Weep: The Emotional Lives of Animals*）出版于 20 世纪 90 年代中期，是《纽约时报》最佳畅销书，给许多人留下了深刻的印象。此书叙述轶闻掌故，关注对动物的历史记载，体现对动物的共情，并提出常识性的论点，以此表明动物的情感生活比大多数读者所想象的和大多数科学家所主张的都更为丰富、深刻和微妙。马森和麦卡锡主张，有理由相信我们的许多情感经历——那些据信是人类共有的情感——也存在于动物之中；由此他们让动物的情感生活变得更容易为我们所理解。也许并非每一种动物都会经历我们所知道的每一种情感，但我们可以合理推断，所有动物都有各种各样的情感状态。同时，马森和麦卡锡认为，我们不应该假设我们作为人类所经历的情感已经穷尽了所有可能的情感状态。例如，他们敦促我们认识到，尽管黑猩猩的情感生活可能与我们相似，但也可能有很大的不同。《当大象哭泣时》只是要求读者接受这样一个观念，即这个世界上人类以外的动物也拥有复杂的情感生活。

马森和麦卡锡经常取材于有关动物情感的古老描述，但他们的出发点在很多方面似乎来自查尔斯·达尔文（Charles Darwin）1872年的著作《人类和动物的情感表达》（*The Expression of the Emotions in Man and Animals*）。[27] 在这部作品中，达尔文实际上几乎没怎么提到大象，但他确实观察到"印度大象据知有时会哭泣"。达尔文有两个消息源。首先是伦敦动物园的一位大象饲养员，他声称见到一头年迈的母亚洲象与年轻的同伴分离时"泪水流过脸庞"。[28] 达尔文报告说，他随后去动物园验证这一说法，但他没有看到亚洲象或非洲象哭泣。达尔文的第二个消息源是詹姆斯·坦南特关于大象围栏的描述。坦南特提到一头公象躺在地上"呜咽哭泣，泪水从脸颊上流下来"。[29] 在这个案例中，达尔文同样要去求证；他致信了在锡兰参与围栏捕象的通信员，但没有人报告曾看到大象哭泣或流泪。不过，达尔文最终还是接受了饲养员和坦南特的说法，因为他觉得他们是可信的，而且至少相互印证。

然而，达尔文和坦南特并非唯一在著述中提到大象哭泣的

191

人。马森和麦卡锡还援引了戈登-卡明和"瘦子"刘易斯：前者叙述其在南非狩猎时拿一头已经被打伤的大象进行射击试验，大象流泪了；后者记述了一头大象在训练中被鞭打后哭泣的情形。除此之外，即使在今天，许多读者可能还记得让·德·布伦霍夫（Jean de Brunhoff）1931年创作的《大象巴巴》（*Babar the Elephant*）。此书开头有一幅插图，描绘巴巴站在刚被猎人杀死的母亲遗体上哭泣的情景。[30]但关于大象哭泣的故事可以追溯到古典作家。普林尼认为哀悼和哭泣是人类所独有的，曾写道："活着的生物中，只有人类能感受到悲伤。"[31]但是埃利安描述了被迫离开家园的大象的眼泪。他声称，尽管大象可以从其故乡被带走并驯化，但它们永远不会真正忘记自己的家园。他还断言，虽然许多大象因悲伤而死去，但其他一些大象甚至因为"流下滂沱的泪水"而哭瞎了眼睛。[32]到17世纪，爱德华·托普塞尔继续讲述埃利安的故事，声称大象对其故土有着"奇妙的爱"，对故土的记忆会让它们"洒下热泪"。[33]但是布丰对大象流泪的说法持更保守的态度，只是指出古代和现代的作者都声称，当大象见到同类的尸体时，它们会"洒泪相向"。[34]

马森和麦卡锡要言不烦地指出"眼泪不是悲伤，而是悲伤的表征"。[35]他们汇集了各种各样的叙述，以阐明他们的观点，即无论大象在生理上是否能够产生表达情感的泪水——有科学文献表明它们不能——大象无疑会感到不快乐，并且以一种特定的方式哭泣。[36]作为一名历史学家，我认为埃利安、托普塞尔、布丰、戈登-卡明、坦南特、达尔文、德·布伦霍夫甚至马森和麦卡锡的著作既告诉我们大象本身的情况，又揭示了我们对眼泪和哭泣的意义及重要性所感到的兴趣。我相信大象会悲伤吗？我知道它们会，我站在本地动物园那头悲伤的大象面前时就看到了这一点。话虽如此，我意识到我关于悲伤的想法不能脱离我自己，

很大程度上也不能脱离我所处的时代。跟布雷姆、罗斯福或巴恩斯一样，我只看到了关于大象的一部分真相。在对动物情感的讨论中，动物行为学家马克·贝科夫（Marc Bekoff）观察到"即使狗的欢乐和悲伤与黑猩猩、大象或人类的不同，这并不意味着狗的欢乐、狗的悲伤、黑猩猩的欢乐或大象的悲伤不存在"。贝科夫坚持认为，在当今这个时代，谨慎地说"大象似乎感到悲伤"显然是不够的，我们应该承认它们确实感到悲伤。[37] 然而，当说到眼泪时，有非常多的人认为大象流下的泪水是情感的表达（而且这种观点存在已久）。我想，不管事实是否真的如此，这一现象应当令我们思索，我们关于大象的想法总是与我们自己有关。

* * *

在安托万·加朗将辛巴达的历险故事翻译到西方的 1500 年前，埃利安在一个故事中描述了阿特拉斯山（Mount Atlas）脚下的一处圣地，暗示了大象坟墓的传说。那里有深邃密集的森林和美丽的牧场，年迈的大象聚集其间。遮天的树下有一股清泉，最纯净的水总是流淌不息，大象在那里安详地度过余生，没有当地人的滋扰，并受到"此地主宰森林和山谷的神灵"的护佑。然后有一天，远方的一位国王因垂涎于这些年迈大象的巨大象牙，派了 300 个猎人来屠杀这群神圣的大象。但当猎人们接近大象的居住之地时，"他们遭到了瘟疫的重创"。正如这类故事中经常发

生的那样，有一名猎人幸存下来，讲了这个故事，而他的听众从中意识到"大象受到神的眷顾"。[38] 讲述这个故事的克劳狄乌斯·埃里亚努斯（Claudius Aelianus）是罗马人，约公元前170年出生于普莱奈斯特（Praeneste）。在这本关于大象的书的结尾，这个故事给我安慰。虽然有各种证据表明事实并非如此，但我还是喜欢大象"受到神的眷顾"的想法。埃利安的叙述中还有一句话也安慰着我："如果我忽略了大象的一个聪明举动，那么别人会说我是因为无知而没有将其记录下来。"[39] 我知道还有太多关于大象、关于我们对大象的想法的东西未被本书记录下来，但我要再讲最后一个仍然是非常古老的故事，我认为其中蕴含的一点智慧也可资我们的时代借鉴。

公元前202年，在今天北非的突尼斯，罗马人和迦太基人进行了一场世界史上著名的战争。罗马军队有2.9万名步兵和6千名骑兵，由普布利乌斯·科尔内利乌斯·西庇阿（Publius Cornelius Scipio）率领。迦太基军队则由汉尼拔（Hannibal）统帅，步兵多达3.6万人，骑兵较少，有4千名，此外还有80多头战象。这场战斗至关重要。正如希腊历史学家波利比乌斯（Polybius）所说："对迦太基人而言，他们是为自己的生命和利比亚的主权而战；而对罗马人来说，这场战争是为了混一宇内、君临天下。"[40] 这场战争被称为"扎马之战"（Battle of Zama），结局是数以万计的士兵战死疆场，但西庇阿的军队获得了胜利。正如波利比乌斯所记录的，对西庇阿的成功至关重要的是他应对汉尼拔的战象的方略。当大象冲过来时，西庇阿的军队吹响号角和喇叭，以吓唬这些动物，步兵则变换阵型，在迎面冲来的大象面前让出一条笔直的通道。

193

尽管象侠们努力驾驭其坐骑，一些受到困扰和惊吓的大象还是转身向迦太基步兵冲去，而更多的大象则沿着罗马步兵让开的通道继续前进。罗马人从侧面掷来长矛，很多大象遭到攻击，但别的大象只是尽可能快地冲过阵地，到达远离大军战线的安全地带。

在扎马之战的数千年后，军事史学家仍在辩论这场历史战役的经验教训。我的兴趣点与他们不同；对我来说，这一事件的意义不在于西庇阿击败了敌人的步兵和大象方阵，取得了以少胜多的辉煌战果。最终我看到的是，大象朝通往西庇阿战线之外的通道跑去，它们只是试图避开人类之间的冲突。今天的大象四面受困——其栖息地不断缩小、改变，象牙贸易仍在持续，它们还在受着剥削；当我想到这一切，我希望我们能为它们创造出通向安全之境的新路径，也希望它们能找到这样的路径。

注释

[1] Bertolt Brecht, *Gesammelte Werke*, vol. 12: *Prosa 2* (Frankfurt: Suhrkamp, 1967), 387–88，翻译由笔者提供。感谢史蒂芬·奥特曼（Stephan Oettermann）将此重要引文介绍给我。

[2] Jonathan Swift, *On Poetry: A Rhapsody*, in *The Poems of Jonathan Swift*, vol. 2, ed. Harold Williams (Oxford, UK: Clarendon Press, 1937), 645–46.

[3] 参见 Matthew Edney, "A Misunderstood Quatrain," December 15, 2018, Mapping as Process blog, https://www.mappingasprocess.net/blog/2018/12/15/a-misunderstood-quatrain。一个现代版本的斯威夫特可能是 20 世纪 80 年代英国广播公司（BBC）系列喜剧《黑爵士》（*Blackadder*）中的达令上尉（Captain Darling）。在第一次世界大战的战壕中，黑爵士声称准备了无人区的地图，达令上尉觉得难以置信，问道："你确定这是你看到的吗，黑爵士？"黑爵士回答道："完全确定。我是说，可能有更多的兵工厂，而没有那么多大象。"见 *Blackadder Goes Forth*, season 4, episode 1, "Captain Cook," aired September 28, 1989。

[4] Carl E. Akeley, *In Brightest Africa* (Garden City, NY: Garden City Publishing, 1920), 35.

大象的踪迹

[5] Akeley, *In Brightest Africa*, 35–36.

[6] 感谢卡尔·博格纳（Carl Bogner）向我介绍了雷蒙德·L. 伯德威斯特尔（Raymond L. Birdwhistell）1966 年在美国人类学协会（American Anthropological Association）发表的一场不同寻常的讲座的纪录片，题为《十个动物园中的微文化事件：一场图文并茂的讲座》。该纪录片对世界各地不同的人站在大象展区前的言行反应进行了跨文化比较，这也是大象的踪迹。

[7] Gordon G. Gallup Jr., "Chimpanzees: Self Recognition," *Science* 167 (1970): 86–87.

[8] Gallup, "Chimpanzees," 87.

[9] Gallup, "Chimpanzees," 87.

[10] 2020 年 3 月 27 日，安比卡被安乐死，估计约 72 岁。当时珊蒂 45 岁，仍然生活在国家动物园。

[11] Daniel J. Povinelli, "Failure to Find Self-Recognition in Asian Elephants (*Elephas maximus*) in Contrast to Their Use of Mirror Cues to Discover Hidden Food," *Journal of Comparative Psychology* 103, no. 2 (1989): 130.

[12] Povinelli, "Failure to Find Self-Recognition in Asian Elephants (*Elephas maximus*) in Contrast to Their Use of Mirror Cues to Discover Hidden Food," 130.

[13] 桑米（也被称为玛雅 [Maya]、山米 [Sammi]、萨米 [Sami] 和桑米·R）1992 年 4 月 17 日在佛罗里达坦帕（Tampa）的布什花园（Busch Gardens）出生，因明显受肝病折磨，于 2006 年 1 月 31 日被安乐死，当时年仅 14 岁。《一头亚洲象的自我识别》于 2006 年 9 月 13 日提交给《美国国家科学院院刊》，并于 2006 年 11 月 7 日发表。该文章未提及这只幼象的死亡。2018 年秋，玛克辛去世；派蒂和哈皮仍生活在布朗克斯动物园。

[14] 哈皮在后面几天中对标记不感兴趣这一事实可能并不重要。灵长类动物在后续实验中似乎也会失去对标记的兴趣。然而，喜鹊对标记的兴趣确实会保持，研究人员假设，羽毛的状态对于喜鹊来说可能比皮肤上的标记对大象或黑猩猩来说更加重要。参见 Helmut Prior, Ariane Schwarz, and Onur Gunturkun, "Mirror-Induced Behavior in the Magpie (*Pica pica*): Evidence of Self-Recognition," *PLoS Biology* 6, no. 8 (2008): e202.

[15] Joshua M. Plotnik, Frans B. M. de Waal, and Diana Reiss, "Self-Recognition in an Asian Elephant," *Proceedings of the National Academy of Sciences* 103, no. 45 (2006): 17055.

[16] Plotnik, de Waal, and Reiss, "Self-Recognition in an Asian Elephant," 17055.

[17] "First Evidence to Show Elephants Recognize Themselves in The Mirror," Emory University Press Release, October 30, 2006, http://whsc.emory.edu/press_releasesprint.cfm?announcementidseq=8080.

[18] Andrew Bridges, "Mirror Test Implies Elephants Self-Aware," *Associated Press*,

October 30, 2006, https://www.washingtonpost.com/wp-dyn/content/article/2006/10/30/AR2006103000881.html?noredirect=on.

[19] 我在这里包括了蝙蝠，以表达我认可托马斯·内格尔（Thomas Nagel）的开创性文章《作为一只蝙蝠，是什么感觉？》（"What Is It Like to Be a Bat?," *Philosophical Review* 83, no. 4 (1974): 435–50.）。

[20] Richard W. Byrne and Lucy Bates, "Elephant Cognition: What We Know about What Elephants Know," in *The Amboseli Elephants: A Long-Term Perspective on a Long-Lived Mammal*, ed. Cynthia J. Moss, Harvey Croze, and Phyllis C. Lee (Chicago: University of Chicago Press, 2011), 181–82.

[21] 值得一提的是，迄今为止发现的最古老的具象雕像之一是一尊小巧的猛犸象雕像，长约 1.5 英寸，用三万多年前的猛犸象牙雕成。这个小雕塑于 2007 年在今天德国西南部所谓的沃格尔赫德洞穴（Vogelherd Cave）的尘土中被发现。

[22] 关于猛犸和奈特我有过更多论述，见 "Mammoths in the Landscape," in *Routledge Handbook of Human-Animal Studies*, ed. Susan McHugh and Garry Marvin (London: Routledge, 2014), 10–22。另参 Charles R. Knight, *Prehistoric Man: The Great Adventurer* (New York: Appleton-Century-Crofts, 1949)。

[23] Charles Siebert, "An Elephant Crackup?" *New York Times Magazine*, October 8, 2006, https://www.nytimes.com/2006/10/08/magazine/08elephant.html. 西伯特的论点在很大程度上是基于跨物种心理学倡导者盖·布拉德肖（Gay Bradshaw）的深入研究。参见 G. A. Bradshaw, *Elephants on the Edge: What Animals Teach Us About Humanity* (New Haven, CT: Yale University Press, 2009)。

[24] Raman Sukumar, *The Living Elephants: Evolutionary Ecology, Behaviour, and Conservation* (Oxford: Oxford University Press, 2003). 另参 *Conflict, Negotiation, and Coexistence: Rethinking Human-Elephant Relations in South Asia*, ed. Piers Locke and Jane Buckingham (New Delhi: Oxford University Press, 2016)。

[25] 将物种归类为更少种类的人和将物种归类为更多种类的人在继续讨论灭绝的长鼻动物有多少种。20 世纪 30 年代和 40 年代，亨利·费尔菲尔德·奥斯本列出了大约 350 个物种；最近的物种名录上只有 150 多种。关于这个问题的讨论，见 Sukumar, *The Living Elephants*, 3–45。

[26] 对于伊丽莎白·弗兰克（Elizabeth Frank）过去 25 年来的友谊和给我的鼓励及指导，我深表谢意。在这一研究项目的早期阶段，查尔斯·维根豪斯（Charles Wikenhauser）和特雷西·多尔芬-德雷斯（Tracey Dolphin-Drees）帮助我大大增加了对动物园和大象的了解，在此并致谢忱。

[27] Jeffrey Moussaieff Masson and Susan McCarthy, *When Elephants Weep: The Emotional Lives of Animals* (New York: Delta, 1995).

大象的踪迹

[28] Charles Darwin, *The Expression of the Emotions in Man and Animals* (London: John Murray, 1872), 167–68.

[29] James Emerson Tennent, *Ceylon: An Account of the Island Physical, Historical, and Topographical with Notices of Its Natural History, Antiquities and Productions* (London: Longman, 1859), 376.

[30] 在巴巴故事的原始小样（装订好了的完整草稿）中，书的头两幅插图是关于巴巴的母亲被猎杀的场景。在最终出版的版本中，又增加了三张插图，在令人揪心的猎杀场景之前展示了巴巴在家庭中的幸福生活。巴巴在死去的母亲身边哭泣的形象总是让我想起汉斯·朔姆布尔克那张大象姜波站在其死去的母亲身畔的照片。参见 Christine Nelson, *Drawing Babar: Early Drafts and Watercolors* (New York: Morgan Library, 2008), 31–32。

[31] Pliny, *The Natural History of Pliny*, vol. 2, trans. Harris Rackham (Cambridge, MA: Harvard University Press, 1942), 509.

[32] Aelian, *On the Characteristics of Animals*, vol. 2, trans. A. F. Scholfield (Cambridge, MA: Harvard University Press, 1958), 309.

[33] Edward Topsell, *The History of Four-Footed Beasts, Serpents, and Insects* (London: Cotes, 1658), 154.

[34] Georges-Louis Leclerc de Buffon, *Natural History: General and Particular by the Count de Buffon*, trans. William Smellie, 2nd ed., vol. 6 (London: Strahan and Cadell, 1785), 7–8.

[35] Masson and McCarthy, *When Elephants Weep*, 109.

[36] 长久以来，人们对大象能否以流泪表达情感颇有兴趣，见 Robert Harrison, "On the Anatomy of the 'Lachrymal Apparatus' in the Elephant," *Proceedings of the Royal Irish Academy* 4 (1848): 158–65, Morrison Watson, "Contributions to the Anatomy of the Indian Elephant," pt. 3, "The Head," *Journal of Anatomy and Physiology* 8, no. 1 (1873): 85–94, 及 E. T. Collins, "The Physiology of Weeping," *British Journal of Ophthalmology* 16, no. 1 (1932): 1–20。更晚近的研究证实，大象缺乏泪管，生理上无法像人类那样"哭泣"。

[37] Marc Bekoff, "Animal Emotions: Exploring Passionate Natures," *BioScience* 50, no. 10 (2000): 868.

[38] Aelian, *On the Characteristics of Animals*, 95–97.

[39] Aelian, *On the Characteristics of Animals*, 75.

[40] Polybius, *Histories*, vol. 2, trans. Evelyn Shirley Shuckburgh (London: Macmillan, 1889), 144.

延伸阅读

A 代表住在动物园里的爱丽丝。本书中提到的第一头大象就是爱丽丝，生于 19 世纪 90 年代的印度，由卡尔·哈根贝克带到德国，然后由哈根贝克的儿子洛伦茨（Lorenz）于 1904 年春天送到了月亮公园。在其回忆录《动物是我的生活》（*Animals Are My Life* [London: Bodley Head, 1956]）中，洛伦茨·哈根贝克回忆了他一次性给月亮公园送去 20 头大象的经历——实际上，这批货物还包括另外 16 头送往其他买家那儿的大象（第 47—49 页）。和爱丽丝一起前往月亮公园的还有另一头大象，后来被称为爱丽丝公主。几年后，它被卖给了一个马戏团，最终来到了盐湖城的霍格尔动物园（Hogle Zoo），1953 年在那里去世。我在盐湖城长大时，经常在动物园旧象馆仰望爱丽丝公主的浮雕雕塑——我关于大象最早的一些记忆可追溯至此。布朗克斯的爱丽丝，即与海伦·凯勒邂逅、与冈达相识的爱丽丝，在布朗克斯动物园生活了35 年，于 1943 年去世。

一旦你开始寻找我们历史中大象的存在，你会发现它们无处不在。丹·凯尔（Dan Koehl）创建了一个曾经或正被圈养的大象的数据库（https://www.elephant.se），包括 1.5 万多头大象，目前列出了 28 头大象名叫爱丽丝。在我有时散步的小径上有一块冰川漂砾，被称为石象（Stone Elephant）。在威斯康星州的德福雷斯特（DeForest），有一个巨大的粉色玻璃钢大象，戴着眼镜，我有时出去露营时会看到它。本书的中心论点是，很长时间以来，大象在人类思想中占据的空间比其他大多数动物都要多。因此，大象的俗气造型很常见，我收到过许多大象主题的领带和小饰品，关于大象的现存文献数量也很庞大——我们对这一切都不必感到惊奇。

当我考虑要推荐的延伸阅读书目时，我想提请读者注意的是在过去 20 年中帮助我形成了这一研究项目中的想法的作品。我特别推荐 Iain and Oria Douglas-Hamilton, *Among the Elephants* (New York: Viking, 1975); Cynthia Moss, *Elephant Memories: Thirteen Years in the Life of an Elephant Family* (1988; rpt., Chicago: University of Chicago Press, 2000)；还有 Raman Sukumar, *The Living Elephants: Evolutionary Ecology, Behaviour, and Conservation* (Oxford: Oxford University Press, 2003)。有关人类历史和大象的论述，我推荐 Silvio Bedini, *The Pope, Elephant: An Elephant's Journey from Deep in India to the Heart of Rome* (New York: Penguin, 1997); *Elephants and Ethics: Toward a Morality of Coexistence*, edited by Christen Wemmer and Catherine A. Christen (Baltimore, MD: Johns Hopkins, University Press, 2008); Dan Wylie, *Elephant* (London: Reaktion, 2012)；还有 Stephan Oettermann, *Die Schaulust am Elefanten: Eine Elephantographia Curiosa* (Frankfurt: Syndicat, 1982)。我首次读 Stephan Oettermann 这本是在 35 年前，出自 Georg Christoph Petri von Hartenfels, *Elephantographia curiosa* (Leipzig, 1715)。我还推荐 Barbara Gowdy 关于大象的非同寻

常、引人入胜的虚构文学作品，*The White Bone: A Novel* (Toronto: HarperCollins Canada, 1998)。

写作本书时，我经常参考年代久远的自然史作品。以下这些对我来说尤其重要：*The Natural History of Pliny*, translated by John Bostock and H. T. Riley (London: Henry Bohn, 1855); Aelian, *On the Characteristics of Animals*, translated by A. F. Scholfield (Cambridge, MA: Harvard University Press, 1958); Edward Topsell, *The History of Four-Footed Beasts, Serpents, and Insects* (London: Cotes, 1658); Buffon, *Natural History: General and Particular by the Count de Buffon*, translated by William Smellie (London: Strahan and Cadell, 1785)；还有 Alfred Brehm, *Animal Life—Illustrirtes Thierleben* (1864–69) 和 *Brehms Thierleben: Allgemeine Kunde des Thierreichs* (Leipzig: Bibliographisches Institut, 1876–79) 的头两版。此外，还请读者关注 Howard Hayes Scullard, *The Elephant in the Greek and Roman World* (London: Thames and Hudson, 1974)；以及 George Druce, "The Elephant in Medieval Legend and Art," in the *Journal of the Royal Archaeological Institute* 76 (1919): 1–73。

在其 *Ceylon: An Account of the Island Physical, Historical, and Topographical with Notices of Its Natural History, Antiquities and Productions* (London: Longman, 1859) 第二卷中，詹姆斯·埃默森·坦南特注意到猎象"被反复描写，枯燥乏味"（第326页）。我的书架上有很多19世纪关于狩猎和探险的作品，对我来说最重要的有 William Cornwallis Harris, *Wild Sports of Southern Africa* (London: John Murray, 1839); Roualeyn Gordon-Cumming, *Five Years of a*

Hunter's Life in the Far Interior of South Africa (New York: Harper Brothers, 1850); Samuel White Baker, *The Rifle and the Hound in Ceylon* (London: Longman, 1854); Arthur H. Neumann, *Elephant Hunting in East Equatorial Africa* (London: Rowland Ward, 1898); George P. Sanderson, *Thirteen Years among the Wild Beasts of India* (London: Allen, 1879); Hans Hermann Schomburgk, *Wild und Wilde im Herzen Afrikas; Zwölf Jahre Jagd-und Forschungsreisen* (Berlin: Fleischel, 1910); Carl Georg Schillings, *Mit Blitzlicht und Büchse: Neue Beobachtungen und Erlebnisse in der Wildnis inmitten der Tierwelt Äquatorial-Ostafrika* (Leipzig: Voigtlander, 1904), *Der Zauber des Elelescho* (Leipzig: Voigtlander, 1906); Theodore Roosevelt, *African Game Trails: An Account of the African Wanderings of an American Hunter-Naturalist* (London: John Murray, 1910); 还有 Carl E. Akeley, *In Brightest Africa* (Garden City, NY: Garden City Publishing, 1920)。

以下著作对狩猎历史颇具洞见：Matt Cartmill, *A View to a Death in the Morning: Hunting and Nature through History* (Cambridge, MA: Harvard University Press, 1993); Bernhard Gissibl, *The Nature of German Imperialism: Conservation and the Politics of Wildlife in Colonial East Africa* (New York: Berghahn, 2016); Andrew C. Isenberg, *The Destruction of the Bison* (Cambridge: Cambridge University Press, 2000); Darrin Lunde, *The Naturalist: Theodore Roosevelt, a Lifetime of Exploration, and the Triumph of American Natural History* (New York: Broadway, 2016); John M. MacKenzie, *The Empire of Nature: Hunting, Conservation and British Imperialism* (Manchester, UK: Manchester

University Press, 1988); Richard Nelson, *Heart and Blood: Living with Deer in America* (New York: Vintage, 1998); Edward I. Steinhart, *Black Poachers, White Hunters: A Social History of Hunting in Colonial Africa* (Oxford, UK: James Currey, 2006); 还有 Dan Wylie, *Death and Compassion: The Elephant in Southern African Literature* (Johannesburg: Wits University Press, 2018)。

近几十年来，关于圈养动物（生活在动物园、马戏团和其他人工环境中的动物）的历史和关于人类文化中的动物的历史的著作总的来说都有显著增长。关于圈养动物的历史，以下著作在我看来尤其重要：Eric Baratay and Elisabeth Hardouin-Fugier, *Zoo: A History of Zoological Gardens in the West* (London: Reaktion, 2004); Daniel Bender, *The Animal Game: Searching for Wildness at the American Zoo* (Cambridge, MA: Harvard University Press, 2016); Janet M. Davis, *The Circus Age: Culture and Society under the American Big Top* (Chapel Hill: University of North Carolina Press, 2002); Jesse Donahue and Erik Trump, *The Politics of Zoos: Exotic Animals and Their Protectors* (DeKalb: Northern Illinois University Press, 2006); Andrew Flack, *The Wild Within: Histories of a Landmark British Zoo* (Charlottesville: University of Virginia Press, 2018); David Hancocks, *A Different Nature: The Paradoxical World of Zoos and Their Uncertain Future* (Berkeley: University of California Press, 2001); Elizabeth Hanson, *Animal Attractions: Nature on Display in American Zoos* (Princeton, NJ: Princeton University Press, 2002); Randy Malamud, *Reading Zoos: Representations of Animals and Captivity* (New York:

New York University Press, 1998); Ian J. Miller, *The Nature of the Beasts: Empire and Exhibition at the Tokyo Imperial Zoo* (Berkeley: University of California Press, 2013); Bob Mullan and Garry Marvin, *Zoo Culture* (London: Weidenfeld and Nicolson, 1987); Susan Nance, *Entertaining Elephants: Animal Agency and the Business of the American Circus* (Baltimore, MD: Johns Hopkins University Press, 2013); 还有 Lisa Uddin, *Zoo Renewal: White Flight and the Animal Ghetto* (Minneapolis: University of Minnesota Press, 2015)。

动物和人类文化这一研究领域仍在发展壮大，我推荐 Steve Baker, *Picturing the Beast: Animals, Identity, and Representation* (Manchester, UK: Manchester University Press, 1993); Mark V. Barrow, *Nature's Ghosts: Confronting Extinction from the Age of Jefferson to the Age of Ecology* (Chicago: University of Chicago Press, 2009); Marcus Baynes-Rock, *Crocodile Undone: The Domestication of Australia's Fauna* (State College: Penn State University Press, 2020); Jonathan Burt, *Animals in Film* (London: Reaktion, 2002); Cynthia Chris, *Watching Wildlife* (Minneapolis: University of Minnesota Press, 2006); Jason M. Colby, *Orca: How We Came to Know and Love the Ocean's Greatest Predator* (New York: Oxford University Press, 2018); Erica Fudge, *Brutal Reasoning: Animals, Rationality, and Humanity in Early Modern England (*Ithaca, NY: Cornell University Press, 2006); Hal Herzog, *Some We Love, Some We Hate, Some We Eat: Why It's So Hard to Think Straight about Animals* (New York: Harper Perennial, 2010); Akira Mizuta Lippit, *Electric Animal: Toward a Rhetoric of*

Wildlife (Minneapolis: University of Minnesota Press, 2008); Susan McHugh, *Animal Stories: Narrating across Species Lines* (Minneapolis: University of Minnesota Press, 2011); Gregg A. Mitman, *Reel Nature: America's Romance with Wildlife on Film* (Cambridge, MA: Harvard University Press, 1999); Lynn K. Nyhart, *Modern Nature: The Rise of the Biological Perspective in Germany* (Chicago: University of Chicago Press, 2009); Rachel Poliquin, *The Breathless Zoo: Taxidermy and the Cultures of Longing* (State College: Penn State University Press, 2012); Harriet Ritvo, *The Animal Estate: The English and Other Creatures in Victorian England* (Cambridge, MA: Harvard University Press, 1987); Louise E. Robbins, *Elephant Slaves and Pampered Parrots: Exotic Animals in Eighteenth-Century Paris* (Baltimore, MD: Johns Hopkins University Press, 2002); Peter Sahlins, *1668: The Year of the Animal in France* (Cambridge, MA: MIT Press, 2017); Nicole Shukin, *Animal Capital: Rendering Life in Biopolitical Times* (Minneapolis: University of Minnesota Press, 2009); Keith Thomas, *Man and the Natural World: A History of the Modern Sensibility* (New York: Pantheon, 1983); Brett L. Walker, *The Lost Wolves of Japan* (Seattle: University of Washington Press, 2008); 还有 Christian C. Young, *In the Absence of Predators: Conservation and Controversy on the Kaibab Plateau* (Lincoln: University of Nebraska Press, 2002)。

更多文献资源请参考本书注释。

索 引

大象的踪迹

大象的踪迹

译后记

　　一直认为，作为中国古典文学的研究者，点校或笺注至少一部古籍是职业生涯中应该完成的工作。同样，作为在英语世界受过训练的学者，将至少一部英文学术著作译成中文也是责无旁贷。让我感到幸运的是，现在呈现在读者面前的这本译作跟我自己的专业领域——中古中国文学——并无直接的关系。这当然不是说我不喜欢自己的专业，而是我很高兴有这样一个机会，通过翻译动物史权威学者的著作去了解一个几乎完全陌生的领域。十年前我和内子开始养宠物，一条名叫多多的狗；它让我们对动物有了全新的认识。这次的翻译更让我有机会在细读原文、字斟句酌之间进一步思考人和动物的关系。作者笔下的那些大象，提示我们如何从人类之外的视角来理解我们自己。如果这本译作勉强能对学术界和一般读者有一点点贡献的话，这些贡献和我在翻译过程中的收获相比是微不足道的。

　　本书作者奈杰尔·罗斯菲尔斯教授是我在威斯康星大学密尔沃基分校的同事。丛书编者陈怀宇教授是我在普林斯顿大学的学长，多年来一直给予我极大的帮助和鼓励。这次的翻译得到作者和编者的诸多支持，光启书局的肖峰、魏若宁二位责任编辑在出版过程中耗费颇多心力，在此并致谢忱。译文中的不当之处或在所难免，恳请读者赐正！

2024 年 8 月 28 日于美国威斯康星州白鱼湾

　　　　　　　　　　　　　　　　　大象的踪迹

守望思想　　逐光启航

LUMINAIRE

光启

大象的踪迹

[美] 奈杰尔·罗斯菲尔斯 著

陈　珏 译

责任编辑　肖　峰　魏若宁
营销编辑　池　淼　赵宇迪
装帧设计　甘信宇

出版：上海光启书局有限公司
地址：上海市闵行区号景路 159 弄 C 座 2 楼 201 室　　201101
发行：上海人民出版社发行中心
印刷：山东临沂新华印刷物流集团有限责任公司
制版：南京展望文化发展有限公司

开本：880mm×1240mm　　1/32
印张：10.875　　字数：238,000　　插页：2
2025 年 1 月第 1 版　　2025 年 1 月第 1 次印刷
定价：89.00 元
ISBN：978-7-5452-2013-1 / Q·3

图书在版编目 (CIP) 数据

大象的踪迹 / (美) 奈杰尔·罗斯菲尔斯著；陈珏
译 . -- 上海：光启书局，2024. -- ISBN 978-7-5452
-2013-1

Ⅰ. Q959.845-49
中国国家版本馆 CIP 数据核字第 20242ZL369 号

本书如有印装错误，请致电本社更换 021-53202430

Elephant Trails: A History of Animals and Cultures

by Nigel Rothfels

Copyright © Nigel Rothfels, 2021

Simplified Chinese translation Copyright © 2024 Luminaire Books

A division of Shanghai Century Publishing Co., Ltd.

ALL RIGHTS RESERVED